Herbert Zeitler
Dušan Pagon

**Fraktale Geometrie –
Eine Einführung**

Aus dem Programm
Mathematik für Schüler und Studenten

Kugelpackungen von Kepler bis heute
von M. Leppmeier

Zahlentheorie für Einsteiger
von A. Bartolomé, J. Rung, H. Kern

Stochastik für Einsteiger
von N. Henze

Elementare Numerische Mathematik
von B. Schuppar

Einführung in die Analysis
von Th. Sonar

Exploring Curvature
von J. Casey

Ornamente und Fraktale
von P. Herfort und A. Klotz

Geometrie des Universums
von R. Osserman

„In Mathe war ich immer schlecht!"
von A. Beutelspacher

Kryptologie
von A. Beutelspacher

vieweg

Herbert Zeitler
Dušan Pagon

Fraktale Geometrie –
Eine Einführung

Für Studienanfänger, Studierende des Lehramtes,
Lehrer und Schüler

Prof. Dr. Herbert Zeitler
Mathematisches Institut
Universität Bayreuth
D-95440 Bayreuth

Prof. Dr. Dušan Pagon
Faculty of Education
University of Maribor
Koroška cesta 160
SLV-2000 Maribor

Die Deutsche Bibliothek – CIP-Einheitsaufnahme

Alle Rechte vorbehalten
© Springer Fachmedien Wiesbaden 2000
Ursprünglich erschienen bei Friedr. Vieweg & Sohn Verlagsgesellschaft mbH,
Braunschweig/Wiesbaden, 2000

Das Werk einschließlich aller seiner Teile ist urheberrechtlich geschützt. Jede Verwertung außerhalb der engen Grenzen des Urheberrechtsgesetzes ist ohne Zustimmung des Verlags unzulässig und strafbar. Das gilt insbesondere für Vervielfältigungen, Übersetzungen, Mikroverfilmungen und die Einspeicherung und Verarbeitung in elektronischen Systemen.

www.vieweg.de

Konzeption und Layout des Umschlags: Ulrike Weigel, www.CorporateDesignGroup.de

ISBN 978-3-528-03152-7   ISBN 978-3-663-08041-1 (eBook)
DOI 10.1007/978-3-663-08041-1

INHALTSVERZEICHNIS

Einleitung 1

Kap. I Die Cantor-Drittelmenge 4
1 Erzeugung durch Wegwischen 4
2 Ein Zwischenkapitel: Die Ternärschreibweise 5
3 Die angekündigte Arithmetisierung 7
4 Verrücktheiten des Cantor-Staubes 8

Kap. II Selbstähnlichkeit im strengen Sinn 13
1 Definition 13
2 Satz 14
3 Die Selbstähnlichkeitsdimension d_s 15
4 Satz 16
5 Weitere Wischaktivitäten 16
6 Koch-Fraktale 25
7 Weitere Aktivitäten 30

Kap. III Flächenfraktale 44
1 Motivation 44
2 Das Würfelfraktal 45
3 Das Tetraederfraktal 50
4 Das Oktaederfraktal 57
5 Ein weiteres Würfelfraktal 70
6 Das St. George-Fraktal 74
7 Weitere Ergebnisse, weitere Probleme 92

Kap. IV Die Barnsley-Maschine 93
1 Verkleinern 93
2 Kopieren und Anordnen 93
e Iterieren 94

Kap. V Selbstähnlichkeit im weiteren Sinn 95
1 Definition 95
2 Was sagt Barnsley dazu? 95
3 Beispiele 95
4 Die Dimension 97

Kap. VI Aus der Schulgeometrie ... 102
1 Kongruenzabbildungen ... 102
2 Ähnlichkeitsabbildungen ... 104
3 Affine Abbildungen ... 108
4 Ausblick ... 110
5 Das Sierpinski-Dreieck ... 112
6 Die Koch-Kurve ... 114

Kap. VII Selbstaffinität ... 117
1 Definition ... 117
2 Die Maschine ... 117
3 Zur Dimension ... 117
4 Der Flächenteppich ... 117
5 Das Cantor-Labyrinth ... 120
6 Die Sache mit dem Farnblatt ... 124

Kap. VIII Etwas Theorie ... 128
1 Metrische Räume ... 128
2 Die Hausdorff-Distanz ... 133
3 Zurück zur Maschine ... 135
4 Flächenkontrahierende Abbildungen ... 140

Kap. IX Und schon wieder eine Dimension ... 145
1 Grundsätzliches ... 145
2 Die Küste Englands ... 147
3 Sensationelle Konsequenzen ... 149
4 Entwicklung einer gefälligen Formel ... 150
5 Verträglichkeit? ... 150
6 Diverse Erweiterungen ... 151
7 Sätze zur Dimension ... 152
8 Beispiele ... 153

Kap. X Der Gipfel: Die Hausdorff-Besicovitch-Dimension ... 160
1 Die 2r-Überdeckung ... 161
2 Das Hausdorff d-Mass ... 162
3 Die Dimension d_{HB} ... 164
4 Einige Sätze – ohne Beweis ... 165
5 Was ist eigentlich ein Fraktal? ... 165
6 Die Dimension d_{HB} – braucht man sie? ... 167

Kap. XI Wir erwürfeln Fraktale 171

1 Das Chaosspiel 171
2 Analytische Beschreibung des Chaosspiels 174
3 Abbildungen für die Maschine 174
4 Würfeln hilft auch beim Farn 175
5 Was steckt mathematisch dahinter? 175
6 Quadratischer Cantor-Staub 179
7 Forsche selber! 182

Kap. XII Die Bäckerabbildung (Streifenfraktale) 183

1 Motivation 183
2 Eine ganz spezielle Bäckerabbildung 184
3 Eine Verallgemeinerung 190
4 Ausblick 197

Schluss 198

Literatur 199

Farbbilder

EINLEITUNG

Warum dieses Buch geschrieben wurde?

Im Jahre 1994 erschien das Buch H. ZEITLER — W. NEIDHARDT, Fraktale und Chaos [ZEI/NEI]. Wir erhielten dazu viele, viele Zuschriften — positive, aber auch negative. Dabei wurde der Wunsch nach einem weiteren Buch, ja nach weiteren Büchern geäußert. Eine solche Publikation sollte sich — so wurde gewünscht — nur der fraktalen Geometrie widmen. In ihm müssten mehr Beispiele und auch etwas mehr Theorie behandelt werden.

Inzwischen hat die fraktale Geometrie Einzug in die Schulstuben gehalten. Manchenorts gibt es bereits einschlägige Handreichungen für Lehrer [FRA]. Da nimmt es nicht wunder, daß sich auch praktizierende Lehrer und Gymnasiasten an uns wandten. Manche hatten ganz konkrete Fragen, andere suchten nach interessanten Themen für die obligatorischen Facharbeiten.

All diesen Wünschen versuchen wir mit unserem neuen Buch nachzukommen.

Der Tod der Geometrie

Coxeter exhuming geometry

Es gibt noch andere Gründe zum Schreiben dieses Buches, Gründe die uns besonders am Herzen liegen. Viele Zeitgenossen — leider auch Mathematiker-behaupten, die Geometrie sei längst gestorben. So ist auch die Karrikatur zu verstehen, die den "König der Geometrie"

H. S. M. COXETER zeigt, wie er gerade die Geometrie exhumiert. Wir meinen, daß die Geometrie nie tot war. Im Gegenteil sie lebt, ja sie wächst und gedeiht. Damit ist auch die Karrikatur völlig unsinnig – einen Lebenden kann man nicht exhumieren. Wir behaupten sogar, daß die Geometrie unverzichtbar ist, daß etwa Schulunterricht ohne Geometrie nicht möglich ist. Die Geometrie hat Brauchwert und Geometrie ist schön.

Mit den Fraktalen hat sich ein neuer Zweig der Geometrie entwickelt. Ein Zweig, den wir hegen und pflegen sollten. Hier verbindet sich klassische Geometrie mit moderneren Gedanken und es bietet sich die Möglichkeit des Computereinsatzes. All diese Dinge üben vor allem auf junge Menschen eine erstaunliche Faszination aus. Nützen wir sie!

Noch mehr! Die fraktale Geometrie bietet ein Feld für eigenes Tun, für Forschung im Kleinen. So betrachtet sollte jeder Leser zum Forscher werden.

Ein Student formulierte seinen Umgang mit fraktaler Geometrie so "Mathe macht mobil!"

Welche Leser wünschen wir uns?

Unsere Leser sollten vor allem Interesse und Freude an der Mathematik mitbringen. Es handelt sich um eine Einführung. Deshalb denken wir an Gymnasiasten und Anfänger im Mathematikstudium. Es wäre schön, wenn auch Mathematiklehrer aller Schularten das Buch studieren würden. Sie alle sollten sich mit dem wunderbaren Gebiet der fraktalen Geometrie auseinandersetzen.

Internationalität

Wir möchten am Rande noch erwähnen, daß das vorliegende Buch ein Dokument darstellt. Es beweist nämlich die erfolgreiche Zusammenarbeit

> zwischen Slowenien und Deutschland,

> zwischen den Universitäten Maribor und Bayreuth

und nicht zuletzt

> zwischen den befreundeten Autoren.

Mathematik ist international!

Worte des Dankes

Wir haben nach vielen Seiten Dank zu sagen:

Etlichen Kollegen

Sie haben uns mit wertvollen Ratschlägen sehr geholfen:

Prof. Dr. F. Schweiger (Salzburg), Prof. Dr. J. Feher (Pecs), Dr. P. Herfort (Tübingen), Dr. K. D. Dass (Rostock), Dr. D. Schleicher (München), Alan St. George (Lissabon), Leila Crnjac-Marek (Maribor), S. Poppe (Altdorf), ...

Viele Studenten

Sie haben uns zwar mit Fragen "gelöchert", sie brachten aber auch wertvolle Ideen ein, die in Staatsexamens- und Diplomarbeiten ihren Niederschlag fanden. Vor allem aber übertrug sich ihre Begeisterung (Mathe macht mobil!), ihr jugendlicher Elan, Ihre Freude an der Geometrie auch auf uns:

C. Helmreich, W. Kronthaler, A. Krüger, S. Landgraf, S. Putz, C. Reiher, M. Wenzl. J. Wirth, ...

Schließlich danken wir unseren Ehefrauen. Sie haben nicht nur unsere Arbeit, sondern auch uns selber mit großer Geduld ertragen.

Nun wünschen wir viel Spaß bei der Lektüre, viel Freude an fraktaler Geometrie. Wir hoffen auf Reaktionen – positive und negative. Für jede Anregung, für jeden Hinweis sind wir dankbar.

Kapitel I
DIE CANTOR*–DRITTELMENGE

Auf der Suche nach verrückten Monstermengen entdeckte G. Cantor die nach ihm benannte Punktmenge. Er sagte von ihr: *"Je le vois, mais je ne le crois pas!"* Diese Aussage soll als Motto über dem ersten Kapitel stehen:

"Ich sehe es, aber ich kann es nicht glauben!"

Inzwischen spielen verallgemeinerte Cantor-Mengen in dynamischen Systemen eine wesentliche Rolle.

1 Erzeugung durch Wegwischen

Wir starten mit einer Strecke, einem abgeschlossenen Intervall, etva [0, 1]. Dieses wird in drei gleiche Teile geteilt und dann das mittlere offene Intervall herausgewischt. Es bleiben also nach der ersten Wischung die Intervalle [0, $\frac{1}{3}$], [$\frac{2}{3}$, 1] stehen. Mit diesen verfahren wir auf die gleiche Weise. Nach n Wischungen haben wir 2^n abgeschlossene Intervalle der Länge $\frac{1}{3^n}$.

Wird die Zahl der Wischungen unendlich oft wiederholt ($n \to \infty$), so bleibt schließlich eine Menge disjunkter Staubkörner übrig. Die Strecke ist "zerbröselt". Wir sprechen von einer Limesmenge, vom Cantor-Drittelstaub. Manche bevorzugen die Bezeichnung Cantor-Diskontinuum.

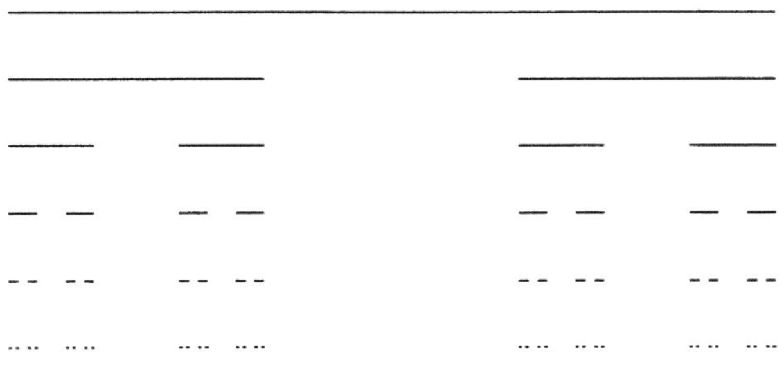

FIGUR I,1 Cantor Drittelstaub

Dieses anschaulich geometrische Wischrezept gestattet noch keinerlei Aussagen über die

---
*Georg CANTOR (1845 – 1918)

Eigenschaften dieser, auf so eigenartige Weise zusammengebastelten Menge. Deshalb übersetzt man den Vorgang jetzt in die Sprache der Arithmetik. In ihr stehen mächtige Werkzeuge zur Verfügung.

2 Ein Zwischenkapitel: die Ternärschreibweise

2.1 Nichts als eine Schreibweise

Wir kennen die Dezimaldarstellung von Zahlen:

$\alpha \in [0, 1]$

$$\alpha = \frac{a_1}{10} + \frac{a_2}{10^2} + \ldots = (0, a_1 a_2 \ldots)_{10}, \; a_i \in \{0, 1, 2, 3, 4, 5, 6, 7, 8, 9\}.$$

Anstelle von 10 läßt sich dieses Spiel auch mit anderen Zahlen durchführen.

$$\alpha = \frac{b_1}{2} + \frac{b_2}{2^2} + \ldots = (0, b_1 b_2 \ldots)_2, \; b_i \in \{0, 1\}$$

$$\alpha = \frac{c_1}{3} + \frac{c_2}{3^2} + \ldots = (0, c_1 c_2 \ldots)_3, \; c_i \in \{0, 1, 2\}$$

Wir sprechen (nicht ganz korrekt) von Dezimal-Dual- bzw. Ternär-Zahlen und meinen damit Zahlen in Dezimal-Dual- bzw. Ternär-Schreibweise. Es handelt sich also nicht etwa um neue Zahlen, sondern lediglich um andere Schreibweisen.

Wir beschäftigen uns hier besonders mit Ternärzahlen.

2.2 Umwandlung

Die Umwandlung von einer in die andere Schreibweise ist ein düsteres Kapitel des Schulunterrichts. So manchem Schüler wurde damit die Freude an der Mathematik gründlich ausgetrieben.

Man benötigt dazu den euklidischen Algorithmus, die Summation geometrischer Reihen, ja sogar die Intervallschachtelungen. Wir verzichten auf eine ausführliche Behandlung all dieser Dinge, verweisen statt dessen auf einschlägige (sehr zahlreiche) Literatur und geben einige Umwandlungsbeispiele an.

$(0,12)_3 = (?)_{10}$

Darstellung als Bruchzahl:

$(0,12)_3 = \frac{1}{3} + \frac{2}{9} = \frac{5}{9}$

Euklidischer Algorithmus:

$$\left.\begin{array}{rcl} 5 & = & 0 \cdot 9 + 5 \\ 50 & = & 5 \cdot 9 + 5 \\ & \vdots & \end{array}\right\} \implies (0, 5555\ldots)_{10} = (0, \overline{5})_{10}$$

$(0, \overline{12})_3 = (?)_{10}$

Darstellung als Bruchzahl:

$(0, \overline{12})_3 = \frac{1}{3} + \frac{2}{3^2} + \frac{1}{3^3} + \frac{2}{3^4} + \ldots = \frac{5}{3^2} + \frac{5}{3^4} + \ldots = \frac{5}{8}$

Euklidischer Algorithmus:

$$\left. \begin{array}{rcl} 5 & = & 0 \cdot 8 + 5 \\ 50 & = & 6 \cdot 8 + 2 \\ 20 & = & 2 \cdot 8 + 4 \\ 40 & = & 5 \cdot 8 \end{array} \right\} \implies (0,625)_{10}$$

$(0, 875)_{10} = (?)_3$

Darstellung als Bruchzahl: $(0, 875)_{10} = \frac{875}{1000} = \frac{7}{8}$

Euklidischer Algorithmus:

$$\left. \begin{array}{rcl} 7 & = & 0 \cdot 8 + 7 \\ 21 & = & 2 \cdot 8 + 5 \\ 15 & = & 1 \cdot 8 + 7 \\ 21 & = & 2 \cdot 8 + 5 \\ & \vdots & \end{array} \right\} \implies (0, \overline{21})_3$$

$(0, \overline{875142})_{10} = (?)_3$

Darstellung als Bruchzahl: $\alpha = (0, \overline{875142})_{10}$, $10^6 \alpha = (857142, \overline{857142})_{10}$,
Subtraktion $999999\, \alpha = 857142$
$(0, \overline{875142})_{10} = \frac{875142}{999999} = \frac{6}{7}$

Euklidischer Algorithmus:

$$\left. \begin{array}{rcl} 6 & = & 0 \cdot 7 + 6 \\ 18 & = & 2 \cdot 7 + 4 \\ 12 & = & 1 \cdot 7 + 5 \\ 15 & = & 2 \cdot 7 + 1 \\ 3 & = & 0 \cdot 7 + 3 \\ 9 & = & 1 \cdot 7 + 2 \\ 6 & = & 0 \cdot 7 + 6 \\ 18 & = & 2 \cdot 7 + 4 \\ & \vdots & \end{array} \right\} \implies (0, \overline{212010})_3$$

Ist die umzuwandelnde Zahl weder periodisch, noch abbrechend so muß eine Intervallschachtelung vorgenommen werden.

2.3 Klasseneinteilung der Ternärzahlen

Wir unterscheiden drei Klassen von Ternärzahlen im Interwall [0, 1].

Klasse I.

Abbrechend oder periodisch mit Periode 2

$$(0, 0\overline{2})_3 = \frac{2}{3^2} + \frac{2}{3^3} + \frac{2}{3^4} + \ldots = \frac{1}{3} = (0, 1)_3$$

Diese kurze Rechnung zeigt, daß jede Zahl aus I zwei äquivalente Darstellungen gestattet - abbrechend oder Periode 2.

Beispiele:

$(0,012)_3 = (0,011\overline{2})_3$
$(0,1\overline{2})_3 = (0,2)_3$

Klasse II.

Periodisch mit Periode von 2 verschieden

Jede solche Zahl gestattet nur eine einzige Darstellung.

Beispiel: $(0,\overline{12})_3$

Klasse III.

Weder abbrechend noch periodisch

Beispiel: $(0,12\ 1122\ 111222\ 11112222\ \ldots)_3$

Auch jetzt gibt es nur eine Darstellungsform.

Im Rahmen elementarer Zahlentheorie wird gezeigt, daß I und II zusammen genau die rationalen und III genau die irrationalen Zahlen in [0, 1] sind. Damit hat man eine zweite Klassifikation der Ternärzahlen in [0, 1].

Jetzt ist das Rüstzeug zur Arithmetisierung des Cantor-Staubes geschaffen.

3 Die angekündigte Arithmetisierung

Wir formulieren das Ergebnis in einem Satz.

Die Menge aller Ternärzahlen in [0, 1] welche die Ziffer 1 nicht enthalten läßt sich dem Cantor-Drittelstaub bijektiv zuordnen.

Manchmal bezeichnet man diese Ternärzahlen auch als Cantor-Zahlen.

FIGUR I,2 Randpunkte

Wir beschränken uns darauf, die einzelnen Beweisschritte zu verdeutlichen und betrachten deshalb jeweils nur den ersten Wischvorgang. Weiter verzichten wir auf die Betrachtung der jeweiligen Umkehrungen.

Die Startstrecke sei wieder [0, 1].

(a) *Die Eckpunkte der herausgewischten Strecken sind genau die Ternärzahlen aus Klasse I bei denen eine Darstellungsform die Ziffer 1 enthält, die andere nicht.*

Die Figur I,3 zeigt die Situation nach dem ersten Wischvorgang.

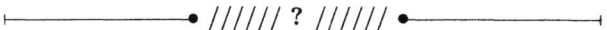

FIGUR I,3 Herausgewischtes

(b) *Herausgewischt werden genau alle Ternärzahlen der Klasse I bei denen die beiden Darstellungsformen 1 enthalten, sowie alle Zahlen aus II und III mit 1.*

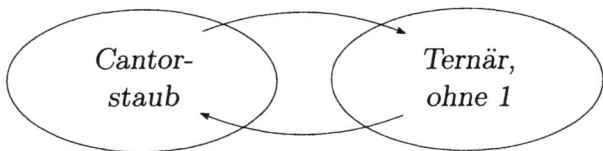

FIGUR I,4 Cantor-Zahlen

Zahlen aus I im herausgewischten Intervall haben entweder die Form $(0, 1 \ldots 1)_3 = (0, 1 \ldots 0\overline{2})_3$ oder $(0, 1 \ldots 2)_3 = (0, 1 \ldots 1\overline{2})_3$. Jede der beiden Darstellungsformen enthält 1.

Zahlen aus II und III besitzen nur eine einzige Darstellungsform und diese beginnt stets mit 0, 1, enthält also ebenfalls 1.

(c) *Es bleiben genau alle nicht abbrechenden Ternärzahlen ohne 1 übrig.*

Alle Zahlen aus Klasse II und III mit 1 wurden herausgewischt, bleiben also nur solche ohne 1.

Die Zahlen aus I besitzen zwei Darstellungsformen . Enthalten beide 1, so sind sie bereits herausgewischt (b). Der Fall mit einmal 1 und einmal ohne 1 liefert die Eckpunkte, ist also erledigt (a). Es kann nicht vorkommen, daß beide Darstellungsformen keine 1 enthalten.

Beispiel: Erste Form ohne 1: $(0, 022)_3$, dann lautet die zweite Form $(0, 021\overline{2})_3$.

Wenn wir bei den Eckpunkten stets die jeweilige Darstellung ohne 1 wählen, ist die Beweisskizze des Satzes abgeschlossen. Es ist erfahrungsgemäß außerordentlich schwer vorstellbar, daß außer den Eckpunkten noch weitere Staubkörner existieren. Die Zahlen $(0, \overline{02})_3$ und $(0, 02\,0022\ldots)_3$ sind Beispiele dafür.

Manchmal unterscheidet man:

C	Cantor-Staub total
C_1	Cantorstaub 1. Klasse, die Eckpunkte
$C_2 = C \backslash C_1$	Cantor-Staub 2. Klasse

4 Verrücktheiten des Cantor-Staubes

4.1 Abzählbarkeit

Unter Verwendung unserer Arithmetisierung läßt sich eine erste merkwürdige Eigenschaft des Cantor-Staubes beweisen.

4.2 Satz

Die Klasse C_1 von Cantorzahlen (bzw. von Cantor-Punkten) ist abzählbar, die Klasse C (also auch C_2) ist nicht abzählbar.

Man sagt auch, C habe die Mächtigkeit des Kontinuums.

Beweis:

Wir verwenden die bekannte Tatsache, daß die rationalen Zahlen aus $[0, 1]$ abzählbar sind, die reellen (also das ganze Intervall) jedoch nicht.

Dabei heißt eine Menge abzählbar, wenn man ihre Elemente den natürlichen Zahlen bijektiv zuordnen kann.

Die Menge C_1

Sie besteht aus den Eckpunkten der herausgewischten Intervalle und das sind rationale Zahlen. Nach dem oben Gesagten ist also C_1 abzählbar.

Die Menge C:

Wir betrachten die Ternärzahlen aus C und wissen, daß sie nur die Ziffern 0 und 2 enthalten. Jetzt ersetzen wir - das ist der Trick - die Ziffern 2 alle durch 1 und erhalten so eine Menge D von Dualzahlen.

Jeder Ternälzahl aus C wird eine Dualzahl zugeordnet, jede hat einen Partner. Es kann jedoch passieren, daß zwei Elemente aus C denselben Partner besitzen.

Beispiel:
$$(0,2)_3 \xrightarrow{\text{Trick}} (0,1)_2, \quad (0,0\overline{2})_3 \xrightarrow{\text{Trick}} (0,0\overline{1})_2 = (0,1)_2$$

Man kann also sagen, daß C mehr Elemente enthält als D.

Jeder Dualzahl aus $[0, 1]$ entspricht eine Ternärzahl aus C, jede kommt als Partner in Frage. Zu unterschiedlichen Dualzahlen existieren verschiedene Cantor-Zahlen.

Die Zuordnung $C \to D$ ist nach dem Gesagten nicht bijektiv, sondern surjektiv.

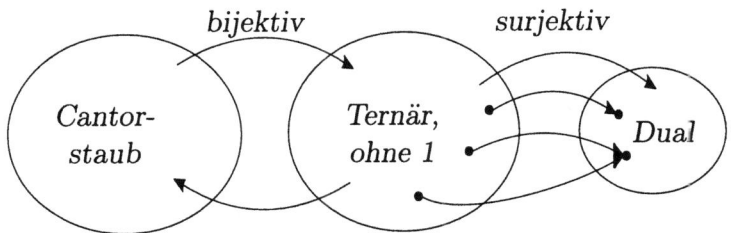

FIGUR I,5 Nicht abzählbar

Kommen wir nun zur Mächtigkeit.

Die Mächtigkeit des Kontinuums werde mit c bezeichnet, also $|[0, 1]| = c$.

C umfasst nicht alle reellen Zahlen des Intervalls [0, 1], also $|C| \leq c$.

D dagegen enthält alle reellen Zahlen des Intervalls [0, 1], also $|D| = c$.

Wegen der Surjektivität der Zuordnung $C \to D$ erhalten wir weiter $|C| \geq |D| = c$.

Aus $|C| \leq c$ und $|C| \geq c$ folgt $|C| = c$.

Die unterschiedliche Mächtigkeit von C und C_1 formulierte ein Student so: *"Greife ich zufällig eine Zahl aus C heraus, so ist es extrem unwahrscheinlich, einen Eckpunkt zu erwischen."*

4.3 Eine andere Studentenbemerkung

Satz

Bei unserem Wischvorgang wird alles herausgewischt, trotzdem hat die übrigbleibende Menge die Mächtigkeit des Kontinuums.

Beweis:

Was wird herausgewischt?

Wir berechnen die Längen der herausgewischten Intervalle und addieren diese dann.

1. Schritt: $\frac{1}{3}$

2. Schritt: $2 \cdot \frac{1}{3^2}$

3. Schritt: $2^2 \cdot \frac{1}{3^3}$

$\vdots$

n. Schritt: $2^{n-1} \cdot \frac{1}{3^n}$

Insgesamt liefert das eine geometrische Reihe, die summiert 1 ergibt: $\frac{1}{3}(1+\frac{2}{3}+(\frac{2}{3})^2+\ldots) = 1$.

Studenten formulierten diese Feststellung provozierend so:

"*Alles* wird herausgewischt und es bleibt *Nichts* übrig. Trotzdem ist dieses *Nichts* so mächtig wie *Alles*."

Wir erinnern hier an unser Motto:

"Ich sehe es, aber ich kann es nicht glauben!"

4.4 Wahrscheinlichkeit

Satz

Die Wahrscheinlichkeit beim Werfen eines Pfeiles auf das Intervall [0, 1] einen Punkt der Cantor-Drittelmenge zu treffen ist 0.

(Anders formuliert: Der Cantor-Drittelstaub besitzt das Hausdorff-Maß 0.)

Wir betrachten bei Ternärdarstellung zunächst nur zwei Stellen nach dem Komma und verallgemeinern dann ohne Beweis.

... .

FIGUR I,6 Wahrscheinlichkeit

Mögliche Fälle:

$$\begin{array}{ccc} 0,00 & 0,10 & 0,20 \\ 0,01 & 0,11 & 0,21 \\ 0,02 & 0,12 & 0,22 \end{array}$$

Das sind $9 = 3^2$ oder allgemein bei n Stellen nach dem Komma 3^n Fälle.

Günstige Fälle ("Treffer"):

$$\begin{array}{ccc} \mathbf{0,00} & 0,10 & \mathbf{0,20} \\ 0,01 & 0,11 & 0,21 \\ \mathbf{0,02} & 0,12 & \mathbf{0,22} \end{array}$$

Wir haben $4 = 2^2$, allgemein 2^n Fälle.

Für die relative Häufigkeit des Eintretens des gewünschten Treffers gilt bekanntlich

$$\frac{\text{Zahl der günstigen Fälle}}{\text{Zahl der möglichen Fälle}} = \left(\tfrac{2}{3}\right)^n$$

Schließlich ergibt sich die gesuchte Wahrscheinlichkeit:

$$\lim_{n\to\infty}(\text{relative Häufigkeit}) = \lim_{n\to\infty}\left(\tfrac{2}{3}\right)^n = 0\,.$$

Vergleicht man unser neues Ergebnis mit 4.1 so kann man nur wieder sagen: *"Ich sehe es, aber ich kann es nicht glauben!"*

4.5 Topologisches

Wir geben ohne Beweis einen Satz aus der Topologie an und formulieren die dabei auftretenden Begriffe. Einige dieser Begriffe werden später wieder verwendet.

Satz.

Die Cantor-Drittelmenge ist eine nirgends dichte, trotzdem aber kompakte Punktmenge

Begriffe:

Metrischer Raum (E, d)

Eine (nicht leere) Punktmenge E heißt metrischer Raum (nach Fréchet), wenn es eine Abbildung $d: E \times E \to \mathbb{R}$ so gibt, daß für alle $A, B, C \in E$ gilt

i)	$d(A,B) \geq 0$	(positiv definit)
ii)	$d(A,B) = d(B,A)$	(symmetrisch)
iii)	$d(A,B) = 0 \iff A = B$	(koinzident)
iv)	$d(A,B) + d(B,C) \geq d(A,C)$	(Dreiecksungleichung)

$d(A,B)$ nennt man die *Distanz* der Punkte A und B.

(i) ergibt sich aus ii), iii), iv). Auf diese Forderung könnte also verzichtet werden.)

Alle folgenden Definitionen gehen von einem solchen metrischen Raum aus.

Sei nun $G \subset E$.

Häufungspunkt in G

$H \in G$ heißt Häufungspunkt in G, wenn in jeder ε-Umgebung von H ein Punkt $W \in G$ mit $W \neq H$ existiert.

Beschränktheit von G

G heißt beschränkt, wenn es $P \in G$, $r \in \mathbb{R}^+$ so gibt, daß für alle $X \in G$ gilt $d(X,P) < r$. G ist in eine Kugel um P mit Radius r eingebettet.

Abgeschlossenheit von G

G heißt abgeschlossen, wenn jeder Häufungspunkt zu G gehört.

Perfektheit von G

Die Menge G heißt perfekt, wenn sie abgeschlossen ist, und jeder Punkt von G Häufungspunkt ist.

Kompaktheit von G

Die Menge G heißt kompakt, wenn sie perfekt und beschränkt ist.

Nirgends dicht

Die Menge G ist nirgends dicht, wenn die einzigen nicht leeren Untermengen alle einelementig sind.

Diese sehr abstrakten Formulierungen können bei einer ersten Lektüre übersprungen werden. Aus Gründen der Vollständigkeit mußten sie aber in diesem Buch angeführt werden.

Kapitel II

SELBSTÄHNLICHKEIT IM STRENGEN SINN

1 Definition

Gegeben sei eine kompakte Punktmenge G in $\mathbb{R}^2$ (allgemeiner in $\mathbb{R}^n$ oder noch allgemeiner in einem metrischen Raum). Sie werde in $N > 1$, bis auf Randelemente paarweise disjunkte, kongruente Teilmengen G_i, $i \in \{1, 2, ..., N\}$ zerlegt, also $G = \bigcup_{i=1}^{N} G_i$. Wenn es dann für alle

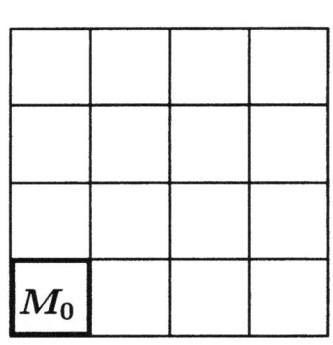

(a) $N = 16$
$p = 4$

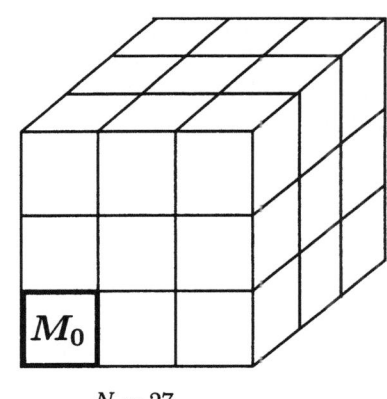

(b) $N = 27$
$p = 3$

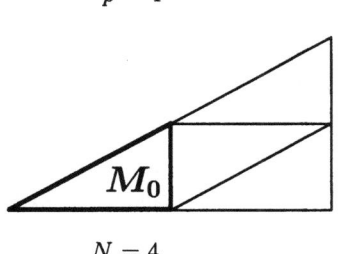

(c) $N = 4$
$p = 2$

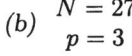

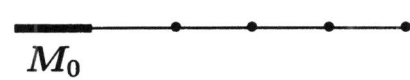

(d) $N = 5$
$p = 5$

FIGUR II,1 Eine Beobachtung

i eine Ähnlichkeitsabbildung γ mit $\gamma(G_i) = G$ gibt, dann heißt G selbstähnlich im strengen Sinn. Der zugeordnete Vergrößerungsfaktor wird mit p bezeichnet, $p > 1$. (Die klassischen Ähnlichkeitsabbildungen werden in Kapitel VI definiert.)

Das Quadrat mit Kante 1 in Figur II,1 a) ist in $N = 16$ kongruente Teilquadrate Kante $\frac{1}{4}$ zerlegt. Diese Quadrate haben nur Randelemente (Punkt oder Strecke) gemeinsam. Greifen wir nun irgendein Teilquadrat - etwa das fett umrandete - heraus und vergrößern es (aufblasen) mit Faktor $p = 4$, so ergibt sich das große Startquadrat. Nach unserer Definition ist das Quadrat also selbstähnlich im strengen Sinn.

Natürlich kann das Quadrat auch in $N = n^2$ Teilquadrate (Kante $\frac{1}{n}$, $n \in \mathbb{N} \setminus \{1\}$) zerlegt werden. Dann beträgt der Vergrößerungsfaktor $p = n$.

2 Satz

Die Cantor-Drittelmenge ist selbstähnlich im strengen Sinne mit $N = 2$ und $p = 3$.

Beweis:

In Figur I,1 kann der Staub in $N = 2$ disjunkte Teilmengen zerlegt werden, nämlich den Staub im Intervall $[0, \frac{1}{3}]$ und den in $[\frac{2}{3}, 1]$. Bläst man jetzt eine dieser beiden Teilmengen mit Faktor $p = 3$ auf, so ergibt sich jeweils der gesamte Staub.

Natürlich kann man den Staub innerhalb kleinerer Intervalle betrachten. So gibt es $N = 2^n$ Intervalle der Länge $\frac{1}{3^n}$. Vergrößerung eines beliebigen solchen Intervalls mit Faktor $p = 3^n$ liefert wieder den Gesamtstaub. In jedem solchen Intervall ist der verkleinerte Staub enthalten.

Im Cantor-Dritelstaub stecken demnach unendlich viele kleinere Stäube. Sie sind in einander geschachtelt. In diesem Zusammenhang zitieren wir J. Ringelnatz: *"Der Wurm hat Würmer, die Würmer haben Würmer,..."*

Bemerkung:

Manchmal spricht man auch von Selbstähnlichkeit im entarteten Sinn. Dann liegt zwar keine Zerlegung in $N > 1$ kongruente Teilmengen vor, aber es existiert mindestens eine ähnliche Teilmenge.

Ein Beispiel dafür sind die bekannten russischen Puppen. In jedem Exemplar befindet sich wieder eine dazu ähnliche Puppe. Es existiert also nur eine einzige ähnliche Teilmenge.

Hierzu eine Geschichte:

"Als Bub hatte ich ein Lesebuch mit der Aufschrift "Brückl-Mein Buch". Unter dem Titel befand sich auf dem Umschlag ein Bild. Auf diesem waren zwei, auf einer Bank sitzende Kinder zu sehen. Sie hielten ein Buch in Händen mit der Aufschrift "Brückl-Mein Buch". Unter diesem Titel befand sich ein Bild... Diese Beobachtung entarteter Selbstähnlichkeit hat mich damals sehr bewegt."

3 Die Selbstähnlichkeitsdimension d_S

3.1 Eine Beobachtung

Wir betrachten nochmals die Punktmengen in Figur II,1. Sie sind alle selbstähnlich im strengen Sinn. Für die Größen N und p gilt – das ist die entscheidende Beobachtung – stets $p^d = N$. Dabei ist d die anschauliche, die uns vetraute Dimension.

Das trifft auch dann noch zu, wenn die jeweiligen Zerlegungen feiner oder gröber gewählt werden. Zerlegen wir etwa das Quadrat in $N = 25$ kongruente Teilquadrate, so ist der Vergrößerungsfaktor jetzt $p = 5$. Wieder stellen wir fest $p^d = N$, nämlich $5^2 = 25$.

3.2 Eine neue Definition

In 3.1 hatten wir beobachtet $p^d = N$. Aufgelöst nach d ergibt sich $d = \frac{\ln N}{\ln p}$. Ohne Beschränkung der Allgemeinheit wählen wir den natürlichen Logarithmus, also die Basis e (jede andere Basis täte es auch).

Für jede Punktmenge G die im strengen Sinne selbstähnlich ist, existieren nach Definition Zahlen N, p mit $N > 1$ und $p > 1$, also gilt auch $\ln N > 0$, $\ln p > 0$ und weiter $\frac{\ln N}{\ln p} > 0$.

Nun kommt die entscheidende Idee. Wir erheben die Beobachtung aus 3.1 jetzt zur Definition. Die Formel $d = \frac{\ln N}{\ln p}$ soll ab sofort für alle Punktmengen gelten die im strengen Sinne selbstähnlich sind.

Definition

Punktmengen G die im strengen Sinne selbstähnlich sind, mit N Zerlegungsmengen und dem Vergrößerungsfaktor p besitzen die Dimension $d_S(G) = \frac{\ln N}{\ln p}$. Wir sprechen von der Selbstähnlichkeitsdimension (deshalb der Index S).

Damit ist ein für die fraktale Geometrie zentraler Begriff festgelegt.

3.3 Der Verein der Dimensionen

Mit der Definition in 3.2 wurde der Dimensionsbegriff ganz entscheidend erweitert. In den Verein der vertrauten klassischen Dimensionen d wurden neue Mitglieder, nämlich die Dimensionen d_S aufgenommen. (Analogon: Die fortgesetzte Erweiterung des Vereins der Zahlen $\mathbb{N} \subset \mathbb{Z} \subset \mathbb{Q} \subset \mathbb{R} \subset \mathbb{C}$.)

Wendet man die neue Definition auf die vetrauten Punktmengen Strecke, Quadrat und Dreieck, Würfel (Figur II,1) an. So ergeben sich die Dimensionen 1, 2, 3. Dies ist ganz

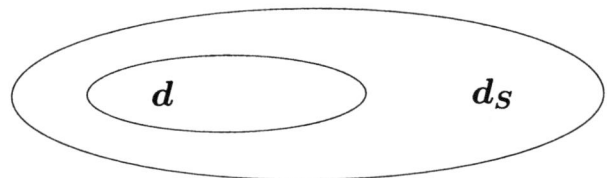

FIGUR II,2 Der Verein der Dimensionen

natürlich, denn wir haben ja die neue Dimension direkt aus der alten entwickelt. Die Dimensionen d und d_S sind veträglich.

Die Erweiterung des Dimensionsbegriffes erscheint also durchaus sinnvoll.

4 Satz

Die Cantor-Drittelmenge hat die Selbstähnlichkeitsdimension

$$d_S = \frac{\ln 2}{\ln 3} \sim 0,6309.$$

Beweis:

Wegen $N = 2$, $p = 3$ folgt der Satz sofort aus 3.2.

Die feinere Zerlegung mit $N = 2^n$, $p = 3^n$ führt zum gleichen Ergebnis $d_S = \frac{\ln 2^n}{\ln 3^n} = \frac{n \ln 2}{n \ln 3} = \frac{\ln 2}{\ln 3}$.

Eine nicht ganzzahlige – oder wie Physiker sagten, eine "krumme" – Dimension war eine echte Überraschung. Trotzdem war das eigentlich zu erwarten. Denn diese Monstermenge ist weder ein Punkt mit $d = 0$, noch eine Strecke mit $d = 1$. Irgendwie liegt sie dazwischen.

5 Weitere Wischaktivitäten

"Math is not at all a spectator sport!" Dieser Ausspruch eines bekannten Mathematikers bedeutet, daß man Mathematik wirklich selber tun muß. Mathematik braucht Aktivitäten. Das erst macht Freude, das macht Spaß!

Wir geben einige Beispiele solcher Aktivitäten.

5.1 "Lineare" Stäube

Wir teilen die Startstrecke für unsere Wischprozedur nicht in drei, sondern in fünf kongruente Teile und wischen jedes zweite Intervall (offen) heraus (Figur II,3). Auf die übrigbleibenden drei Intervalle wenden wir dieses Rezept erneut an. Fortsetzung des Verfahrens liefert einen neuen Staub, eine neue Limesmenge mit $N = 3$, $p = 5$.

Es handelt sich erneut um eine nicht abzählbare, nirgends dichte und kompakte Punktmenge. Die Trefferwahrscheinlichkeit aus I,4.3 ist wieder 0. Analog zu Kapitel I beweise man einige dieser verrückten Eigenschaften!

Und wie ist es mit der Dimension ?

$$d_S = \frac{\ln 3}{\ln 5} \sim 0,6826$$

Im Vergleich zum Drittelstaub wird jetzt mehr herausgewischt ($\frac{2}{5} > \frac{1}{3}$), trotzdem wird die Dimension größer. Die Staubdimension ist also nicht, wie vielfach behauptet, ein Maß für das "Gesamtgewicht" des Staubes. Eher ein Maß für seine gleichmäßige Verteilung. Je gleichmäßiger verteilt, desto größer die Dimension d_S. Diese Vorstellung wird durch die folgende Überlegung noch bestätigt.

Wir teilen in $p = 2n + 1$ kongruente Teile und wischen n davon heraus. Dies bedeutet

$$N = n + 1, \ p = 2n + 1 \ \text{und} \ d_S = \frac{\ln(n+1)}{\ln(2n+1)}.$$

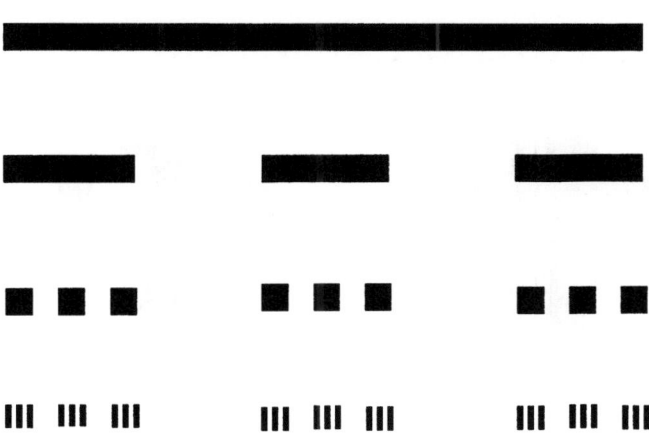

FIGUR II,3 Ein linearer Cantor-Staub

Wie verändert sich nun die Dimension bei ständig wachsendem n? Mit der Regel von l'Hospital erhalten wir

$$d_S = \lim_{n \to \infty} \frac{\ln(n+1)}{\ln(2n+1)} = \lim_{n \to \infty} \frac{2n+1}{2(n+1)} = 1$$

Es ergibt sich schließlich die totale Gleichverteilung einer Strecke.

Aktivitäten: Wähle p gerade!

5.2 "Ebene" Wischaktivitäten

Wir starten jetzt mit einer Punktmenge in der Ebene, mit einem Quadrat. Dieses wird in 9 kongruente Teilquadrate zerlegt. Nun beginnt die "Wischerei".

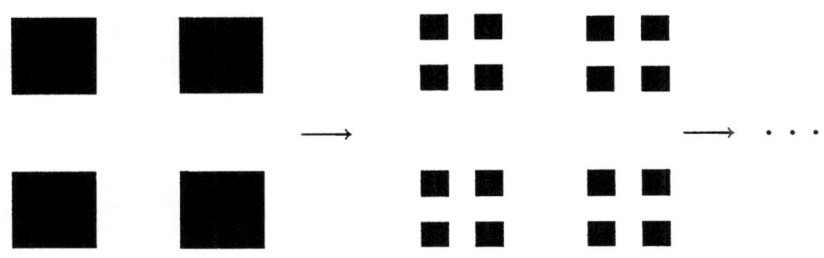

FIGUR II,4 a) "Ebene" Wischaktivitäten

In Figur II,4 a) sind die ein Kreuz bildenden 5 inneren Quadrat herausgewischt. Es bleiben lediglich die 4 schwarz ausgefüllten Eckquadrate über. Mit diesen verfahren wir auf die gleiche Weise. Fortsetzung des Herauswischens liefert einen Staub, diskrete Staubkörner. Es handelt sich um eine Punktmenge, die selbstähnlich in strengen Sinne mit $N = 4$, $p = 3$ ist. Damit erhalten wir die Selbstähnlichkeitsdimension

$d_S = \frac{\ln 4}{\ln 3} = 2\frac{\ln 2}{\ln 3} \sim 1,2618$.

Mit den Figuren II,4 b) c) sind weitere Wischaktivitäten am Quadrat zur Erzeugung streng selbstähnlicher Punktmengen festgelegt.

(b)

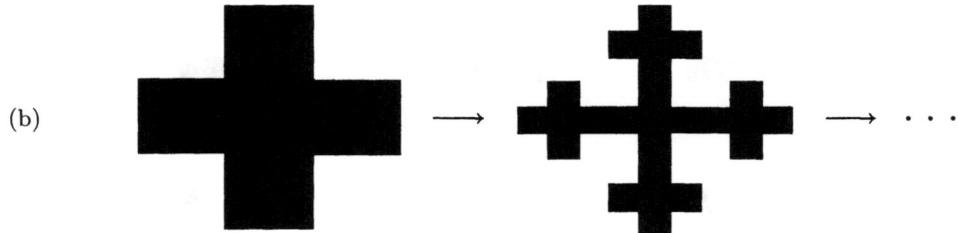

FIGUR II,4 b) "Ebene" Wischaktivitäten

$$N = 5, \ p = 3, \ d_S = \frac{\ln 5}{\ln 3} \sim 1,4649.$$

Diese kreuzförmige Limesmenge ist zusammenhängend (Figur II,4(b)).

Eine Punktmenge heißt zusammenhängend, wenn es von einem beliebigen Punkt ausgehend Wege gibt auf denen sich jeder Punkt der Menge erreichen läßt, ohne diese zu verlassen.

(c)

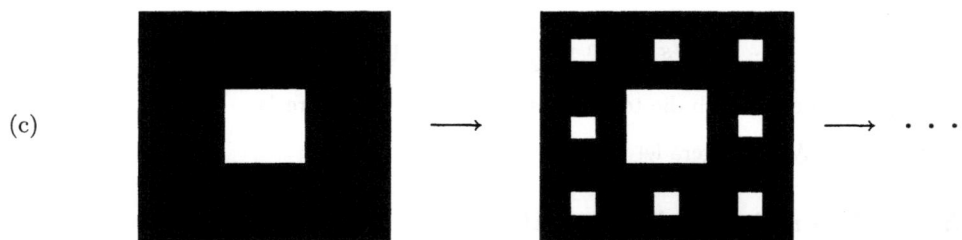

FIGUR II,4 c) "Ebene" Wischaktivitäten

$$N = 8, \ p = 3, \ d_S = \frac{\ln 8}{\ln 3} = 3\frac{\ln 2}{\ln 3} \sim 1,8927.$$

Dieser Schweizer Käse mit seinen vielen Löchern ist auch zusammenhängend.

Man spricht vom Sierpinski*-Teppich.

Aktivitäten:

Warum verwenden wir ausgerechnet $p = 3$? Warum starten wir mit einem Quadrat? Warum wischen wir so wie beschrieben?

Wir geben nun ein "nicht-quadratisches" Beispiel einer "ebenen" Wischaktivität.

---

*Waclaw SIERPINSKI (1889-1969)

Das Sierpinski Dreieck

Wie die Figur II,5 zeigt, wird ein gleichseitiges Dreieck mit Seitenlänge a in 4 kongruente gleichseitige Teildreiecke zerlegt und dann das mittlere herausgewischt. Es bleiben also nur drei Eckendreicke - schwarz ausgefüllt - übrig. Mit diesen verfahren wir genauso. Fortsezung dieses Wischens liefert eine Punktmenge die im strengen Sinn selbstähnlich ist mit $N = 3$, $p = 2$. Für die Dimension der Limesmenge gilt
$d = \frac{\ln 3}{\ln 2} \sim 1,5850$.

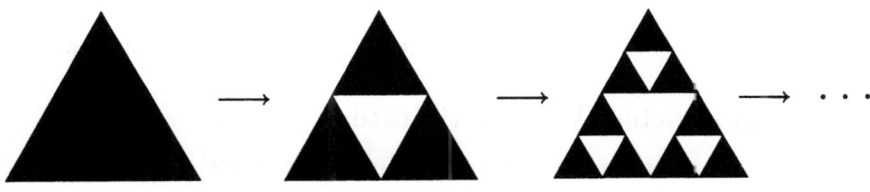

FIGUR II,5 Das Sierpinski-Dreieck

Nun berechnen wir den Gesamtumfang und den Flächeninhalt des Sierpinski-Dreiecks.

Strecken		Dreiecke		
Länge	Anzahl	Inhalt	Anzahl	
a	3	F_0	1	
$\frac{1}{2}a$	3^2	$\frac{1}{4}F_0$	3	mit $F_0 = \frac{1}{4}a^2\sqrt{3}$.
$\vdots$	$\vdots$	$\vdots$	$\vdots$	
$\frac{1}{2^n}a$	3^{n+1}	$\frac{1}{4^n}F_0$	3^n	

Gesamtumfang der Limesmenge: $L_\infty = \lim_{n\to\infty} 3a(\frac{3}{2})^n \to \infty$.

Gesamtinhalt der Limesmenge: $F_\infty = \lim_{n\to\infty} F_0(\frac{3}{4})^n = 0$.

Wir haben wieder ein Exemplar aus dem Zoo der Monstermengen gefunden. Flächeninhalt 0 und Umfang trotzdem ∞ — ich sehe es, aber ...

Und nun noch zwei Probleme.

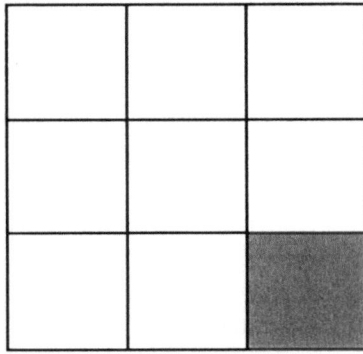
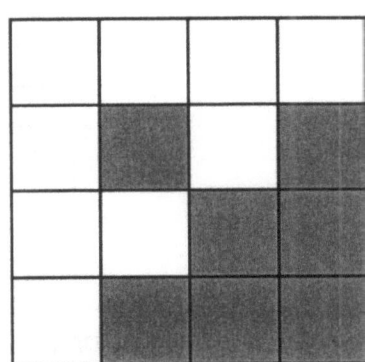

FIGUR II,6 Zwei Probleme

Wir starten mit einem Quadrat.

Im ersten Fall wählen wir $p = 3$ und wischen so, daß nur das ausgefüllte Quadrat rechts unten stehen bleibt. Nun denken wir uns die 8 leeren Quadrate ausgefüllt und in ihnen wieder so gewischt wie beim ersten Schritt. Jedes Mal bleiben die Quadrate rechts unten stehen.

Im zweiten Fall sei $p = 4$. Wie die Figur II,6 zeigt wischen wir wieder Quadrate heraus. Jetzt denken wir uns die 9 leeren Quadrate ausgefüllt und in ihnen wieder so gewischt wie beim ersten Schritt.

Was beobachten wir bei fortgesetzter Iteration? Verwenden Sie den Computer!

5.3 "Räumliche" Wischaktivitäten

Wir starten mit einer Punktmenge im Raum, mit einem Würfel. Dieser wird in 27 kongruente Teilwürfel zerlegt. Nun beginnt die Wischerei.

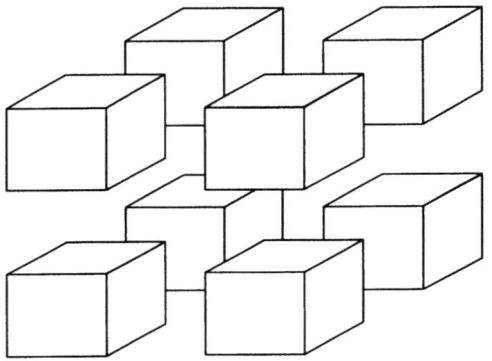

FIGUR II,7 a) "Räumliche" Wischaktivitäten

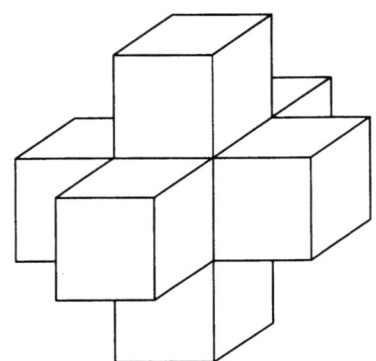

FIGUR II,7 b) "Räumliche" Wischaktivitäten
$N = 7$, $p = 3$, $d_S = \frac{\ln 7}{\ln 3} \sim 1,7712$.

Diese kreuzförmige Limesmenge ist zusammenhängend.

In Figur II,7 a) sind 19 Würfel herausgewischt. Es bleiben lediglich 8 Eckenwürfel übrig. Mit diesen verfahren wir auf die gleiche Weise. Fortsetzung des Herauswischens liefert einen Staub. Es handelt sich um eine Punktmenge die selbstähnlich in strengen Sinne mit $N = 8$, $p = 3$ ist. Damit erhalten wir die Selbstähnlichkeitsdimension

$d_S = \frac{\ln 8}{\ln 3} = 3\frac{\ln 2}{\ln 3} \sim 1,8927$.

Es ergeben sich diskrete Staubkörner (Figur II,7 (a)). Mit den Figuren II,7 b) c) d) sind weitere Wischaktivitäten zur Erzeugung selbstähnlicher Punktmengen festgelegt.

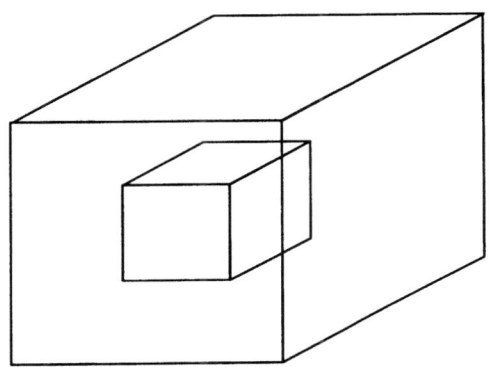

FIGUR II,7 c) "Räumliche" Wischaktivitäten

Nur das "innerste" Würfelchen wird jeweils herausgenommen.

$$N = 26, \ p = 3, \ d_S = \frac{\ln 26}{\ln 3} \sim 2,9656.$$

Dieser Schweizer Käse mit den vielen Löchern ist zusammenhängend.

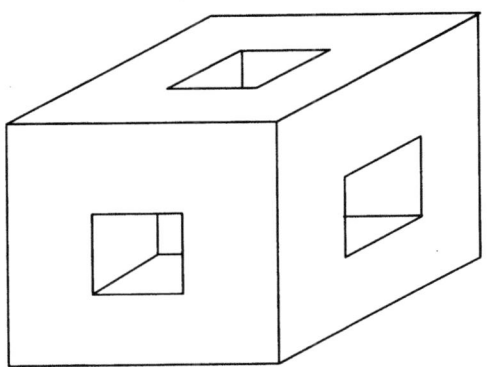

FIGUR II,7 d) "Räumliche" Wischaktivitäten

$$N = 20, \ p = 3, \ d_S = \frac{\ln 20}{\ln 3} \sim 2,7268.$$

Dieses Gebilde läßt sich erzeugen durch fortgesetztes "Herausbohren" von Stollen. Man spricht vom Menger*-Schwamm.

Bei den Seitenflächen dieser zusammenhängenden Limesmenge handelt es sich um Sierpinski-Teppiche.

Wie steht es denn nun mit dem Volumen und der Oberfläche unseres Menger-Schwammes?

Das Volumen

Würfel Inhalt	Anzahl
V_0	1
$\frac{1}{27}V_0$	$27 - 7 = 20$
$\frac{1}{27^2}V_0$	20^2
$\vdots$	$\vdots$
$\frac{1}{27^n}V_0$	20^n

mit $V_0 = a^3$.

$V_\infty = \lim_{n \to \infty} V_0 \left(\frac{20}{27}\right)^n = 0$

Die Oberfläche

Beim Start haben wir die Oberfläche $F_0 = 6a^2$.

Nach der ersten Iteration bleiben noch 20 Würfel übrig. Hätten sie keine gemeinsamen Flächen, so gäbe es insgesamt $20 \cdot 6$ Quadrate des Inhalts $\frac{1}{9}a^2$. Das sind zuviele! Die 12 Kantenwürfel haben mit anderen Würfeln je zwei Quadrate und die 8 Eckenwürfel je drei gemeinsam. Dies bedeutet $F_1 = (20 \cdot 6 - 48)\frac{1}{9}a^2$.

Nach der zweiten Iteration bleiben noch 20^2 Würfel übrig. Hätten sie keine gemeinsamen Flächen, so gäbe es insgesamt $20^2 \cdot 6$ Quadrate, jedes mit Inhalt $\frac{1}{9^2}a^2$. Das sind zuviele! Im Innern eines einzigen Würfels der Kante $\frac{1}{3}$ a müssen 48, also $20 \cdot 48$ Flächen abgezogen werden. Nun haben aber diese Würfel selber Quadrate der Kante $\frac{1}{9}a$ gemeinsam und zwar $8 \cdot 48$. Dies bedeutet
$$F_2 = (20^2 \cdot 6 - 20 \cdot 48 - 8 \cdot 48)\frac{1}{9^2}a^2.$$

Mit vollständiger Induktion ergibt sich

$F_n = [20^n \cdot 6 - 48(20^{n-1} + 20^{n-2} \cdot 8 + \ldots + 8^{n-1}]\frac{1}{9^n}a^2 =$

$= 20^{n-1}[120 - 48(1 + \frac{2}{5} + \ldots + (\frac{2}{5})^{n-1}]\frac{1}{9^n}a^2 =$

$= \frac{1}{9} \cdot (\frac{20}{9})^{n-1}a^2[120 - 48 \cdot \frac{5}{3}(1 - (\frac{2}{5})^n)] =$

$= \frac{1}{9} \cdot (\frac{20}{9})^{n-1}a^2[40 + 80 (\frac{2}{5})^n].$

So erhalten wir

$F_\infty = \lim_{n \to \infty} F_n = \infty$.

Figur II,8 zeigt mehrere Iterationen bei der Entstehung des Mengerschwammes. Dabei offenbart sich die ganze Schönheit dieses Fraktals.

---

*Karl MENGER (1902-1985)

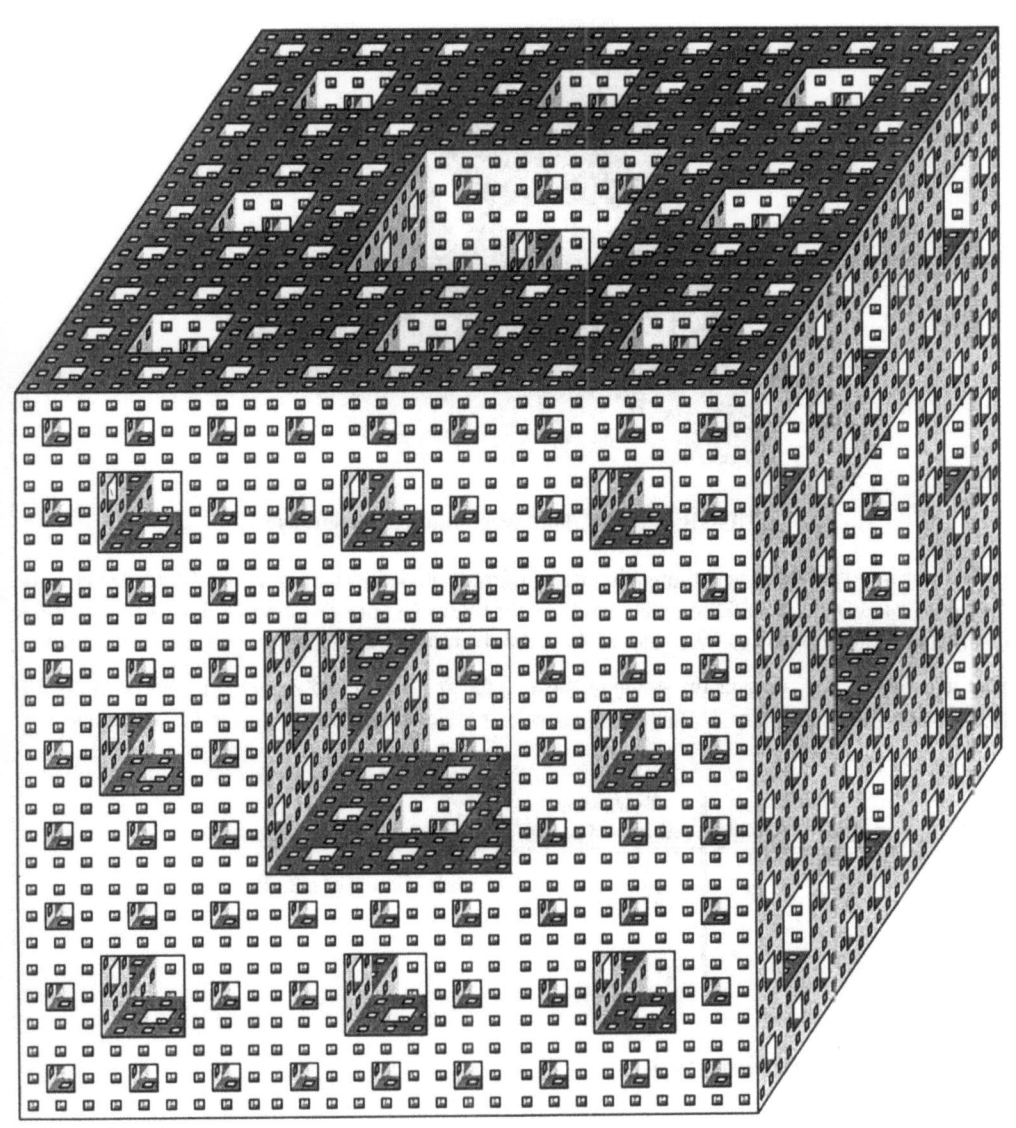

FIGUR II,8 Der Menger-Schwamm

Der Tetraederkäse

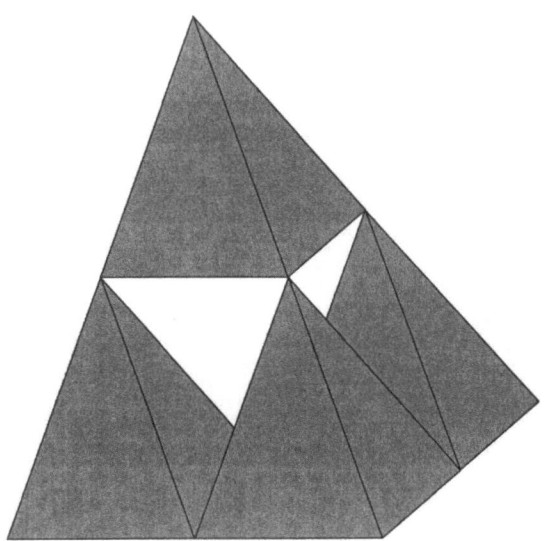

FIGUR II,9 Auf dem Weg zum Tetraederkäse

Wie die Figur II,9 zeigt, wird aus einem regulären Tetraeder (Kante a) ein Oktaeder (Kante $\frac{1}{2}a$) herausgewischt. Es bleiben vier reguläre Tetraeder (Kante $\frac{1}{2}a$) jeweils eines an jeder Ecke des Starttetraeders übrig. Wir setzen das Verfahren fort und erhalten den Tetraederkäse.

Der Käse ist selbstähnlich im strengen Sinn. Mit $N = 4$, $p = 2$ errechnet sich deshalb die Dimension zu $d_S = \frac{\ln 4}{\ln 2} = 2$. Nun bestimmen wir Fläche und Inhalt dieser Limesmenge.

Flächen		Tetraeder		
Inhalt	Anzahl	Inhalt	Anzahl	
F_0	4	V_0	1	
$\frac{1}{4}F_0$	4^2	$\frac{1}{8}V_0$	4	mit $F_0 = \frac{1}{4}a^2\sqrt{3}$, $V_0 = \frac{1}{12}a^3\sqrt{2}$.
$\vdots$		$\vdots$		
$\frac{1}{4^n}F_0$	4^{n+1}	$\frac{1}{8^n}V_0$	4^n	

$F_\infty = \lim\limits_{n\to\infty} \frac{F_0 4^{n+1}}{4^n} = 4\,F_0 = a^2\sqrt{3}$

$V_\infty = \lim\limits_{n\to\infty} \frac{V_0}{2^n} = 0.$

Figur II,10 zeigt mehrere Iterationen bei der Käseherstellung. Auch dieses Bild ist sehr reizvoll, ja geradezu ästhetisch.

FIGUR II,10 Der Tetraederkäse

6 Koch-Fraktale

6.1 Erzeugung

Man nehme die abgeschlossene Strecke $[0, a]$, teile sie in drei kongruente Teile, errichte über der mittleren Strecke ein gleichseitiges Dreieck und wische dann die Grundlinie dieses Dreiecks heraus. Mit den verbleibenden vier Strecken verfahre man auf dieselbe Weise. Wenden wir dieses Rezept immer wieder an, so ergibt sich schließlich ein Streckenzug, eine Limesmenge. Wir sprechen von der Koch*-Kurve.

---

*Helge von KOCH (1870-1924)

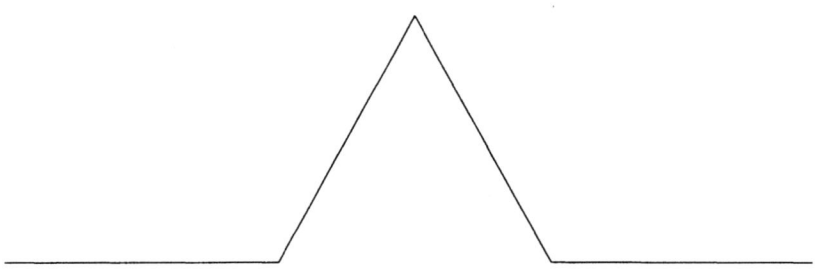

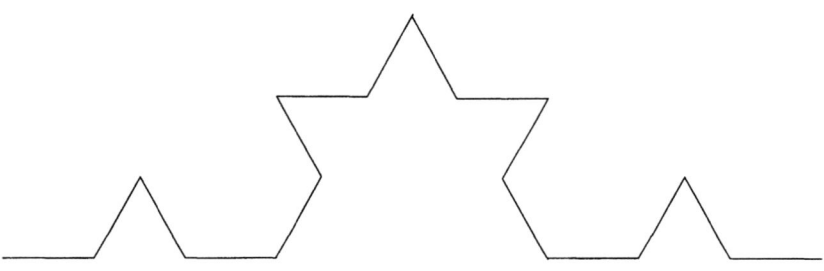

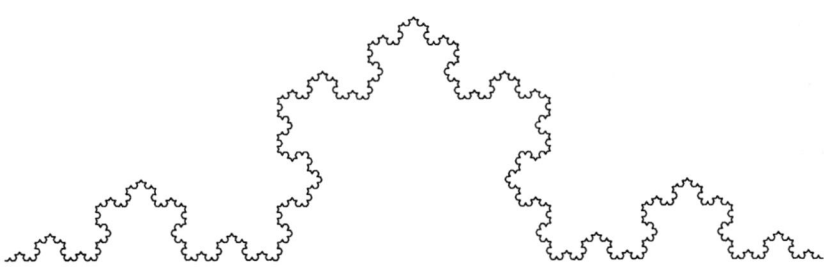

FIGUR II,11 Die Koch-Kurve

6.2 Eigenschaften der Koch-Kurve

6.2.1 Satz

Die Koch-Kurve ist überall stetig und nirgends differenzierbar.

Die Konstruktion einer Kurve mit diesen verrückten Eigenschaften war das erklärte Ziel Kochs.

Wir verzichten hier auf einen exakten Beweis und geben lediglich eine Primitiverklärung.

Die extrem stachelige Kurve kann in einem Zug gezeichnet werden. Man braucht den Bleistift nicht abzusetzen: stetig.

Wenn eine Kurve an einer Stelle differenzierbar ist, dann gibt es dort genau eine Kurventangente. An den Spitzen der Koch-Kurve (jeder Punkt ist Spitze) existieren aber zwei solche Tangenten: nicht differenzierbar.

6.2.2 Satz

Die Koch-Kurve ist selbstähnlich im strengen Sinn mit $N = 4$, $p = 3$.

Beweis:

Wir betrachten die Koch-Kurven über den vier Strecken der Länge $\frac{1}{3}a$ nach der ersten Iteration. Jede von ihnen aufgeblasen mit dem Faktor 3 ergibt die gesamte Koch-Kurve.

6.2.3 Satz

Die Dimension der Koch-Kurve ergibt sich nach 6.2.2 zu

$$d_S = \frac{\ln 4}{\ln 3} = 2\,\frac{\ln 2}{\ln 3} \sim 1{,}2618.$$

Die Dimension erscheint hier als ein Maß für die "Verkrumpelung". In Kapitel IX zeigt sich: Je mehr zerknittet, desto größer die Dimension.

6.2.4 Satz

Die Länge der Koch-Kurve ist ∞.

Beweis:

Strecken Länge	Anzahl
a	1
$\frac{1}{3}a$	4
$\frac{1}{3^2}a$	4^2
$\vdots$	$\vdots$
$\frac{1}{3^n}a$	4^n

$$L_\infty = a \lim_{n \to \infty} \left(\frac{4}{3}\right)^n = \infty$$

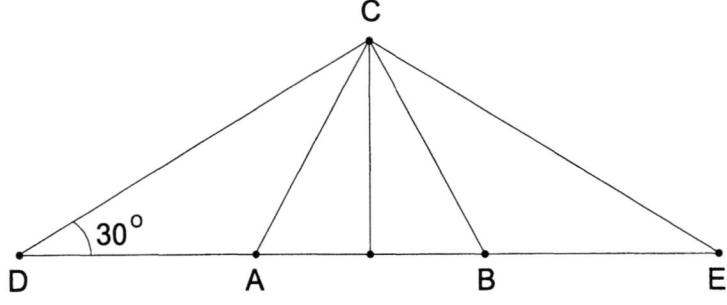

FIGUR II,12 Erste Iteration

6.2.5 Satz

Die Koch-Kurve ist in ein gleichschenkeliges Dreieck DCE (Figur II,12) mit der Basis $DE = a$ und der zugehörigen Höhe $\frac{1}{6} a\sqrt{3}$ eingebettet (Grenzdreieck).

Beweis:

Aus Symmetriegründen genügt es, nur eine Hälfte zu betrachten (Figur II,13).

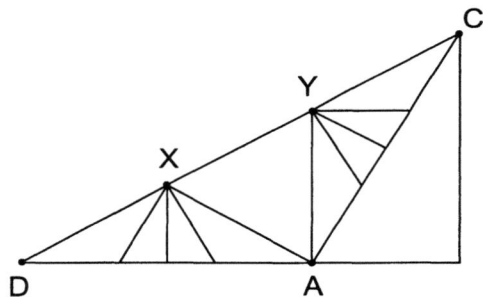

FIGUR II,13 Zweite Iteration

Die erste Iteration liefert das Grenzdreieck DCE (Basis a, Höhe $\frac{1}{6} a\sqrt{3}$, Basiswinkel $\angle(CDA) = 30°$).

Bei der zweiten Iteration entstehen die Dreiecke DAX und ACY. Dabei liegt X auf der Mittelsenkrechten zu DA und es gilt $\angle(XDA) = 30°$. Also ist X Element von DC. Analog ergibt sich $Y \in DC$. Die beiden Dreiecke sind kongruent, ihre Flächen (Dreiecksscheiben) überlappen sich nicht. Der Zwickel XYA bleibt frei. Sie haben genau einen Punkt, nämlich A gemeinsam. Alle weiteren Iterationen (Wucherungen) finden nun, innerhalb der Dreiecke DAX und ACY statt.

Wir betrachten jetzt den Flächeninhalt der aufgesetzten Dreiecksscheiben (ausgefüllte Dreiecke).

6.2.6 Satz

Die Dreiecksscheiben der Koch-Kurve füllen das Grenzdreieck nicht aus.

Beweis:

Inhalt des Grenzdreiecks: $F_G = \frac{1}{2} \cdot a \cdot \frac{1}{6} a\sqrt{3} = \frac{1}{12} a^2 \sqrt{3}$.

Inhalt des ersten ausgestülpten Dreiecks ABC:

$F_1 = \frac{1}{2} \cdot \frac{a}{3} \cdot \frac{a}{6}\sqrt{3} = \frac{1}{36} a^2 \sqrt{3}$.

Dreiecke

Fläche	Anzahl
F_1	1
$\frac{1}{9} F_1$	4
$\frac{1}{9^2} F_1$	4^2
$\vdots$	$\vdots$
$\frac{1}{9^n} F_1$	4^n

$F_\infty = F_1 + 4 \cdot \frac{1}{9} F_1 + 4^2 \cdot \frac{1}{9^2} F_1 + \ldots =$

$= F_1 \left(1 + \frac{4}{9} + \left(\frac{4}{9}\right)^2 + \ldots\right) =$ (geometrische Reihe)

$= \frac{9}{5} F_1 = \frac{1}{20} a^2 \sqrt{3}$.

Wegen $F_\infty < F_G$ ist der Satz damit bewiesen.

6.3 Die Schneeflocke

6.3.1 Erzeugung

Wir starten mit einem gleichseitigen Dreieck der Seitenlänge a und stülpen genau wie in 6.1 über jeder Seite ein gleichseitiges Dreieck aus. Nach dem Wegwischen der Grundlinien dieser Dreiecke bleiben 12 Strecken der Länge $\frac{1}{3}a$ über. Mit ihnen verfahren wir auf die gleiche Weise. Fortsetzung der Konstruktion liefert die wohlbekannte Schneeflocke

FIGUR II,14 Die Schneeflocke

6.3.2 Satz

Die Schneeflockenkurve ist überall stetig, aber nirgends differenzierbar (6.2.1).

6.3.3 Satz

Die Schneeflockenkurve ist nicht selbstähnlich.

Nimmt man einen Teil der Kurve, so kann man durch vergrößern (aufblasen) nicht die gesamte Schneeflockenkurve erhalten.

6.3.4 Satz

Die Schneeflockenkurve hat dieselbe Dimension wie die Koch-Kurve.

Dies folgt sofort aus einem tiefliegenden Satz aus der Dimensionstheorie: Die Vereinigung abzählbar vieler Mengen der Dimension d besitzt ebenfalls die Dimension d.

6.3.5 Satz

Die Länge der Schneeflocke (Umfang) ist ∞. Der Inhalt aller "ausgefüllten" Dreiecke beträgt $\frac{2}{5} a^2 \sqrt{3}$.

Beweis:

Der erste Teil des Satzes folgt sofort aus 6.2.4. Wegen 6.2.5 ergibt sich für die fragliche Fläche

$\frac{1}{4} a^2 \sqrt{3} + 3 \cdot \frac{1}{20} a^2 \sqrt{3} = \frac{2}{5} a^2 \sqrt{3}$.

6.3.6 Satz

Die ausgefüllte Schneeflocke ist in ein reguläres 6-Eck eingebettet. Sie füllt dieses Polygon nicht aus.

Der Beweis ist mit 6.2.5 erledigt.

7 Weitere Aktivitäten

Die Zahl der Möglichkeiten jetzt selber aktiv zu werden, ist schier unbegrenzt. Wir geben einige Möglichkeiten an.

Chinesisches Sprichwort: *I hear and I forget; I see and I remember; I do and I understand.*

7.1 Die Koch-Quadratkurve

7.1.1 Erzeugung

Man nehme die abgeschlossene Strecke $[0, a]$, teile sie wieder in drei kongruente Teile, errichte über der mittleren Strecke ein Quadrat und wische dessen Grundlinie heraus. Mit den bleibenden fünf Strecken verfahre man auf dieselbe Weise. Wenden wir dieses Rezept immer wieder an, so ergibt sich schließlich ein Streckenzug, eine Limesmenge. Wir sprechen von der Koch-Quadratkurve (Figur II,15).

7.1.2 Satz

Die Koch-Quadratkurve ist überall stetig und nirgends differenzierbar. Sie erweist sich als selbstähnlich mit $N = 5$, $p = 3$, ihre Dimension beträgt

$d_S = \frac{\ln 5}{\ln 3} \sim 1,4650$.

(Siehe dazu 6.2.1, 6.2.2, 6.2.3).

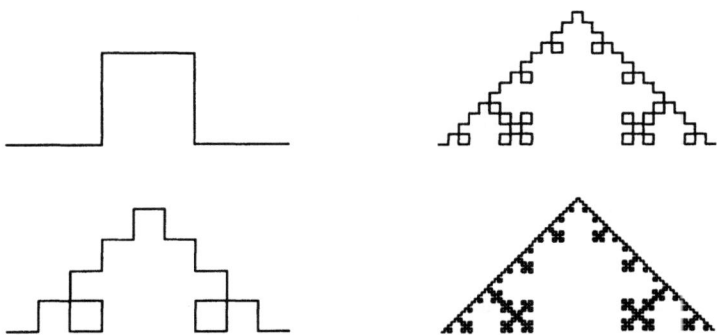

FIGUR II,15 Die Koch-Quadratkurve

7.1.3 Satz

Die Länge der Koch-Quadratkurve ist ∞.

Beweis:

Strecken Länge	Anzahl
a	1
$\frac{1}{3}a$	5
$\frac{1}{3^2}a$	5^2
$\vdots$	$\vdots$
$\frac{1}{3^n}a$	5^n

$L_\infty = a \lim_{n \to \infty} \left(\frac{5}{3}\right)^n = \infty$

7.1.4 Lemma

Seien, Q_1, Q_2 zwei Quadrate derselben Generation. Dann gilt $|Q_1 \cap Q_2| \in \{0, 1\}$.

Beweis:

Die zweite Generation (Figur II,15) enthält disjunkte Quadrate, aber auch solche mit genau einem gemeinsamen Punkt.

Bei Fortsetzung des Verfahrens erhalten wir stets diese Situation. Man erkennt weiter, daß Quadrate verschiedener Generationen entweder disjunkt sind oder aber sich längs einer Kante schneiden. Es kommt - von Randelementen abgesehen - nicht zu Überlappungen.

7.1.5 Satz

Die Koch-Quadratkurve ist in ein gleichschenklig rechtwinkliges Dreiecke DCE mit Basis $DE = a$ und der dazugehörigen Höhe $\frac{1}{2}a$ eingebettet (Grenzdreieck). Die zu dieser Koch-Kurve gehörenden Quadratscheiben füllen das Dreieck aus.

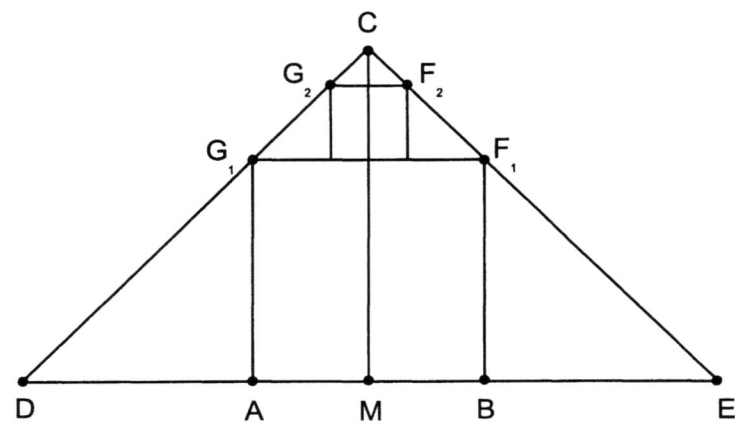

FIGUR II,16 Der Turm

Wir setzen auf das Quadrat ABF_1G_1 der ersten Generation fortgesetzt neue Quadrate. So entsteht ein "Turm" (Figur II,16). Für seine Höhe CM ergibt sich $\frac{1}{3}a + \frac{1}{3^2}a + \ldots = \frac{1}{2}a$ (geometrische Reihe). Die "Turmspitze" stimmt also mit der Ecke C des Grenzdreiecks überein. Die äußeren Ecken $F_1, F_2, \ldots$ bzw. $G_1, G_2, \ldots$ liegen auf CE bzw. auf CD. Der Beweis dieser Behauptung erfolgt analytisch. Mit $C\left(0, \frac{1}{2}a\right)$, $E\left(\frac{1}{2}a, 0\right)$ gilt für die Gerade CE: $y = -x + \frac{1}{2}a$. Für F_n, $n \in \mathbb{N}$ ergibt sich $x_n = \frac{1}{2\cdot 3^n}a$ und weiter
$y_n = \frac{1}{3}a + \frac{1}{3^2}a + \ldots + \frac{1}{3^n}a = \frac{1}{3}a(1 + \frac{1}{3} + \ldots + \frac{1}{3^{n-1}}) = \frac{3^n - 1}{2\cdot 3^n}a$ (geometrische Reihe).

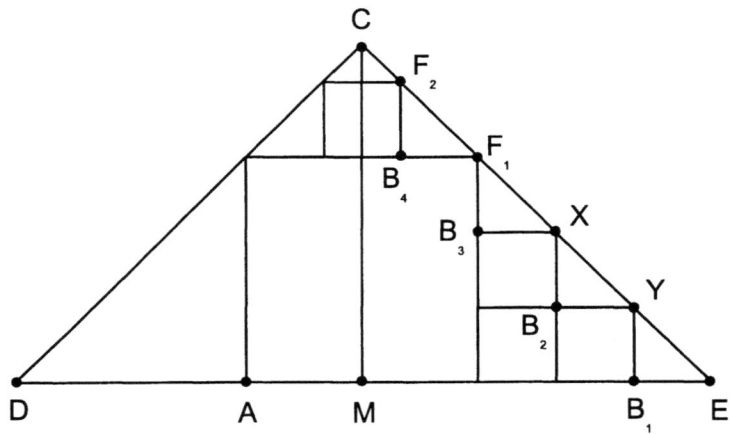

FIGUR II,17 Die zweite Generation

Durch Einsetzen in die Geradengleichung erhalten wir $F_n \in CE$. Analoges gilt für die Punkte G_n.

Nun zeichnen wir (aus Symmetriegründen genügt wieder die rechte Hälfte des Grenzdreiecks) die noch fehlenden zwei Quadrate der zweiten Generation mit Seitenlänge $\frac{1}{9}a$ ein (Figur II,17). Dies liefert die Punkte $X(\frac{5}{18}a, \frac{2}{9}a)$, $Y(\frac{7}{18}a, \frac{1}{9}a)$. Auch sie liegen (einsetzen) auf CE. Die vier kleinen Dreiecke YEB_1, XYB_2, F_1XB_3, $F_2F_1B_4$, sind zu einander kongruent und ähnlich zum Dreieck CEM. In jedem von ihnen haben wir die Ausgangssituation in verkleinerter Form. Dies bedeutet, daß bei weiteren Wucherungen die Strecke CE nicht überschritten wird. Die Koch-Quadratkurve ist in das Grenzdreieck eingebettet!

Wie steht es nun mit der Ausfüllung?

Inhalt des Grenzdreiecks: $F_G = \frac{1}{4}a^2$.

Inhalt es ersten ausgefüllten Quadrates: $F_1 = \frac{1}{9}a^2$.

Quadrate	
Fläche	Anzahl
F_1	1
$\frac{1}{9}F_1$	5
$\frac{1}{9^2}F_1$	5^2
$\vdots$	$\vdots$
$\frac{1}{9^n}F_1$	5^n

Summe der Inhalte aller ausgefüllten Quadrate:

$F_\infty = F_1 + 5 \cdot \frac{1}{9}F_1 + (\frac{5}{9})^2 F_1 + ... =$

$= F_1(1 + \frac{5}{9} + (\frac{5}{9})^2 + ...) =$ (geometrische Reihe)

$= \frac{9}{4}F_1 = \frac{1}{4}a^2$.

Wegen $F_G = F_\infty$ ist der Satz bewiesen — es liegt Ausfüllung vor.

Bereits in der zweiten Generation umschließen die Quadrate Enklaven die von der Außenwelt nicht zugänglich sind. Diese Kavernen werden aber im weiteren Fraktalisierungsprozess völlig ausgefüllt.

7.2 Eine neue Schneeflocke

7.2.1 Erzeugung

Wir starten mit einem Quadrat der Seitenlänge a und stülpen genau wie in 7.1.1 über jeder Seite ein Quadrat aus. Nach dem Wegwischen der Grundlinien bleiben 20 Strecken der Länge $\frac{1}{3}a$ über. Mit ihnen verfahren wir auf die gleiche Weise. Fortsetzung der Konstruktion liefert die Quadratschneeflocke.

7.2.2 Satz

Die neue Schneeflocke ist überall stetig und nirgends differenzierbar, sie ist nicht selbstähnlich im strengen Sinn und besitzt trotzdem die Dimension $d_S = \frac{\ln 5}{\ln 3}$.

Zum Beweis siehe 7.1.2.

7.2.3 Satz

Die Länge der Schneeflockenkurve ist ∞. Sie umschließt eine Punktmenge mit dem Inhalt $2a^2$.

Beweis:

Der erste Teil des Satzes folgt aus 7.1.3. Wegen 7.1.5 ergibt sich für die fragliche Fläche $a^2 + 4 \cdot \frac{1}{4}a^2 = 2\,a^2$.

FIGUR II,18 Die Schneeflocke

7.2.4 Satz

Die neue, ausgefüllte Schneeflocke ist in ein Quadrat eingebettet und füllt dieses Quadrat aus.

Der Beweis ist mit 7.1.5 erbracht.

7.2.5 Die Außenlänge der Schneeflocke

Wir betrachten jetzt die Länge der Schneeflocke ohne Berücksichtigung der Kavernen. Vielleicht ist es sinnvoll von der Außenlänge der Schneeflocke, von ihrem Außenumfang zu reden.

In Figur II,19 sind das Startquadrat, das Grenzquadrat und längs einer einzigen Quadratseite die "äußeren" Schneeflockenkurven der Generation 1 und 2 eingezeichnet.

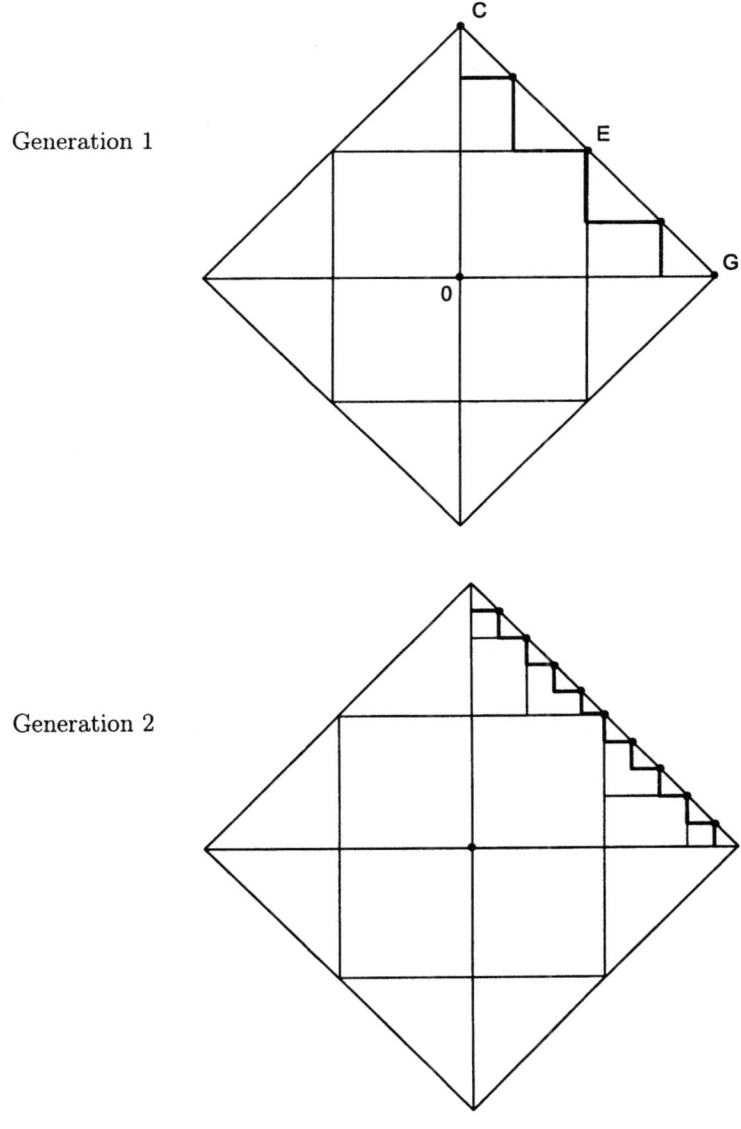

FIGUR II,19 Treppenkurve

Satz

Der Außenumfang der Schneeflocke beträgt 8a.

Das unbegrenzte Wachstum der Längenmaßzahl der Schneeflockenkurve wird also durch die Kavernen bewirkt.

Beweis:

Wir beschränken uns wieder auf den ersten Quadranten.

Erste Generation, $n = 1$

Der Figur II,19 entnehmen wir, daß es 3 "Außenpunkte" und 4 "Außenstrecken" der Länge $\frac{1}{3}a$ gibt. Weiter bleiben noch zwei Strecken der Länge $\frac{1}{6}a$ — oder gleichbedeutend eine der Länge $\frac{1}{3}a$ übrig. Also haben wir total $Z(1) = 4 + 1 = 5$ Strecken der Länge $\frac{1}{3}a$.

Zweite Generation, $n = 2$

Jetzt zählen wir in unserer Figur 9 Außenpunkte und 16 Außenstrecken der Länge $\frac{1}{9}a$. Dazu kommen zwei Strecken der Länge $\frac{1}{18}a$, bzw. eine weitere Strecke der Länge $\frac{1}{9}a$. Total haben wir $Z(2) = 16 + 1 = 17$ Strecken der Länge $\frac{1}{9}a$.

n–te Generation, $n \in \mathbb{N}$

Sei $Z(n)$ die Anzahl der Außenstrecken in Generation n mit der Länge $\frac{1}{3^n}a$. Zunächst beweisen wir die Gültigkeit der Gleichung $Z(n+1) - 3 \cdot Z(n) - 2 = 0$.

Alle $Z(n) - 1$, nicht an den Spitzen der Schneeflocke gelegenen Strecken liefern $3(Z(n) - 1)$ neue Strecken. Die beiden Randstrecken tragen $4 + 2 \cdot \frac{1}{2} = 5$ neue Strecken bei. Das gibt insgesamt $Z(n+1) = 3(Z(n) - 1) + 5 = 3Z(n) + 2$.

Ist $Z(n)$ gegeben, so errechnet sich mit dieser Gleichung sofort $Z(n+1)$. Wir sprechen deshalb auch von einer rekursiven Gleichung. Exakt formuliert, handelt es sich um eine inhomogene (wegen des Auftretens von -2), lineare (die Funktion Z kommt nur linear vor – nicht etwa quadratisch) Differenzengleichung erster Ordnung (nur n und $n+1$ – nicht etwa auch $n+2$) mit konstanten Koeffizienten (-3, -2 und 1).

Es ergeben sich folgende Fragen. Wie kann man die Lösung $L(n)$ bei gegebenem Anfangswert explizit als Funktion von n darstellen? Wie lassen sich diese Lösungen finden? In [ME] werden diese Fragen ausführlich und sehr allgemein behandelt. Ohne weitere Begründungen verwenden wir die dortigen Ergebnisse.

Die Lösungen der homogenen Differenzengleichung $0 = Z(n+1) - 3 \cdot Z(n)$ haben das Aussehen $\beta \cdot 3^n$, $n \in \mathbb{Z}$ (charakteristische Gleichung $x - 3 = 0$) und die Lösungen der inhomogenen $Z(n) = \beta \cdot 3^n + \alpha$. Einsetzen liefert $Z(n+1) = \beta \cdot 3^{n+1} + \alpha = 3Z(n) + 2 = 3 \cdot \beta \cdot 3^n + 3\alpha + 2 =$, also $\alpha = -1$. Mit der Anfangsbedingung $Z(1) = 5$ folgt weiter $5 = \beta \cdot 3 - 1$ und schließlich $\beta = 2$. Damit erhalten wir $Z(n) = 2 \cdot 3^n - 1$.

Nun läßt sich die Länge L^* der Außenkurve der gesamten Schneeflocke angeben $L^* = 4 \cdot \lim\limits_{n \to \infty}(2 \cdot 3^n - 1)\frac{1}{3^n}a = 8a$.

Es geht noch einfacher!

Wir bleiben erneut im ersten Quadranten. Dort gilt (Figur II,19) $OC = OG = a$. Bei den folgenden Generationen entstehen als Außenkurven Treppen (Figur II,18). Die Gesamtlänge der horizontalen bzw. der vertikalen Strecken beträgt jeweils $a(1 - \frac{1}{3^n})$. Im Grenzfall bedeutet dies die Gesamtlänge $\lim\limits_{n \to \infty} 8(1 - \frac{1}{3^n})a = 8a$.

Bemerkungen:

Die Treppenkurve ist übrigens kein Fraktal. Denn ihre topologische Dimension und ihre Hausdorff-Besicovitch-Dimension (siehe Kapitel X) stimmen überein – in jedem Fall beträgt sie nämlich 1.

Betrachtet man die gesamte Treppe – also mit den beiden Strecken der Länge $\frac{1}{2\cdot 3^n}a$ – in einem Quadranten, so kommt sie mit wachsendem n der Strecke CG mit Länge $a\sqrt{2}$ immer näher – trotzdem hat sie stets die Länge $2a$ – ist das nicht überraschend?

7.2.6 Und wieder ein Problem

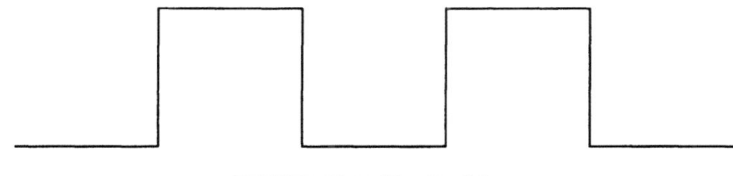

FIGUR II,20 Ein Problem

Figur II,20 ist "Initiator" einer weiteren Schneeflocke. Diese soll genauer untersucht werden. Dies bedeutet im Einzelnen:

Quadratkurven: Überlappungen, Selbstähnlichkeit mit der dazu gehörigen Dimension, Stetigkeit und Differenzierbarkeit.

Schneeflocke: Flächeninhalt, Kurvenlänge, Grenzfigur, Einbettung, Längenvergleiche.

(Weitere Verallgemeinerung: $2n + 1$ ausgestülpte Quadrate mit $n \in \mathbb{N}$.)

Viel Erfolg bei der Entdeckertätigkeit!

7.3 Eine weitere Variante

7.3.1 Erzeugung

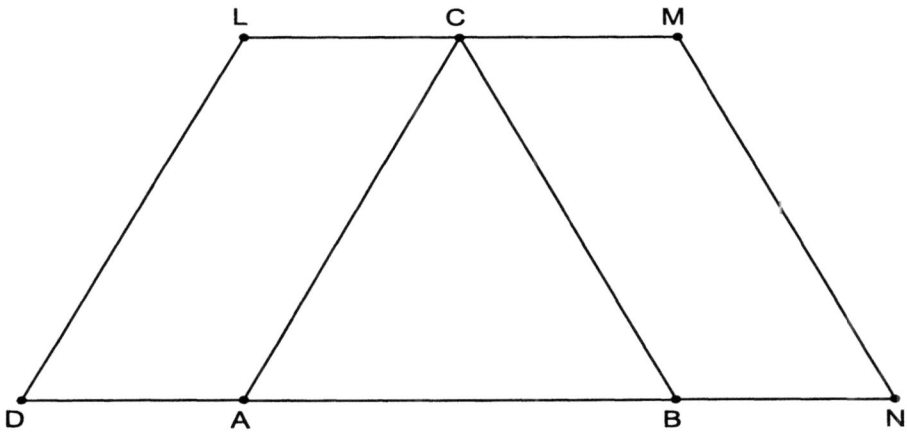

FIGUR II,21 Grenztrapez

Man nehme eine abgeschlossene Strecke $[0, a]$ und teile sie – wie aus Figur II,21 ersichtlich – in zwei Teile der Länge $\frac{1}{4}a$ und einen der Länge $\frac{1}{2}a$. Über der zuletzt genannten, in der Mitte liegenden Strecke errichte man ein gleichseitiges Dreieck und wische dessen Grundlinie heraus. Mit den verbleibenden zwei Strecken der Länge $\frac{1}{2}a$ und den beiden mit der Länge $\frac{1}{4}a$ verfahre man auf dieselbe Weise. Wenden wir dieses Rezept immer wieder an, so ergibt sich schließlich ein Streckenzug, eine Limesmenge – die Variante $\widetilde{K}$ (Figur II,22).

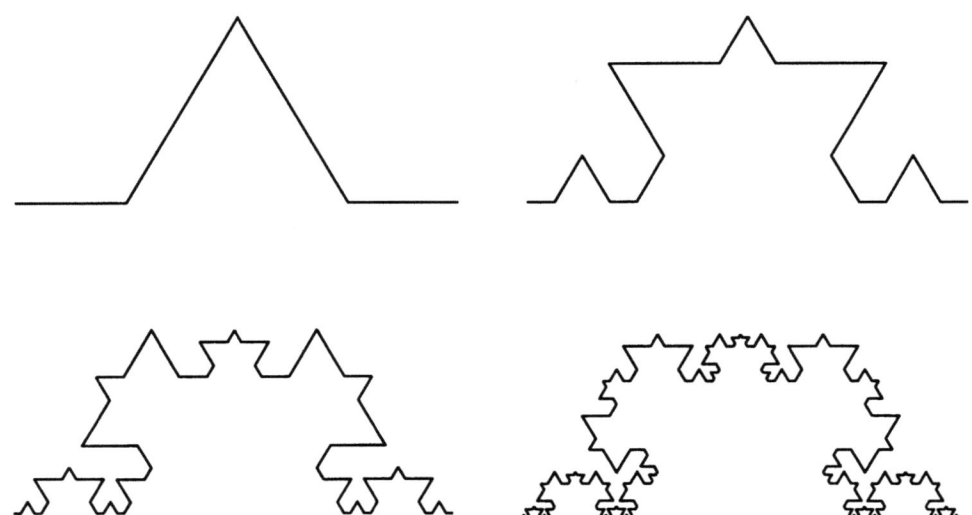

FIGUR II,22 Koch-Kurve mit Variationen

7.3.2 Satz

Die Kurve $\widetilde{K}$ ist überall stetig und nirgends differenzierbar. Sie ist nicht selbstähnlich im strengen Sinn.

Beweis (des zweiten Satzteiles):

Vergrößerung des zur Startstrecke $\frac{1}{4}a$ gehörenden Kurventeils mit Faktor $p_1 = 4$ liefert die Gesamtkurve. Beginnt man mit der Strecke $\frac{1}{2}a$, so bedarf es des Faktors $p_2 = 2$. Wegen $p_1 \neq p_2$ ist schon alles gezeigt.

Die in 3.2 dieses Kapitels angegebene Dimensionsdefinition ist demnach hier nicht anwendbar.

7.3.3 Satz

Die Kurve $\widetilde{K}$ ist in ein gleichschenkliges Trapez mit den Parallelseiten a, $\frac{1}{2}a$ und der Höhe $\frac{1}{4}a\sqrt{3}$ (Grenztrapez) eingebettet.

Der Wucherungsprozess führt über diese Grenzkurve nicht hinaus und der Rand wird wirklich erreicht.

Beweis:

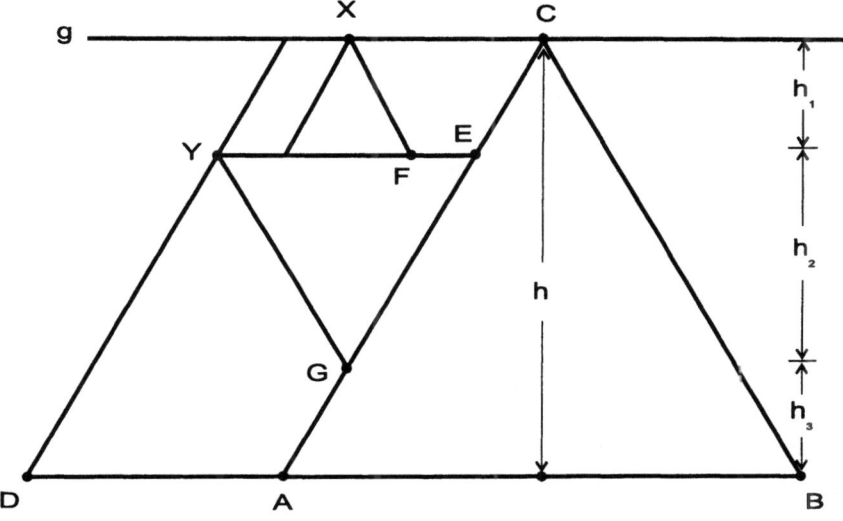

FIGUR II,23 Einbettung

(a) Der nach der 3. Iteration (Figur II,23) entstehende Punkt X liegt auf der Parallelen g zu AB durch C. Nach Konstruktion gilt: $DA = YE = EG = \frac{1}{4}a$, $AG = CE = XF = \frac{1}{8}a$. Damit errechnen sich die in der Figur eingezeichneten Dreieckshöhen: $h = \frac{1}{2}a\sqrt{3}$, $h_2 = \frac{1}{8}a\cdot\sqrt{3}$, $h_1 = h_3 = \frac{1}{16}a\sqrt{3}$, also gilt $h_1 + h_2 + h_3 = h$.

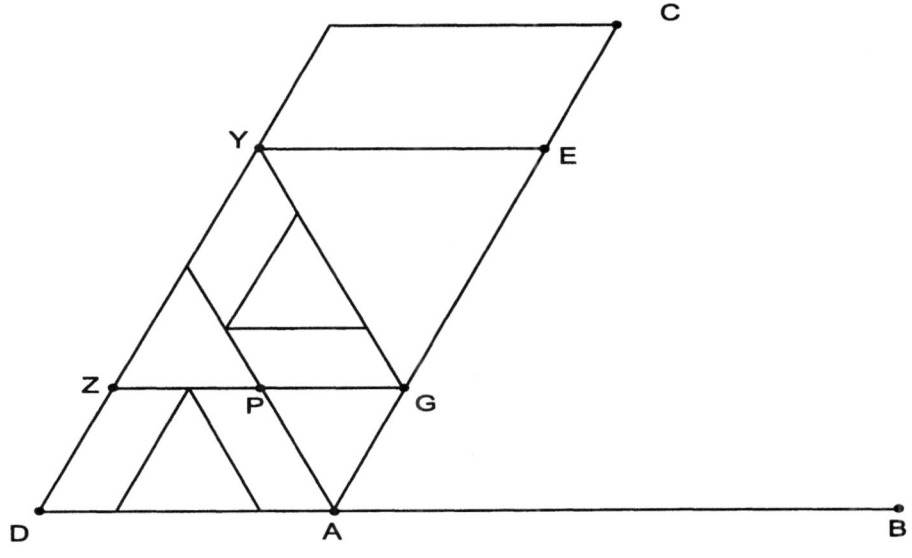

FIGUR II,24 Überlappungen?

Wiederholte Anwendung dieses Vorgangs zeigt, daß bei fortgesetztem Wuchern die Gerade

g zwar erreicht, aber nicht überschritten wird.

(b) $DY \parallel AC$.

Die Geraden EY und AD sind parallel (Wechselwinkel 60°). Wegen $DA = YE = \frac{1}{4}a$ ist $DAEY$ ein Parallelogramm, also $DY \parallel AC$.

(c) Genau wie in (a) zeigt sich, daß man bei fortgesetztem Wuchern nach links die Gerade DY zwar erreicht, aber nicht über sie hinauskommt.

(d) Überlappungen

Wir betrachten die sich – bei der Konstruktion ergebenden – gleichschenkligen Trapeze über YG und DA (Figur II,24). Diese beiden Trapeze sind kongruent. Denn es gilt: Basis $DA = GY = \frac{1}{4}a$, Höhe in beiden Fällen $\frac{1}{16}a\sqrt{3}$, Basiswinkel 60°. Durch Hinzunahme des gleichseitigen Dreiecks AGP mit Seitenlänge $\frac{1}{8}a$ lassen sich die beiden Trapeze zu Parallelogrammen ergänzen. Dies bedeutet, daß die Trapeze genau den Punkt P gemeinsam haben. Sie überlappen sich also nicht.

Bei Fortsetzung des Verfahrens wiederholt sich die Trapezkonfiguration immer wieder, ohne daß es zu unangenehmen Überlappungen kommt.

(e) Den Figuren entnehmen wir sofort für das Grenztrapez die Längen a, $\frac{1}{2}a$ der Parallelseiten, die Höhe $\frac{1}{4}a\sqrt{3}$, sowie die Länge $\frac{1}{2}a$ der Schenkel.

7.3.4 Satz

Die Fläche F_∞ der "ausgefüllten Kurve" $\widetilde{K}$ beträgt $\frac{1}{6}a^2\sqrt{3}$.

Beweis:

In der ersten Generation wird aus der Startstrecke a ein Dreieck mit dem Inhalt $f_0 = \frac{1}{16}a^2\sqrt{3}$ ausgestülpt.

In der $(n-1)$-Generation ($n \in \mathbb{N}$) sei aus einer beliebigen Strecke b des bisher gebildeten Polygons ein Dreieck des Inhalts $f_{n-1} = \frac{1}{16}b^2\sqrt{3}$ ausgestülpt. Es werde insgesamt die Fläche F_{n-1} hinzugefügt.

In der n-ten Generation entstehen zu b neben dem erwähnten Dreieck noch vier weitere Dreiecke des Gesamtinhalts

$$f_n = 2 \cdot \tfrac{1}{2^2} f_{n-1} + 2 \cdot \tfrac{1}{4^2} f_{n-1} = \tfrac{5}{8} f_{n-1}.$$

Für die *gesamte*, im n-ten Schritt hinzugefügte Fläche F_n ergibt sich daher $F_n = \frac{5}{8} F_{n-1}$. So fortschreitend erhalten wir

$$F_n = \tfrac{5}{8} F_{n-1} = (\tfrac{5}{8})^2 F_{n-2} = \ldots = (\tfrac{5}{8})^n f_0.$$

Damit ergibt sich für die gesuchte Gesamtfläche der "ausgefüllten" Kurve $\widetilde{K}$:

$$F_\infty = \sum_{n=0}^\infty F_n = \sum_{n=0}^\infty (\tfrac{5}{8})^n f_0 = \tfrac{8}{3} f_0 = \tfrac{1}{6} a^2 \sqrt{3}.$$

7.3.5 Satz

Die "ausgefüllte" Kurve ist in das Grenztrapez eingebettet, füllt es aber nicht aus.

Beweis:

Der erste Teil des Satzes ist mit 7.2.3 bereits gezeigt. Für die Trapezfläche ergibt sich

$$F_G = \tfrac{1}{2}(a + \tfrac{1}{2}a)\tfrac{1}{4}a\sqrt{3} = \tfrac{3}{16}a^2\sqrt{3}.$$

Mit $F_G > F_\infty$ ist alles bewiesen.

7.3.6 Satz

Die Länge der Kurve $\widetilde{K}$ ist ∞.

Beweis:

In der ersten Generation haben wir die Länge $l_0 = \tfrac{3}{2}a$. Nehmen wir nun an, in der $(n-1)$-Generation ergebe sich die Gesamtlänge l_{n-1}. In der n-ten Generation entsteht aus einer Seite b des bisher gebildeten Polygons ein Streckenzug der Länge $\tfrac{3}{2}b$. Für die Gesamtlänge in Generation n bedeutet dies $L_n = \tfrac{3}{2}L_{n-1}$. So fortschreitend erhalten wir

$$L_n = \tfrac{3}{2}L_{n-1} = (\tfrac{3}{2})^2 L_{n-2} = \ldots = (\tfrac{3}{2})^n l_0.$$

Damit ergibt sich für die Gesamtlänge der Kurve $\widetilde{K}$: $\quad L_\infty = \lim\limits_{n\to\infty}(\tfrac{3}{2})^n l_0 = \infty.$

7.3.7 Die Schneeflocke

7.3.7.1 Erzeugung

Wir starten mit einem gleichseitigen Dreieck der Seitenlänge a und verfahren mit jeder Seite wie in 7.3.1. Es werden also drei Dreiecke ausgestülpt. So fortschreitend ergibt sich eine "verzerrte" Schneeflocke.

Mit den Sätzen zur Kurve $\widetilde{K}$ ergeben sich sofort entsprechende Sätze zur Schneeflocke.

7.3.7.2 Satz

Die neue Schneeflocke ist überall stetig, nirgends differenzierbar und nicht selbstähnlich im strengen Sinn.

7.3.7.3 Satz

Die Länge der Schneeflockenkurve ist ∞. Der Inhalt der "ausgefüllten" Schneeflocke beträgt $\tfrac{3}{4}a^2\sqrt{3}$.

7.3.7.4 Satz

Die "ausgefüllte" Schneeflocke ist in ein 6-Eck eingebettet dessen Seitenlängen abwechselnd a bzw. $\tfrac{1}{2}a$ und dessen Innenwinkel je $120°$ betragen. Die Schneeflocke füllt das 6-Eck nicht aus (Figur II,25).

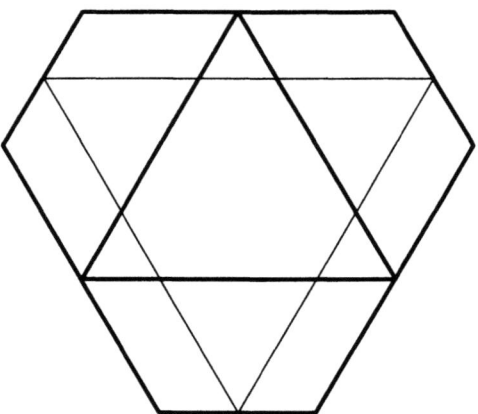

FIGUR II,25 Grenz-Sechseck

7.4 Weitere Probleme

Wie schon früher erwähnt ist die Zahl von Fraktalproblemen uferlos. Im folgenden stellen wir beispielhaft einige Fragen, überlassen aber die Antworten dem Hobby-Forscher.

7.4.1 Eine Konstruktion

Man nehme wieder eine abgeschlossene Strecke $[0, a]$ und teile sie — wie aus Figur II,26 für $\beta = \frac{1}{5}$, $\alpha = \frac{3}{5}$ ersichtlich — in zwei Teile der Länge βa und einen der Länge αa. Dabei soll gelten $\alpha + 2\beta = 1$, $0 < \beta < \frac{1}{2}$, $0 < \alpha < 1$. Über der zuletzt genannten Strecke errichte man ein gleichseitiges Dreieck und wische dessen Grundlinie heraus. Mit den verbleibenden Strecken verfahre man auf dieselbe Weise. Wenden wir dieses Rezept immer wieder an, so ergibt sich schließlich ein Streckenzug, eine Limesmenge, ein neues Fraktal.

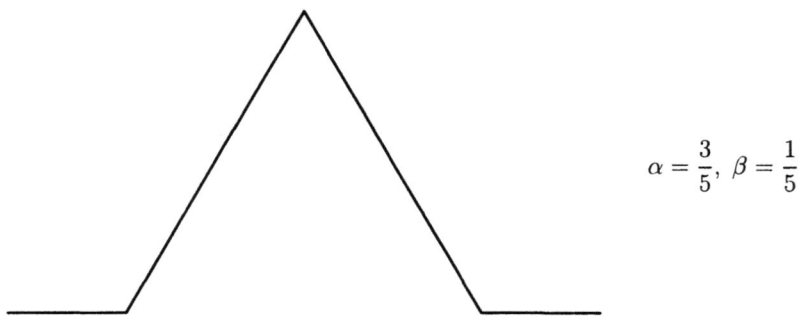

FIGUR II,26 Eine andere Konstruktion

7.4.2 Fragen, nichts als Fragen bezüglich des neuen Fraktals

Gibt es Überlappungen? Wie steht es mit der Selbstähnlichkeit und der zugehörigen Dimension? Stetigkeit Differenzierbarkeit, Länge L_∞ der Kurve, Inhalt F_∞ der eingeschlossenen Punktmenge? Für welche Werte von α, β ist eine Einbettung in ein gleichschenkliges Dreieck bzw. in ein gleichschenkliges Trapez möglich? Wann ergibt sich dann Ausfüllung? Wie ist das mit den Schneeflocken (Figur II,27)?

Verwenden Sie den Computer!

$$\alpha = \frac{3}{7},\ \beta = \frac{2}{7}$$

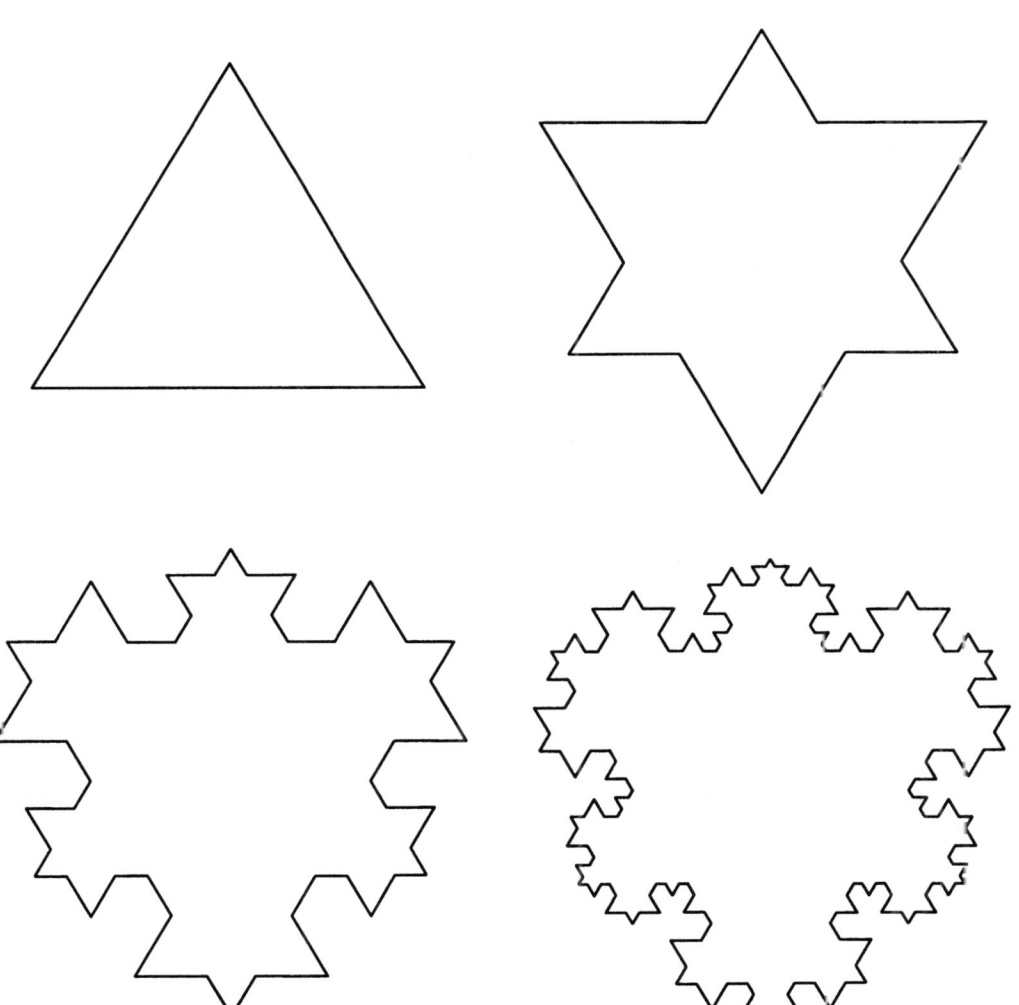

FIGUR II,27 Eine eigenartige Schneeflocke

Kapitel III
FLÄCHENFRAKTALE

1 Motivation

Forscher aus Anatomie und Physiologie suchen nach Modellen zur mathematischen Beschreibung der inneren Struktur von Lungen und Nieren. Sie stellen an solche Modelle, an solche Flächen vier Forderung.

I. *Die Flächenmaßzahl F_∞ soll sehr, sehr groß – für den Mathematiker unendlich groß sein.*

Die Flächenmaßzahl der menschlichen Lunge beträgt etwa 140 m².

II. *Die Fläche soll in eine andere, aber geschlossene und endliche Fläche eingebettet sein.*

Man spricht auch von der *Grenzfläche*.

Eingebettet sein bedeutet: die Grenzfläche wird erreicht, aber nicht überschritten.

Die Lunge ist in die Lungenflügel, die Niere in die Nierenkapsel eingebettet.

III. *Die Fläche soll den von der Grenzfläche umschlossenen Raum völlig ausfüllen.*

Ausfüllen heißt, daß die vom Grenzkörper und die vom Flächenfraktal umschlossenen Punktmengen gleiche Volummaßzahl besitzen.

IV. *Die Fläche soll fraktal sein.*

Die menschliche Lunge enthält etwa $300 \cdot 10^6$ kleine Bläschen (Alveolen), erscheint also irgendwie fraktal.

Auf die genaue Definition des Begriffs fraktal gehen wir später (Kapitel V) noch genauer ein. In dem vorliegenden Kapitel begnügen wir uns damit, Punktmengen als fraktal zu bezeichnen, wenn ihre Dimension nicht ganzzahlig ist (wir kennen bereits eine Ausnahme: den Tetraederkäse in Kapitel II,5.1).

Flächen welche diese vier Bedingungen erfüllen, nennen wir *physiologisch*.

Wir Mathematiker sind aufgerufen, möglichst viele solche physiologischen Fraktale bereitzustellen - ein ganzes Regal voll. Forscher aus der Medizin können dann herausgreifen, was für ihre Zwecke geeignet erscheint.

Wir untersuchen in diesem Kapitel Beispiele physiologischer Fraktale unter Verwendung regulärer Polyeder. Man könnte nach der Art ihrer Entstehung auch von Koch-Flächen oder von räumlichen Schneeflocken reden.Wir sind fest davon überzeugt, daß die behandelten Fraktale für Anatomen und Physiologen nicht geeignet sind. Der Bezug zur Medizin stellt eine willkommene Motivation für unser Tun dar.

Hier die einzelnen behandelten Fraktale:

2. Würfel-Fraktal

3. Tetraeder-Fraktal

4. Oktaeder-Fraktal

5. Und noch ein Würfel-Fraktal

6. Das St. George-Fraktal

2 Das Würfel-Fraktal – kurz W-Fraktal

2.1 Erzeugung

Wir starten mit einem Würfel der Kantenlänge a, zerlegen jede der 6 Seitenflächen in 9 kongruente Quadrate, errichten über dem mittleren jeweils einen Würfel mit Kantenlänge $\frac{1}{3}a$ und wischen deren Grundflächen heraus. Es werden also 6 Würfel hinzugefügt. Insgesamt haben wir jetzt $6 \cdot 13 = 78$ Begrenzungsquadrate der Kante $\frac{1}{3}a$. Nun wird jedes dieser Quadrate in 9 kongruente Quadrate mit Kante $\frac{1}{9}a$ zerlegt, über dem mittleren jeweils ein Würfel errichtet, Grundfläche herausgewischt, u. s. w. Fortgesetzte Anwendung dieses Verfahrens liefert eine Fläche, das W-Fraktal. Aus dem Startwürfel wuchern fortgesetzt neue Würfel heraus. Man könnte dabei an das Wachstum von Kristallen denken.

2.2 Lemma

Zwei Würfel W_1, W_2 derselben Generation sind entweder disjunkt oder aber sie haben genau eine Kante gemeinsam.

Beweis:

In der ersten Generation haben je zwei Würfel keinen Punkt gemeinsam.

Die zweite Generation enthält ebenfalls disjunkte Würfel, aber auch solche mit gemeinsamer Kante (Figur III,1).

Bei Fortsetzung der Konstruktion erhalten wir stets die bisherigen Situationen.

Man erkennt weiter, daß Würfel verschiedener Generationen entweder disjunkt sind oder sich längs einer Seitenfläche schneiden.

Das Gebilde wuchert fortgesetzt und trotzdem kommt es zu keinen Überlappungen.

2.3 Satz

Der Flächeninhalt F_∞ des W-Fraktals ist ∞. Das W-Fraktal umschließt eine Punktmenge mit dem Volumen $V_\infty = \frac{10}{7}a^3$.

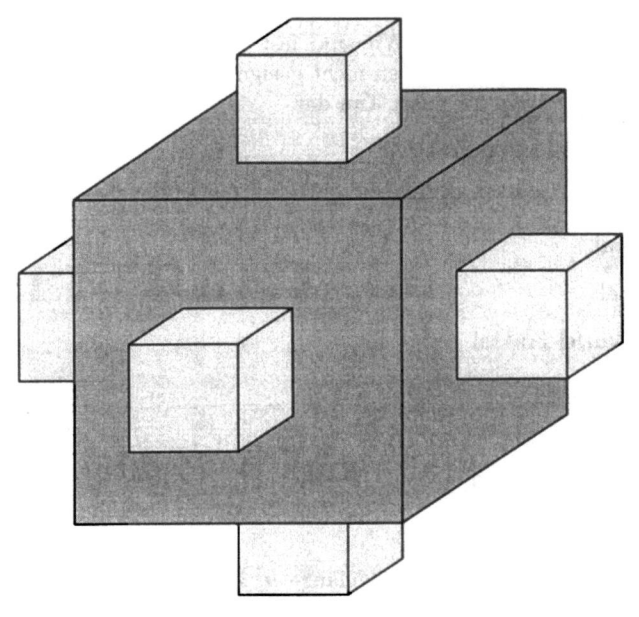

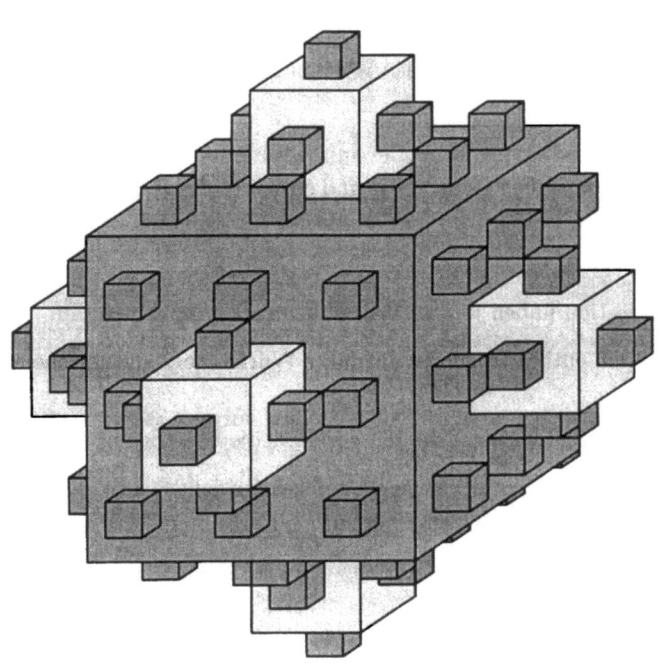

FIGUR III,1 Würfelfraktal

Beweis:

	Quadrate		Würfel	
	Inhalt	Anzahl	Inhalt	Anzahl
	F_0	6	V_0	1
	$\frac{1}{9}F_0$	$6 \cdot 13$	$\frac{1}{27}V_0$	6
	$\frac{1}{9^2}F_0$	$6 \cdot 13^2$	$\frac{1}{27^2}V_0$	$6 \cdot 13$
	$\vdots$	$\vdots$	$\vdots$	$\vdots$
	$\frac{1}{9^n}F_0$	$6 \cdot 13^n$	$\frac{1}{27^n}V_0$	$6 \cdot 13^{n-1}$

mit $F_0 = a^2$, $V_0 = a^3$.

Gesamtfläche:

$F_\infty = \lim_{n \to \infty} F_0 \cdot 6(\frac{13}{9})^n = \infty$.

Damit ist für unser W-Fraktal die Forderung I erfüllt.

Gesamtvolumen:

$V_\infty = V_0 + \frac{1}{27}V_0 \cdot 6 + \frac{1}{27^2}V_0 \cdot 6 \cdot 13 + \ldots =$

$= V_0 + 6V_0(\frac{1}{27} + \frac{13}{27^2} + \ldots) =$ (geometrische Reihe)

$= V_0 + \frac{3}{7}V_0 =$

$= \frac{10}{7}V_0 = \frac{10}{7}a^3$.

2.4 Der Grenzkörper

Satz

Die Ecken des Startwürfels (Kante a) bestimmen mit den Spitzen von 6 auf die Seitenflächen gesetzten (geraden) Pyramiden der Höhe $\frac{1}{2}a$ ein Rhombendodekaeder (Grenzkörper) mit dem Inhalt $V_G = 2a^3$.

Beweis:

Die Pyramidenseitenflächen schließen mit der jeweiligen Grundfläche den Winkel 45° ein. Betrachtet man zwei in einer Kante a des Startwürfels zusammenstoßende Seitenflächen, so liegen diese also in einer Ebene. Sie bilden eine Raute (Rhombus) mit der Seitenlänge $\frac{1}{2}a\sqrt{3}$ und den Diagonalen a, $a\sqrt{2}$. Ein Polyeder dieser Eigenschaft heißt Rhombendodekaeder. Es besitzt 12 Rauten als Seitenflächen (Granat-Kristall).

Das Volumen berechnet sich folgendermaßen: $V_G = a^3 + 6 \cdot \frac{1}{3}a^2 \cdot \frac{1}{2}a = 2a^3$.

2.5 Satz

Das W-Fraktal verläßt das Rhombendodekaeder nicht, es ist eingebettet.

Beweis:

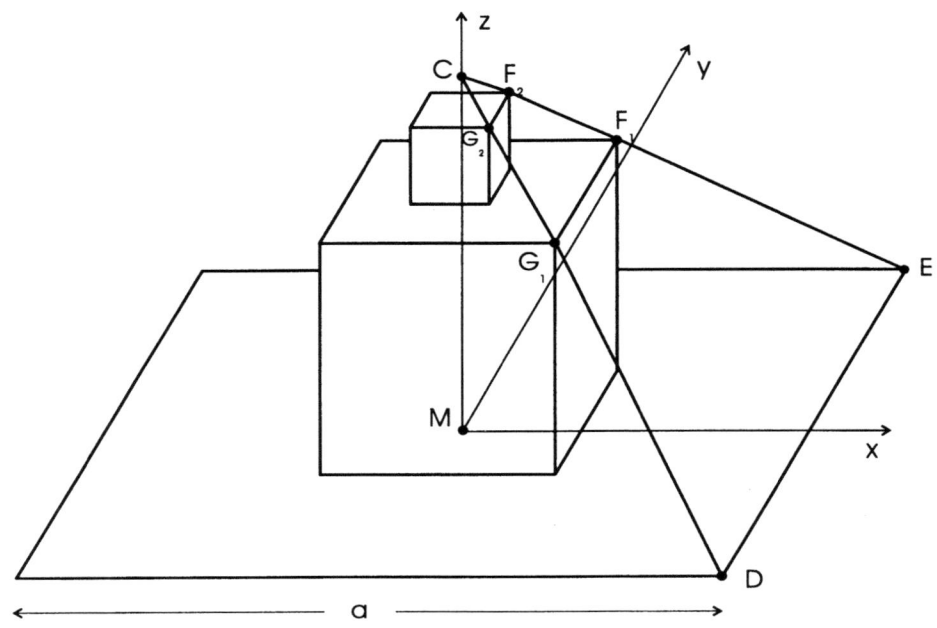

FIGUR III,2 Der Turm

Aus Gründen der Symmetrie genügt es, eine einzige Würfelfläche und auch noch eine einzige Pyramiden-Seitenfläche zu betrachten.

Wir setzen auf einen Würfel der ersten Generation fortgesetzt neue Würfel der folgenden Generationen. So entsteht ein "Turm". Für seine Höhe CM ergibt sich $\frac{1}{3}a + \frac{1}{3^2}a + \ldots = \frac{1}{2}a$ (geometrische Reihe). Die "Turmspitze" stimmt also mit der Spitze der aufgesetzten Pyramide überein (Figur III,2).

Die "äußeren" Ecken $F_1, F_2, \ldots$ bzw. $G_1, G_2, \ldots$ liegen in der Seitenfläche DEC. Wir bezeichnen die so bestimmte Ebene mit $\mathcal{E}$. Der Rest des Beweises erfolgt analytisch. Wie Figur III,2 zeigt, wird die Konfiguration in ein (x, y, z)-Koordinatensystem eingebettet. In ihm gilt dann $C(0, 0, \frac{1}{2}a)$, $D(\frac{1}{2}a, -\frac{1}{2}a, 0)$, $E(\frac{1}{2}a, \frac{1}{2}a, 0)$. Ist $\alpha x + \beta y + \gamma z + \delta = 0$ die Gleichung der Ebene $\mathcal{E}$, so ergeben sich durch Einsetzen 3 Gleichungen für die 4 Unbekannten α, β, γ, δ:

$\gamma \cdot \frac{1}{2}a + \delta = 0$, $\alpha \cdot \frac{1}{2}a - \beta \cdot \frac{1}{2}a + \delta = 0$, $\alpha \cdot \frac{1}{2}a + \beta \cdot \frac{1}{2}a + \delta = 0$.

Daraus folgt $\beta = 0$ und $\alpha = \gamma \neq 0$. Ohne Beschränkung der Allgemeinheit wählen wir $\alpha = 1$ und erhalten $x + z - \frac{1}{2}a = 0$. Nun berechnen wir die Koordinaten der Punkte F_n, $n \in \mathbb{N}$.

x-Werte: $x_1 = \frac{1}{2 \cdot 3}a$, $x_2 = \frac{1}{2 \cdot 3^2}a, \ldots, x_n = \frac{1}{2 \cdot 3^n}a$

y-Werte: $y_n = x_n$

z-Werte: $z_1 = \frac{1}{3}a$, $z_2 = (\frac{1}{3} + \frac{1}{3^2})a, \ldots$

$z_n = a(\frac{1}{3} + \frac{1}{3^2} + \ldots + \frac{1}{3^n}) = \frac{1}{3}a(1 + \frac{1}{3} + \ldots + (\frac{1}{3})^{n-1})$ (geometrische Reihe) $= \frac{3^n - 1}{2 \cdot 3^n}a$.

Insgesamt haben wir $F_n(\frac{1}{2\cdot 3^n}a, \frac{1}{2\cdot 3^n}a, \frac{3^n-1}{2\cdot 3^n}a)$, Für die Punkte G_n (Spiegelung an der (x, z)-Ebene) ergibt sich dann $G_n(\frac{1}{2\cdot 3^n}a, -\frac{1}{2\cdot 3^n}a, \frac{3^n-1}{2\cdot 3^n}a)$. Einsetzen in die Ebenengleichung zeigt $F_n \in \mathcal{E}$ und $G_n \in \mathcal{E}$. Es gilt sogar $F_n \in CE$ und $G_n \in CD$.

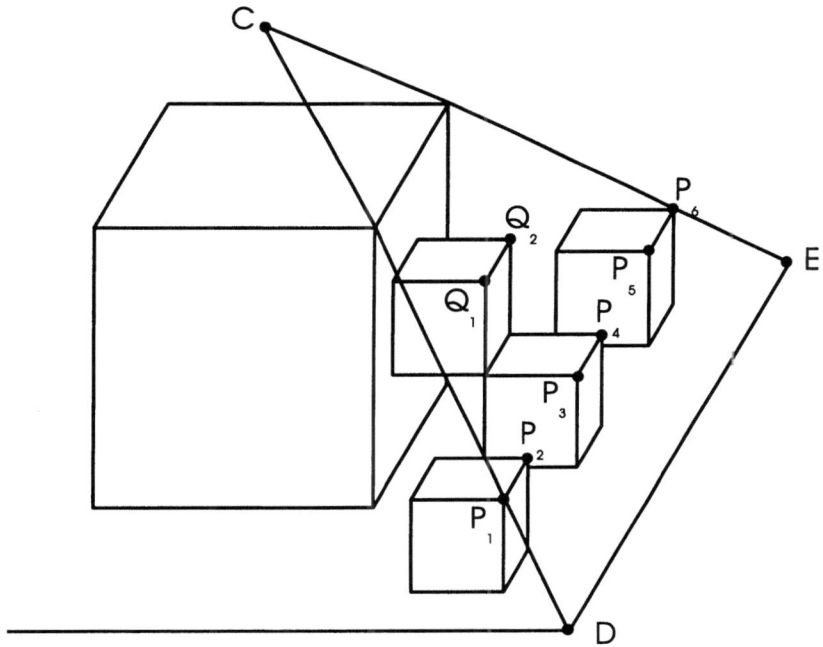

FIGUR III,3 Einbettung

Nun zeichnen wie (wieder nur für eine Würfelfläche und eine Pyramidenseitenfläche) die noch fehlenden 4 Würfel der zweiten Generation mit Kante $\frac{1}{9}a$ ein (Figur III,3). Durch Zusammenfügen bekannter Strecken ergeben sich die Koordinaten der "äußeren" Punkte:

$Q_1(\frac{1}{6}a + \frac{1}{9}a = \frac{5}{18}a, -\frac{1}{18}a, \frac{1}{9}a + \frac{1}{9}a = \frac{2}{9}a)$, und analog $Q_2(\frac{5}{18}a, \frac{1}{18}a, \frac{2}{9}a)$. Etwas schwieriger wird die Berechnung der Punkte P_i, $i \in \{1, 2, 3, 4, 5, 6\}$,

$x_i = \frac{1}{6}a + \frac{2}{9}a = \frac{7}{18}a$, $z_i = \frac{1}{9}a$, $y_4 = \frac{1}{18}a$,

$y_5 = \frac{1}{18}a + \frac{1}{9}a = \frac{1}{6}a$, $y_6 = \frac{1}{18}a + 2 \cdot \frac{1}{9}a = \frac{5}{18}a\}$. Die Werte y_1, y_2, y_3 erhält man wieder durch Spiegelung an der (x, z)-Ebene. All diese Punkte liegen (einsetzen) auf $\mathcal{E}$. Bei jedem dieser kleinen Würfel haben wir die Ausgangssituation in verkleinerter Form. Dies bedeutet, daß bei weiteren Wucherungen die Seitenfläche DEC nicht überschritten wird. Das W-Fraktal ist also in den Grenzkörper eingebettet.

Bemerkung:

Schneiden wir das W-Fraktal mit einer Ebene parallel zu einer Würfelfläche durch den Würfelmittelpunkt, so ergibt sich die quadratische Schneeflocke aus II,7.

Daran knüpft sich eine Frage. Wir schneiden jetzt das W-Fraktal mit Ebenen durch den Würfelmittelpunkt, aber längs der Diagonale einer Würfelfläche. Was ergibt sich? Zeichnen und rechnen Sie!

2.6 Satz

Die vom W-Fraktal eingeschlossene Punktmenge (ausgefülltes W-Fraktal) füllt den Grenzkörper nicht aus.
(Die Forderung III ist nicht erfüllt.)

Beweis:

Das W-Fraktal ist zwar in den Grenzkörper eingebettet, es füllt ihn aber trotzdem nicht aus. Denn der Inhalt $2a^3$ des Grenzkörpers ist größer als der $\frac{10}{7}a^3$ des W-Fraktals.

2.7 Satz

Die Dimension des W-Fraktals beträgt $d_S = \frac{\ln 13}{\ln 3} \sim 2,3347$.
(Die Forderung IV wäre erfüllt.)

Beweis.

Wir betrachten zunächst das W-Fraktal über einer einzigen Fläche des Startwürfels.

Dieser Teil des W-Fraktals ist selbstähnlich im strengen Sinn (keine Überlappungen) mit $N = 13$ und $p = 3$. Also ergibt sich die Selbstähnlichkeitsdimension $d_S = \frac{\ln 13}{\ln 3}$.

Wegen $\ln 9 < \ln 13 < \ln 27$ muß gelten $2 < d_S < 3$.

Mit der in II,6.3.4 angegebenen Aussage aus der Dimensionstheorie folgt unser Satz.

Zussammenfassend stellen wir fest, daß unser schönes W-Fraktal leider nicht physiologisch ist – eine Enttäuschung für die Anatomen.

3 Das Tetraeder-Fraktal – kurz T-Fraktal

3.1 Erzeugung

Wir starten mit einem regulären Tetraeder der Kantenlänge a, zerlegen jede der 4 Seitenflächen in 4 kongruente gleichseitige Dreiecke, errichten über dem mittleren jeweils ein reguläres Tetraeder mit Kantenlänge $\frac{1}{2}a$ und wischen die Grundflächen heraus. Es werden also 4 Tetraeder hinzugefügt. Insgesamt haben wir jetzt $4 \cdot 6 = 24$ Begrenzungsdreiecke mit Seite $\frac{1}{2}a$. Nun wird jedes dieser Dreiecke in 4 kongruente Dreiecke mit Seite $\frac{1}{4}a$ zerlegt, über dem mittleren jeweils ein reguläres Tetraeder errichtet, Grundfläche herausgewischt, u. s. w. Fortgesetzte Anwendung dieses Verfahrens liefert eine Fläche, das T-Fraktal. Aus dem Starttetraeder wuchern fortgesetzt neue Tetraeder heraus.

3.2 Was wir zum regulären Tetraeder wissen sollten

Kante: a, Höhe: $\frac{1}{3}a\sqrt{6}$, Oberflächeninhalt: $a^2\sqrt{3}$, Volumen: $\frac{1}{12}a^3\sqrt{2}$. Wenn α der Winkel zwischen zwei Seitenflächen und β der Winkel zwischen einer Kante und einer Seitenfläche (Figur III,5) sind, dann gilt $\alpha + 2\beta = 180°$ und weiter $\tan \beta = \sqrt{2}$.

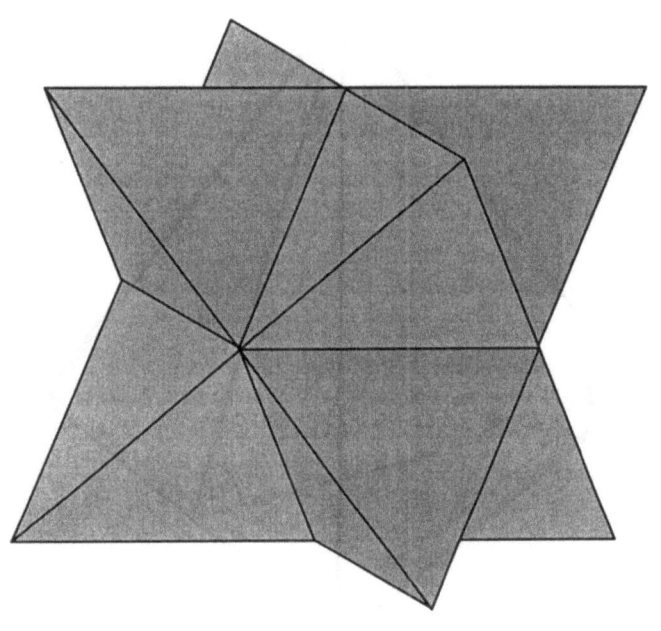

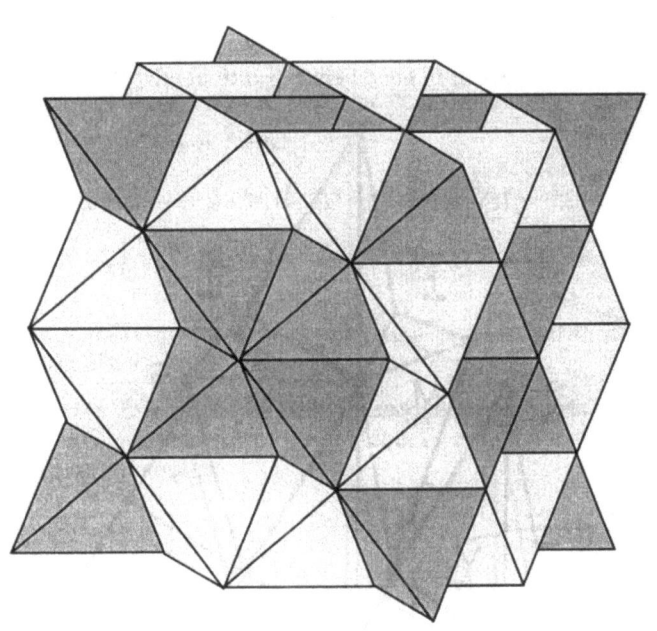

FIGUR III,4 Tetraederfraktal

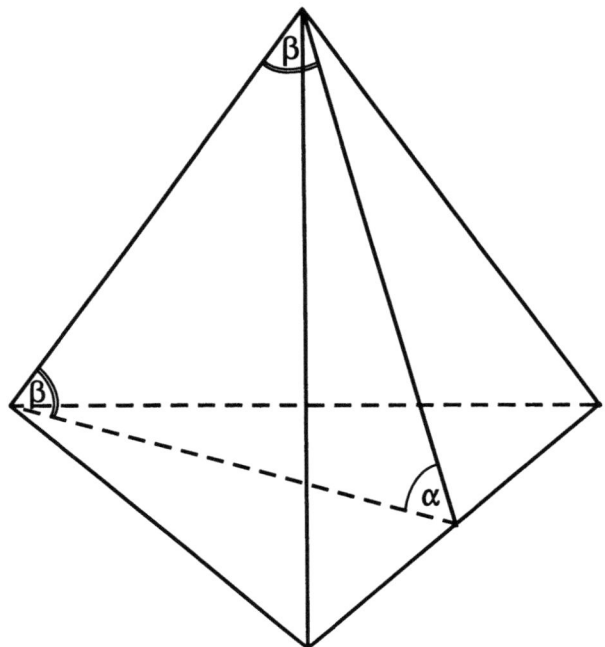

FIGUR III,5 Das Starttetraeder

3.3 Lemma

Seien T_1, T_2 zwei Tetraeder derselben Generation. Dann gilt entweder $|T_1 \cap T_2| \in \{0,1\}$ oder aber die beiden Tetraeder stimmen in genau einer Kante überein.

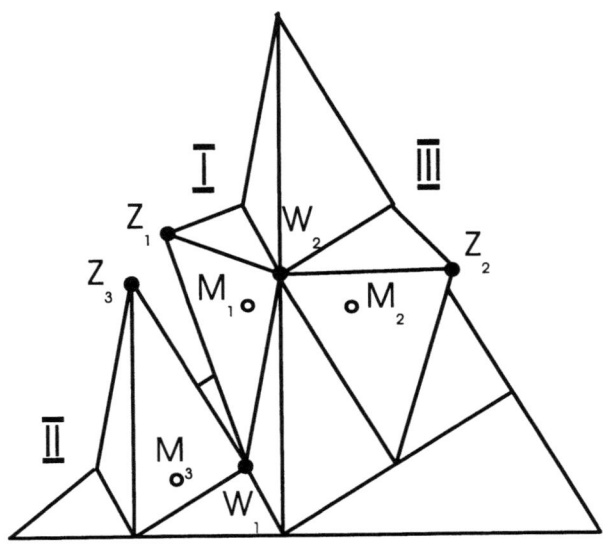

FIGUR III,6 Überlappung

Beweis:

Die erste Generation zeigt, daß je zwei ihrer Tetraeder genau einen Punkt gemeinsam haben.

Die zweite Generation enthält auch Tetraeder ohne gemeinsame Punkte (z. B. II und III in der "falschen" Figur III,6). Wenn sie benachbart sind gibt es zwei Möglichkeiten.

(a) Die Grundflächen schließen den Winkel α ein (z. B. I und III).

Dann haben wir die Konfiguration der Figur III,7. Z_1, Z_2 sind die Tetraederspitzen und M_1, M_2 die Mittelpunkte der entsprechenden Grundflächen, sowie W_2 ein gemeinsamer Punkt. Dann gilt $\sphericalangle(M_1W_2M_2) = \alpha$, $\sphericalangle(M_1W_2Z_1) = \sphericalangle(M_2W_2Z_2) = \beta$ und wegen $\alpha + 2\beta = 180°$ folgt $\sphericalangle(Z_1W_2Z_2) = 180°$. Die beiden Tetraeder haben genau den Punkt W_2 gemeinsam und die Punkte Z_1, W_2, Z_2 liegen kollinear.

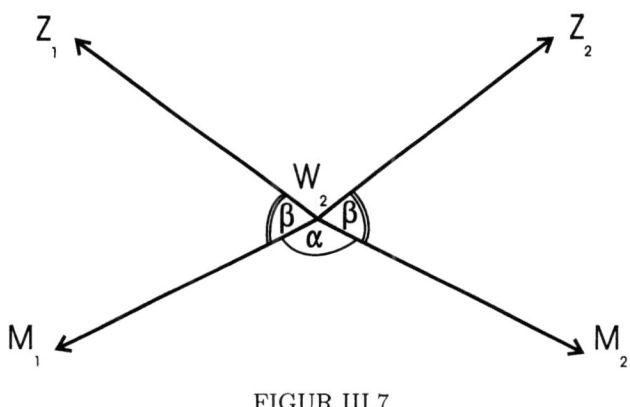

FIGUR III,7

(b) Jetzt sollen die Grundflächen den Winkel $180° - \alpha$ einschließen (z. B. I und II).

Dann haben wir eine völlig andere Situation. Mit

$$\sphericalangle(M_1W_1M_3) = 180° - \alpha, \quad \sphericalangle(M_1W_1Z_1) = \sphericalangle(M_3W_1Z_3) = \beta \text{ und } \alpha + 2\beta = 180°$$

erhalten wir $\sphericalangle(Z_1W_1Z_3) = 0°$. Die Tetraeder haben genau die Kante W_1Z_1 gemeinsam (Figur III,8).

Man erkennt weiter, daß Tetraeder verschiedener Generationen entweder disjunkt sind oder sich längs einer Seitenfläche schneiden.

Bei Fortsetzung unseres Konstruktionsverfahrens erhalten wir stets die gleichen Situationen. Trotz dauernden Wucherns gibt es   von Randelementen (Punkt, Kante, Seitenfläche) abgesehen   keine Überlappungen.

3.4 Satz

Der Flächeninhalt F_∞ des T-Fraktals ist ∞. Das T-Fraktal umschließt eine Punktmenge mit dem Volumen $V_\infty = \frac{1}{4}a^3\sqrt{2}$.

Beweis:

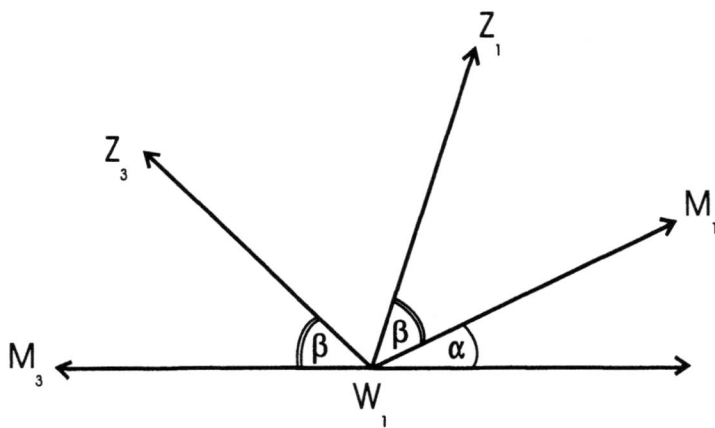

FIGUR III,8

Dreiecke		Tetraeder	
Inhalt	Anzahl	Inhalt	Anzahl
F_0	4	V_0	1
$\frac{1}{4}F_0$	$4 \cdot 6$	$\frac{1}{8}V_0$	4
$\frac{1}{4^2}F_0$	$4 \cdot 6^2$	$\frac{1}{8^2}V_0$	$4 \cdot 6$
⋮	⋮	⋮	⋮
$\frac{1}{4^n}F_0$	$4 \cdot 6^n$	$\frac{1}{8^n}V_0$	$4 \cdot 6^{n-1}$

mit $F_0 = \frac{1}{4}a^2\sqrt{3}$, $V_0 = \frac{1}{12}a^3\sqrt{2}$.

Inhalt der Gesamtfläche: $F_\infty = \lim_{n \to \infty} 4F_0(\frac{3}{2})^n = \infty$.

Gesamtvolumen:

Jetzt müssen die Volummaßzahlen des Starttetraeders und die aller aufgesetzten Tetraeder addiert werden.

$V_\infty = V_0 + 4 \cdot \frac{1}{8}V_0 + 4 \cdot 6 \cdot \frac{1}{8^2}V_0 + \ldots =$

$= V_0 + 4V_0(\frac{1}{8} + \frac{6}{8^2} + \ldots) =$ (geometrische Reihe)

$= V_0 + 4V_0 \cdot \frac{1}{2} = 3V_0 = \frac{1}{4}a^3\sqrt{2}.$

3.5 Satz: Grenzwürfel

Die Ecken des Starttetraeders (Kante a) bestimmen mit den Spitzen der vier Tetraeder aus der ersten Generation einen Würfel mit der Kantenlänge $\frac{1}{2}a\sqrt{2}$ (Grenzwürfel). Das Volumen des Grenzwürfels beträgt $\frac{1}{4}a^3\sqrt{2}$.

Beweis:

Für die Höhe des Starttetraeders (3.2) gilt $\frac{1}{3}a\sqrt{6}$. Die Tetraeder der ersten Generation sind um den Faktor $\frac{1}{2}$ verkleinert, besitzen also die Höhen $\frac{1}{6}a\sqrt{6}$. Für das rechtwinklige Dreieck AMZ in Figur III,9 folgt also $\overline{MZ} = \frac{1}{6}a\sqrt{6}$. Weiter ist M Schwerpunkt des Dreiecks ABC mit $\overline{AM} = \frac{1}{3}a\sqrt{3}$. Anwendung des Satzes von Pythagoras liefert schließlich

$$\overline{AZ}^2 = \overline{AM}^2 + \overline{MZ}^2 = (\tfrac{1}{3}a\sqrt{3})^2 + (\tfrac{1}{6}a\sqrt{6})^2 = \tfrac{1}{2}a^2, \text{ also } \overline{AZ} = \tfrac{1}{2}a\sqrt{2}.$$

Analog ergibt sich $\overline{ZC} = \frac{1}{2}a\sqrt{2}$. Wegen $\overline{AC} = a$ bedeutet dies $\sphericalangle(AZC) = 90°$. Damit ist gezeigt, daß ein Würfel vorliegt.

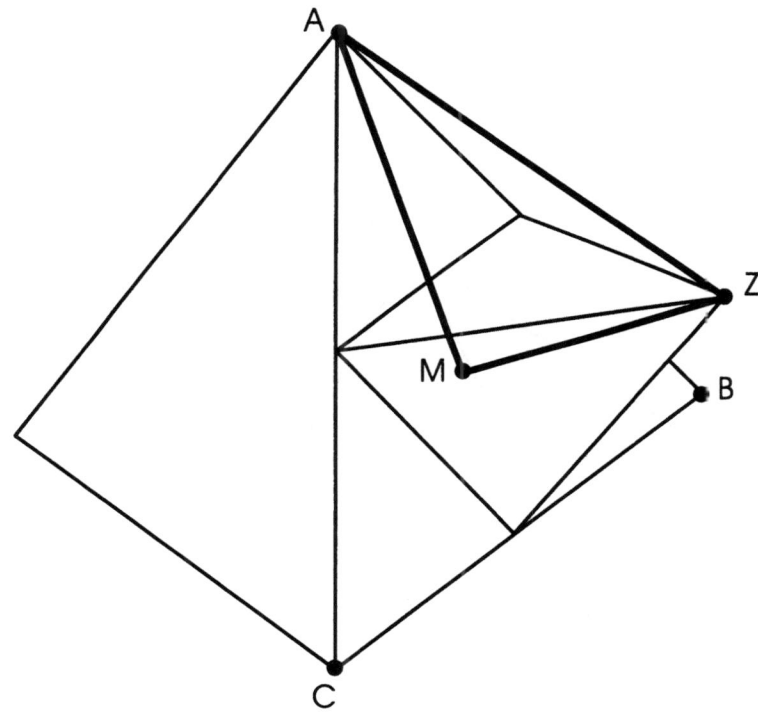

FIGUR III,9 Grenzwürfel

3.6 Satz

Das T-Fraktal verläßt den Begrenzungswürfel nicht.

Beweis:

Aus Symmetriegründen genügt es, eine einzige Seitenfläche des Starttetraeders zu betrachten.

In das Dreieck AMZ aus Figur III,9 wird der Schnitt eines Tetraeders der zweiten Generation mit diesem Dreieck eingezeichnet (Figur III,10). Beim Übergang von der ersten zur zweiten Generation erfolgt wieder eine Verkleinerung mit Faktor $\frac{1}{2}$. Es wird eine zentrische Streckung mit Zentrum A und Streckungsfaktor $\frac{1}{2}$ vorgenommen. Dann gilt $\overline{M_2 Z_2} = \frac{1}{2}\overline{MZ} = \frac{1}{12}a\sqrt{6}$, $\overline{AM_2} = \frac{1}{2}\overline{AM} = \frac{1}{6}a\sqrt{3}$. Dies bedeutet $Z_2 \in AZ$. Also liegt dieses kleine Tetraeder ganz im

Begrenzungswürfel.

Das Dreieck AMZ schneidet aber noch ein weiteres Tetraeder: Spitze Z_3, Mittelpunkt der zugehörigen Grundfläche M_3. Wegen III,3.3 gilt $Z_2 = Z_3$. Also verläßt auch dieses Tetraeder den Begrenzungswürfel nicht.

Auf die gleiche Weise verfahren wir auch mit den Dreiecken BMZ und CMZ.

Damit ist der Satz für die zweite Generation bewiesen.

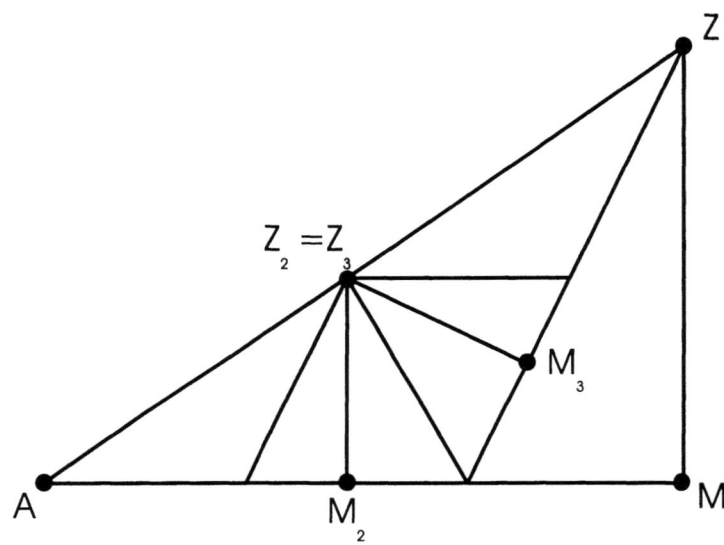

FIGUR III,10 Einbettung

Bei Fortsetzung unseres Konstruktionsverfahrens erhalten wir stets die gleiche Situation.

3.7 Satz

Die vom T-Fraktal eingeschlossene Punktmenge (ausgefülltes T-Fraktal) füllt den Grenzwürfel völlig aus.

Beweis:

Das Volumen des Grenzwürfels beträgt $\frac{1}{4}a^3\sqrt{2}$ und stimmt mit dem des ausgefüllten T-Fraktals (III,3.4) überein. Damit ist der Satz schon bewiesen.

3.8 Satz

Die Dimension des T-Fraktals beträgt $d_S = 1 + \frac{\ln 3}{\ln 2} \sim 2,5849$.

Beweis:

Wir betrachten zuächst das T-Fraktal über einer einzigen Seitenfläche des Starttetraeders.

Dieser Teil des T-Fraktals ist selbstähnlich im strengen Sinn (von Randelementen abgesehen keine Überlappungen) mit $N = 6$ und $p = 2$. Also ergibt sich für die Selbstähnlichkeitsdimension $d_S = \frac{\ln 6}{\ln 2} = 1 + \frac{\ln 3}{\ln 2}$. Wegen $\ln 2 < \ln 3 < \ln 4$ muß gelten $2 < d_S < 3$.

Mit der in II,6.3.4 angegebenen Aussage aus der Dimensionstheorie folgt dann der Satz.

Mit 3.4 bis 3.8 sind die vier, in Abschnitt 1 dieses Kapitels genannten Bedingungen erfüllt. Wir haben ein erstes physiologisches Flächenfraktal gefunden.

3.9 Etwas Historie zum T-Fraktal

Paul LEVY, 1938

Er gilt als Erstentdecker des T-Fraktals und des zugehörigen Grenzwürfels.

"Ein Märchen: Eine Schneeflocke die zum Würfel wurde."

Benoit MANDELBROT, 1982

Er erwähnt Koch-Pyramiden, die sich zu einer "würfelförmigen Schachtel" zusammenfügen.

A. FABREGA – S. VILLA, 1984

Sie nannten das T-Fraktal "Tetrarius" und behandelten es in einer katalanisch geschriebenen Arbeit.

Martin GARDNER – Bill GOSPER, 1976, 1988

Martin Gardner gibt 1976 das T-Fraktal an. Im Jahre 1988 schreibt er ein Buch und schickt das Kapitel zur fraktalen Geometrie vor der Publikation an Bill Gosper. Dieser antwortet: *"Nein! Das ist ein perfekter Würfel"*. Selbst H. S. M. Coxeter war von der Entdeckung Gospers überrascht.

T-Fraktal und Begrenzungswürfel stimmen zwar im Inhalt der eingeschlossenen Punktmenge überein – nicht aber in der Oberflächenmaßzahl und der Selbstähnlichkeitsdimension. Deshalb ist unser T-Fraktal **kein** perfekter Würfel.

Ebensowenig ist die in II,7 behandelte quadratische Schneeflocke ein perfektes Quadrat.

Dane CAMP, 1991

Er behandelt den "Levy-Würfel" im Unterricht.

Es ist anzunehmen, daß die meisten der genannten Autoren das T-Fraktal mit dem zugehörigen Würfel unabhängig von einander entdeckt haben. Leider finden sich kaum Beweise!

4 Das Oktaeder-Fraktal – kurz O-Fraktal

4.1 Erzeugung

Wir starten mit einem regulären Oktaeder der Kantenlänge a, zerlegen jede der 8 Seitenflächen in 4 kongruente gleichseitige Dreiecke, errichten über dem mittleren jeweils ein reguläres Oktaeder mit Kantenlänge $\frac{1}{2}a$ und wischen die Grundflächen heraus. Es werden also 8 Oktaeder hinzugefügt. Insgesamt haben wir $8 \cdot 10 = 80$ Begrenzungsdreiecke mit

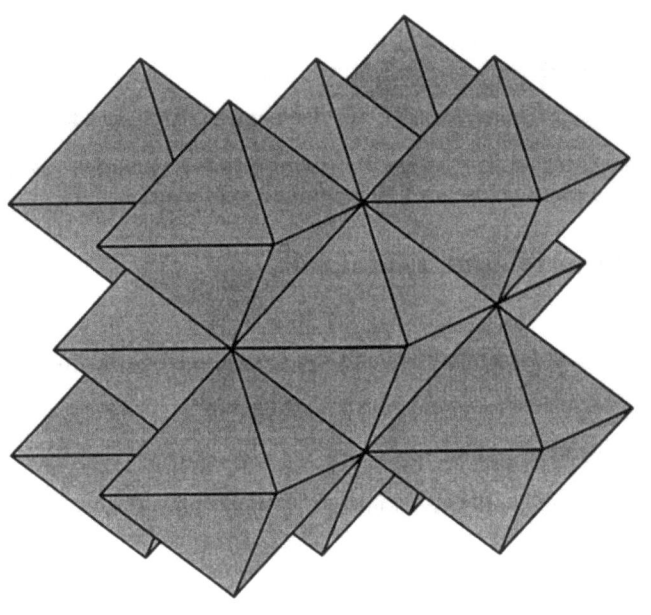
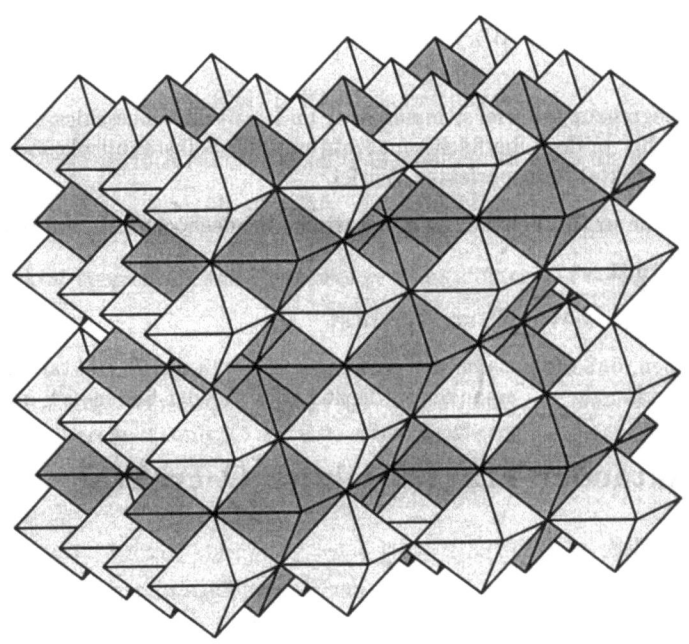

Figur III,11 Oktaederfraktal

Seite $\frac{1}{2}a$. Nun wird jedes dieser Dreiecke in 4 kongruente Dreiecke mit Seite $\frac{1}{4}a$ zerlegt, über dem mittleren jeweils ein reguläres Oktaeder errichtet, Grundfläche herausgewischt, u. s. w. Fortgesetzte Anwendung dieses Verfahrens liefert eine Fläche, das O-Fraktal. Aus dem Startoktaeder wuchern fortgesetzt neue Oktaeder heraus.

4.2 Was wir zum regulären Oktaeder wissen sollten

Kante: a, Grundfläche ABCD (Figur III,12), Oberflächeninhalt: $O = 8 \cdot \frac{1}{4} \cdot a^2\sqrt{3} = 2a^2\sqrt{3}$, Volumen: $V = 2 \cdot \frac{1}{3} \cdot a^2 \cdot \frac{1}{2}a\sqrt{2} = \frac{1}{3}a^3\sqrt{2}$. Der Neigungswinkel β einer Kante gegen die Grundfläche beträgt 45°. Für den Neigungswinkel α einer Seitenfläche gegen die Grundfläche gilt $\tan\alpha = \sqrt{2}$.

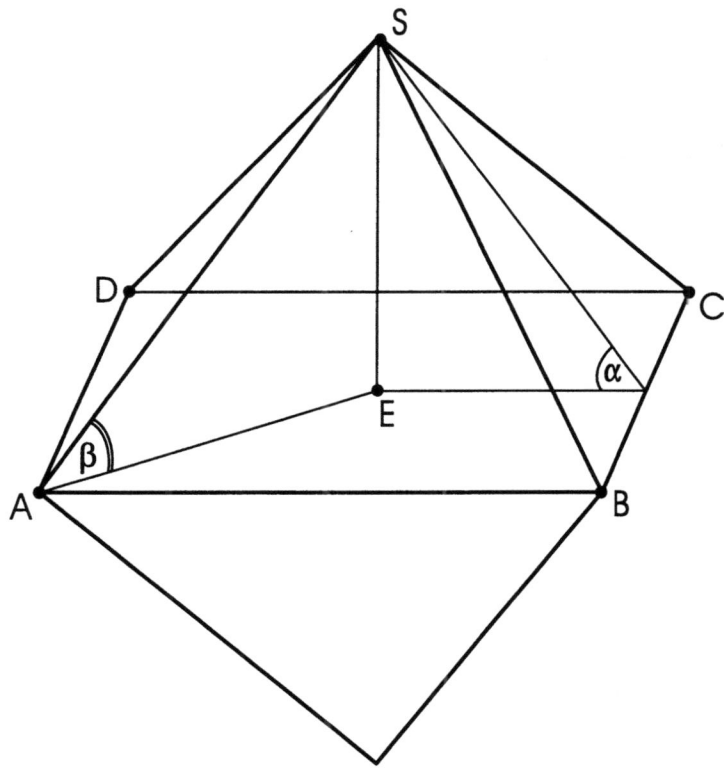

FIGUR III,12 Startoktaeder

4.3 Lemma

Seien O_1, O_2 zwei Oktaeder derselben Generation. Dann gilt entweder $|O_1 \cap O_2| \in \{0, 1\}$ oder aber die beiden Oktaeder fallen zusammen.

Beweis:

Es genügt – wie auch schon beim T-Fraktal – die erste und die zweite Generation zu untersuchen. In den folgenden Generationen ergibt sich wegen des fortgesetzten Iterierens stets die gleiche Situation.

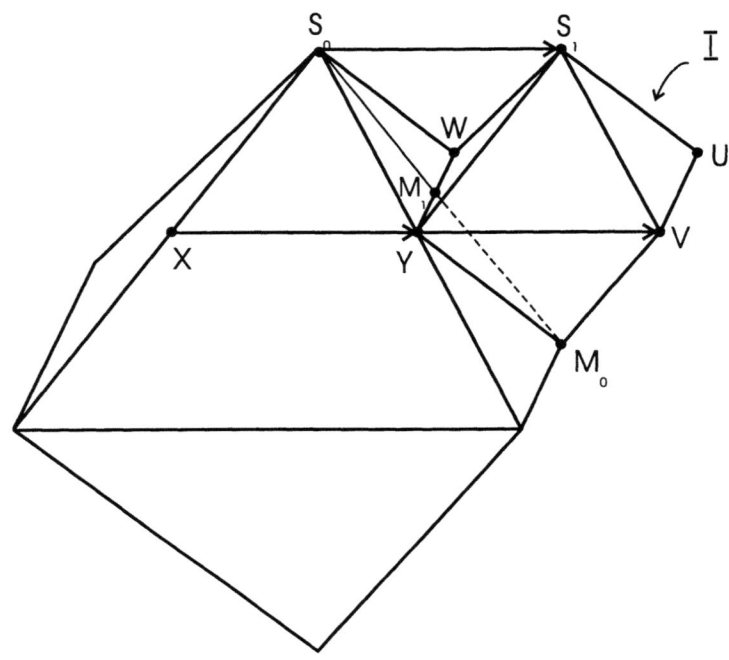

FIGUR III,13 Erste Iteration

1. Generation

Dem Startoktaeder werden 8 Oktaeder der Kantenlänge $\frac{1}{2}a$ aufgesetzt. Diese sind entweder paarweise disjunkt oder aber sie haben genau einen Punkt gemeinsam.

Wie die Figur III,13 zeigt, kann man diese kleineren Oktaeder auch durch Translation gewinnen. Verschiebt man etwa das zu X, Y, W, S_0 gehörende Oktaeder um $\frac{1}{2}a$ nach rechts, so entsteht das Oktaeder über Y, V, U, S_1. (Dies ergibt sich auch aus der Parallelität entsprechender Seitenflächen dieser beiden Oktaeder.) Weiter folgt damit $\overline{S_0S_1} = \frac{1}{2}a$ und $\sphericalangle (M_0M_1S_1) = 2\alpha$. Dabei ist M_1 der Schnittpunkt von S_0M_0 mit YW.

2. Generation

Auch das Oktaeder II (Figur III,14) der zweiten Generation läßt sich wieder durch Verschieben eines Oktaeders und zwar eines mit der Kantenlänge $\frac{1}{4}a$ gewinnen. Dies zeigt, daß die Oktaederspitzen S_0, S_{-1}, S_1 kollinear sind. Weiter folgt damit $\overline{S_0S_{-1}} = \frac{1}{4}a$ und $\sphericalangle (M_0M_{-1}S_{-1}) = 2\alpha$.

Die der Mittellinie $S_{-1}M_{-1}$, gegenüberliegende parallele Mittenlinie einer Seitenfläche von II liegt also auf der Geraden M_1S_1. Dies aber bedeutet, daß das zur Seitenfläche YWS_1 von I gehörende Oktaeder der 2. Generation mit II zusammenfällt.

Man erkennt weiter, daß Oktaeder verschiedener Generationen entweder disjunkt sind oder sich längs einer Seitenfläche schneiden.

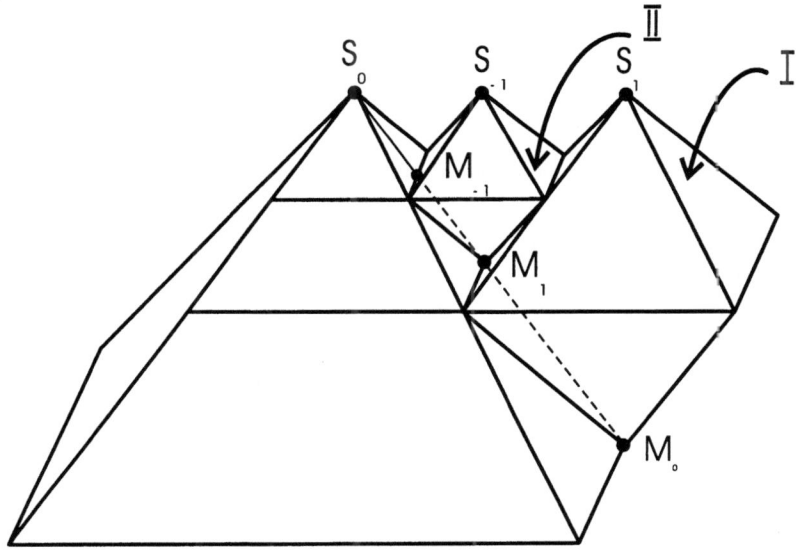

FIGUR III,14 Überlappung

4.4 Dreieckskonfigurationen

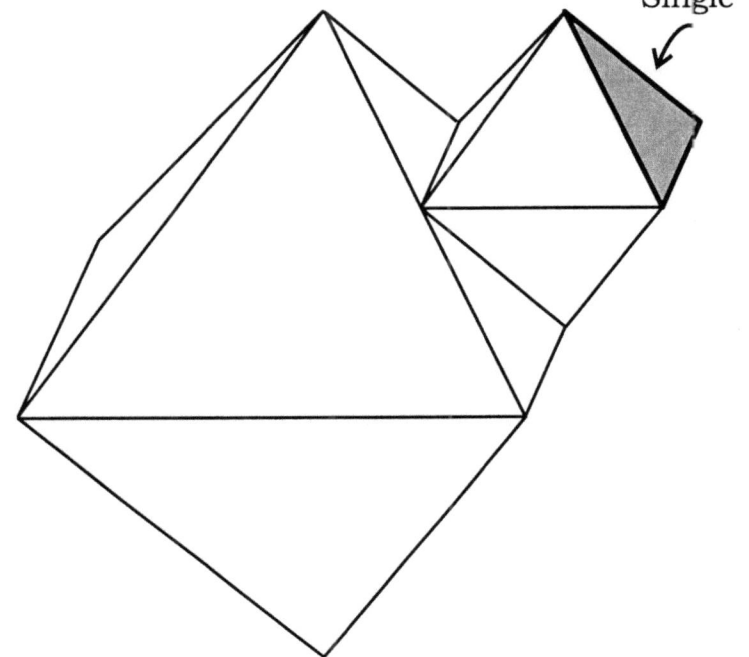

FIGUR III,15 Typ A: Single

4.4.1 Satz

Es gibt vier verschiedene Typen von Dreieckskonfigurationen in einer Generation.

Diese Konfigurationen werden in den Figuren III,15-18 dargestellt.

Typ A: Freistehendes Dreieck (Single). Es grenzt nur an Dreiecke des Oktaeders dem es selber angehört.

Typ B: Zwei Dreiecke einer Generation die eine Kante gemeinsam haben. Wir sprechen von einer Falte, einem Zwickel.

Typ C: In eine Falte (Typ B) wird nun ein Oktaeder der nächsten Generation eingeklemmt. Es berührt jedes der zwei "Faltendreiecke" längs einer Seitenfläche. So entsteht eine Höhle.

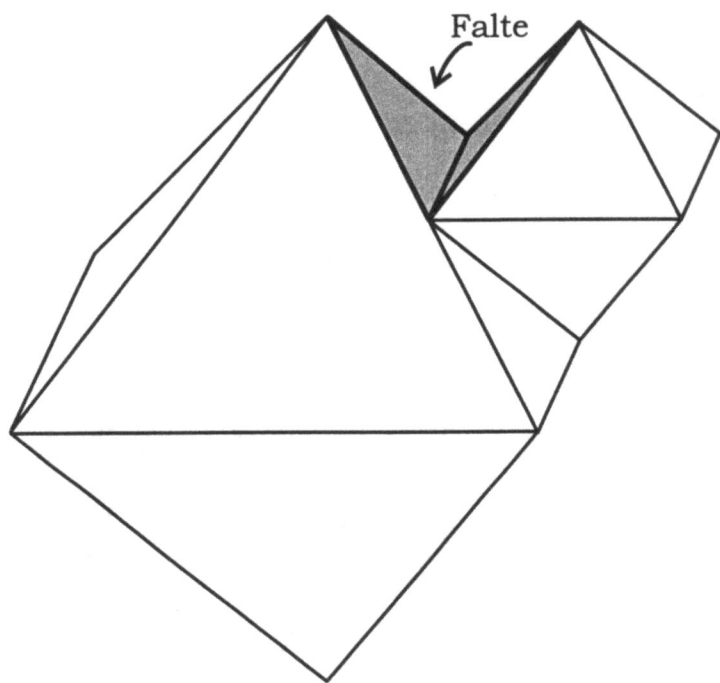

FIGUR III,16 Typ B: Falte

Typ D: In eine Höhle (Typ C) wird nun ein Oktaeder der nächsten Generation eingeklemmt. Es berührt jedes der drei Höhlendreiecke längs einer Seitenfläche. So entstehen drei neue Höhlen und eine Kaverne (Blase). Bei fortgesetzter Iteration erfolgt Wachstum ins Innere der Kaverne.

In Figur III,18 wird mit einer Höhle (Typ C) gestartet.

4.4.2 Generationenwechsel

Geht man von einer Generation zur nächsten, so gebiert jede Dreieckskonfiguration neue Konfigurationen der vier angegebenen Typen. Diesen Veränderungen wollen wir jetzt nachgehen.

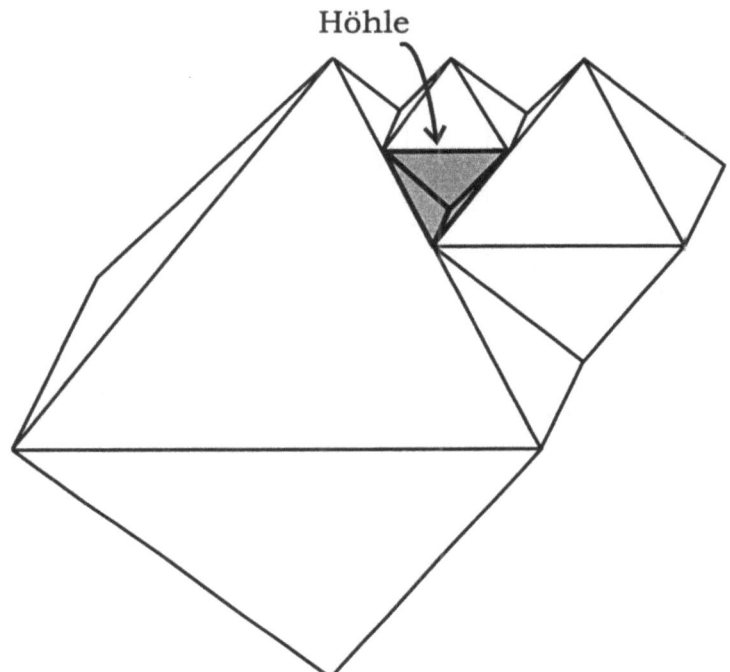

FIGUR III,17 Typ C: Höhle

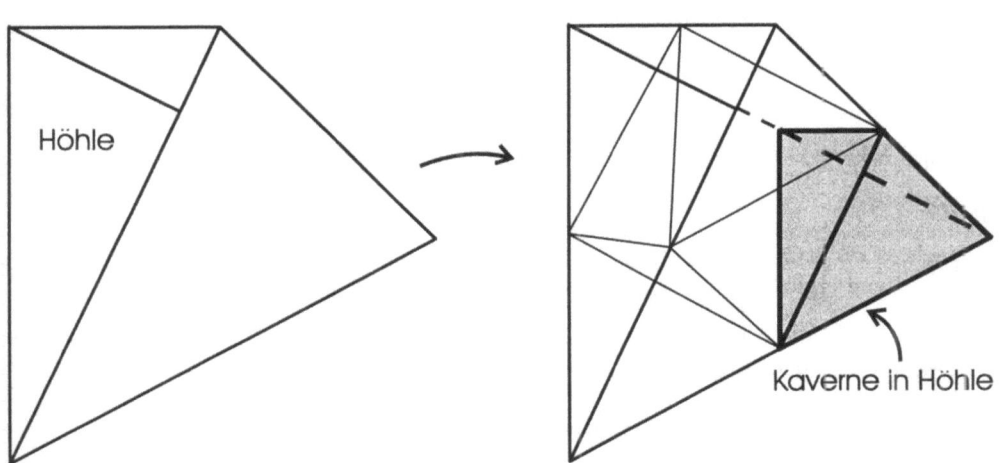

FIGUR III,18 Typ D: Kaverne

Satz

Jeder Dreieckstyp der Generation n erzeugt in Generation $n+1$ neue Typen. Die entsprechenden Anzahlen neuer Typen sind der folgenden Tabelle zu entnehmen. In jedem Fall wird ein neues Oktaeder hinzugefügt.

$n\backslash^{n+1}$	A	B	C	D
A	4	3	0	0
B	2	2	2	0
C	1	0	3	1
D	0	0	0	4

Wie ist diese Tabelle zu lesen? Wir erläutern das an der ersten Zeile. Starttyp A. Beim Übergang zur nächsten Generation entstehen: 4 Typ A und 3 Typ B.

Beweis.

Die einzelnen Aussagen sind den Figuren zu entnehmen, indem man jeweils ein Oktaeder der nächsten Generation einzeichnet. Auch dann bedarf es noch einer guten Raumvorstellung! Am besten ist es – wie so oft in diesem Buch – sich Modelle zu basteln

4.5 Etwas Algebra

4.5.1 Rekursionsformeln für die Anzahl der Typen

Satz

Nehmen wir an, in Generation n gebe es total $A(n)$, $B(n)$, $C(n)$, $D(n)$ Dreieckskonfigurationen des betreffenden Typs. Dann gilt für die entsprechenden Anzahlen in der nächsten Generation:

$$A(n+1) = 4A(n) + 2B(n) + C(n)$$
$$B(n+1) = 3A(n) + 2B(n)$$
$$C(n+1) = 2B(n) + 3C(n) + D(n)$$
$$D(n+1) = 4D(n)$$

Beweis:

Betrachten wir etwa $A(n+1)$. Nach 4.4.2 erhalten wir 4 Typ A, 2 Typ B und 1 Typ C. So fortschreitend ergibt sich das gesamte System rekursiver Gleichungen.

Es handelt sich (siehe II,7.2.5) um ein System linearer, homogener Differenzengleichungen der Ordnung 1 mit konstanten Koeffizienten.

4.5.2 Explizite Lösung der Differenzengleichung

Satz

Für die Lösungen der Gleichungen in 4.5.1 ergibt sich

$$A(n) = \tfrac{1}{20}(96 \cdot 6^n + 64)$$
$$B(n) = \tfrac{1}{20}(120 \cdot 2^n + 72 \cdot 6^n - 192)$$

$$C(n) = \tfrac{1}{20}(-240 \cdot 2^n + 48 \cdot 6^n + 192)$$
$$D(n) = \tfrac{1}{20}(-80 \cdot 4^n + 120 \cdot 2^n + 24 \cdot 6^n - 64).$$

Beweis:

Der Beweis ist mühsam und verlangt Vertrautheit mit Grundbegriffen der linearen Algebra.

(a) **Der Grundgedanke**

Wir starten mit der zu unserem Gleichungssystem gehörenden Matrix A:

$$A = \begin{pmatrix} 4 & 2 & 1 & 0 \\ 3 & 2 & 0 & 0 \\ 0 & 2 & 3 & 0 \\ 0 & 0 & 1 & 4 \end{pmatrix}$$

Mit den Anfangswerten des Startoktaeders $A(0) = 8$, $B(0) = C(0) = D(0) = 0$ ergibt sich durch fortgesetzte Iteration

$$\begin{pmatrix} A(1) \\ B(1) \\ C(1) \\ D(1) \end{pmatrix} = A \begin{pmatrix} 8 \\ 0 \\ 0 \\ 0 \end{pmatrix}, \quad \begin{pmatrix} A(2) \\ B(2) \\ C(2) \\ D(2) \end{pmatrix} = A \begin{pmatrix} A(1) \\ B(1) \\ C(1) \\ D(1) \end{pmatrix} = A^2 \begin{pmatrix} 8 \\ 0 \\ 0 \\ 0 \end{pmatrix}, \ldots$$

$$\begin{pmatrix} A(n) \\ B(n) \\ C(n) \\ D(n) \end{pmatrix} = A^n \begin{pmatrix} 8 \\ 0 \\ 0 \\ 0 \end{pmatrix}, \quad n \in \mathbb{N} \cup \{0\}.$$

Es kommt jetzt darauf an, die Matrix A^n zu bestimmen.

(b) **Die charakteristische Gleichung, die Eigenwertmatrix T und deren Inverse T^{-1}**

Charakteristische Gleichung

$$|A - xE| = 0 \text{ mit } E = \begin{pmatrix} 1 & 0 & 0 & 0 \\ 0 & 1 & 0 & 0 \\ 0 & 0 & 1 & 0 \\ 0 & 0 & 0 & 1 \end{pmatrix}. \ A \text{ eingesetzt ergibt}$$

$$\begin{vmatrix} 4-x & 2 & 1 & 0 \\ 3 & 2-x & 0 & 0 \\ 0 & 2 & 3-x & 0 \\ 0 & 0 & 1 & 4-x \end{vmatrix} = (4-x)(2-x)(x-6)(x-1) = 0$$

Eigenwerte, Eigenvektoren

Aus der Gleichung 4. Grades entnehmen wir 4 paarweise verschiedene Eigenwerte $\lambda_1 = 4$, $\lambda_2 = 2$, $\lambda_3 = 6$, $\lambda_4 = 1$.

Mit $(A - \lambda_i E)v_i = 0$, $i \in \{1, 2, 3, 4\}$ erhalten wir die Eigenvektoren.

$$v_1 = \begin{pmatrix} 0 \\ 0 \\ 0 \\ 1 \end{pmatrix}^{\lambda_1}, \quad v_2 = \begin{pmatrix} 0 \\ 1 \\ -2 \\ 1 \end{pmatrix}^{\lambda_2}, \quad v_3 = \begin{pmatrix} 4 \\ 3 \\ 2 \\ 1 \end{pmatrix}^{\lambda_3}, \quad v_4 = \begin{pmatrix} 1 \\ -3 \\ 3 \\ -1 \end{pmatrix}^{\lambda_4}.$$

Die Eigenwertmatrix T

$$T = \begin{pmatrix} 0 & 0 & 4 & 1 \\ 0 & 1 & 3 & -3 \\ 0 & -2 & 2 & 3 \\ 1 & 1 & 1 & -1 \end{pmatrix}, \quad \det T = -20.$$

Die inverse Matrix T^{-1}

$$T^{-1} = -\tfrac{1}{20} \begin{pmatrix} 10 & 0 & -10 & -20 \\ -15 & 10 & 15 & 0 \\ -3 & -2 & -1 & 0 \\ -8 & 8 & 4 & 0 \end{pmatrix}$$

Multiplikation liefert die Diagonalmatrix D

$$T^{-1}AT = D = \begin{pmatrix} 4 & 0 & 0 & 0 \\ 0 & 2 & 0 & 0 \\ 0 & 0 & 6 & 0 \\ 0 & 0 & 0 & 1 \end{pmatrix}$$

(c) **Berechnung von A^n**

Aus $D = T^{-1}AT$ folgt $A = TDT^{-1}$. Weiter erhalten wir $A^n = TD^nT^{-1}$. Dies wird bewiesen durch vollständige Induktion. Die Gleichung ist richtig für $n = 1$, sie sei richtig bis einschließlich n. Dann gilt

$$A^{n+1} = AA^n = ATD^nT^{-1} = (TDT^{-1})(TD^nT^{-1}) = TDD^nT^{-1} = TD^{n+1}T^{-1}.$$

(d) **Die Lösungen**

Die Bestimmung der Lösungen nach dem in (a) angegebenen Verfahren führt nach langwieriger Rechnung auf unseren Satz.

4.6 Volumen

4.6.1 Lemma

Die Anzahl $V(n)$ der in der Generation n neu hinzukommenden Oktaeder beträgt $V(n) = 2 \cdot 6^n - 4^n$ für $n \in \mathbb{N} \cup \{0\}$.

Beweis:

$V(n) = A(n-1) + B(n-1) + C(n-1) + D(n-1)$ für $n \in \mathbb{N}$.

Durch Einsetzen der Ergebnisse aus 4.5.2 erhalten wir

$V(n) = \tfrac{1}{20}(240 \cdot 6^{n-1} - 80 \cdot 4^{n-1}) = 2 \cdot 6^n - 4^n$.

4.6.2 Das Volumen

Satz

Das O-Fraktal umschließt eine Punktmenge mit dem Volumen $V_\infty = 6V_0 = 2\sqrt{2}a^3$.

Mit der in 4.6.1 angegebenen Formel und dem Volumen $V_0 = \frac{1}{3}a^3\sqrt{2}$ des Startoktaeders erhalten wir

$$V_\infty = V_0 + (2 \cdot 6 - 4)\tfrac{1}{8}V_0 + (2 \cdot 6^2 - 4^2)\tfrac{1}{8^2}V_0 + (2 \cdot 6^3 - 4^3)\tfrac{1}{8^3}V_0 + \ldots =$$
$$= V_0 + 2V_0(\tfrac{3}{4} + (\tfrac{3}{4})^2 + (\tfrac{3}{4})^3 + \ldots) - V_0(\tfrac{1}{2} + (\tfrac{1}{2})^2 + (\tfrac{1}{2})^3 + \ldots) = \quad \text{(geometrische Reihe)}$$
$$= V_0 + 6V_0 - V_0 = 6V_0 = 2a^3\sqrt{2}.$$

4.7 Fläche

4.7.1 Lemma

Für die Anzahl $F(n)$ aller Dreiecke unseres O-Fraktals in der n-ten Generation gilt

$F(n) = 4(6^{n+1} - 4^{n+1})$ für $n \in \mathbb{N} \cup \{0\}$.

Beweis:

$F(n) = 1 \cdot A(n) + 2 \cdot B(n) + 3 \cdot C(n) + 4 \cdot D(n)$.

Die Koeffizienten entnehmen wir dem Abschnitt 4.4.1. Durch Einsetzen der Ergebnisse aus 4.5.2 egibt sich

$F(n) = \frac{1}{20}(480 \cdot 6^n - 320 \cdot 4^n) = 4(6^{n+1} - 4^{n+1})$.

4.7.2 Satz

Der Flächeninhalt F_∞ des O-Fraktals ist ∞.

Beweis:

Die Fläche eines einzelnen Dreieckes in Generation beträgt $\frac{1}{4^n}F_0$.

$$F_\infty = \lim_{n \to \infty} \tfrac{1}{4^n} F_0 F(n) =$$
$$= \lim_{n \to \infty} F_0 \frac{4(6^{n+1} - 4^{n+1})}{4^n} =$$
$$= \lim_{n \to \infty} 4F_0(6(\tfrac{3}{2})^n - 4) = \infty.$$

4.8 Satz

Das O-Fraktal ist in einen Würfel (Grenzwürfel) mit Kantenlänge $a\sqrt{2}$ und Volumen $2a^3\sqrt{2}$ eingebettet.

Beweis:

Figur III,19 zeigt zwei Iterationen über einer Seitenfläche des Startoktaeders mit den Spitzen S_1, S_2. Fortsetzung dieses Vorganges liefert weitere Oktaederspitzen $S_3, S_4, \ldots$ Nach dem in 4.3 über die Erzeugung von Iterationsoktaedern durch Translation Gesagtem gilt $\overline{S_0S_1} = \frac{1}{2}a$,

$\overline{S_1S_2} = \frac{1}{4}a$, $\overline{S_2S_3} = \frac{1}{8}a$, ... Es ergibt sich so ein Grenzpunkt X_1 mit $\overline{S_0X_1} = a$. Auf dieselbe Weise erhalten wir auch noch die eingezeichneten Punkte X_2, X_3, X_4 und durch Spiegelung dieser Punkte an der Grundfläche des Startoktaeders die noch fehlenden vier Würfelecken. Die Diagonale des Würfels hat die Länge a, also die Würfelkante $a\sqrt{2}$.

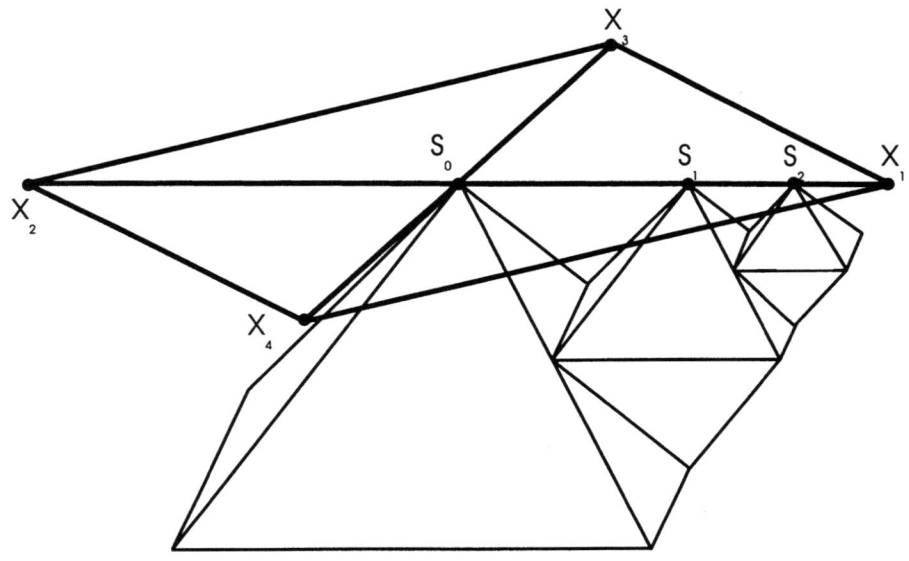

FIGUR III,19 Grenzwürfel

Die Spitzen der Oktaeder der ersten Generation in der oberen Hälfte des Startoktaeders liegen alle in der durch X_1, X_2, X_3, X_4 aufgespannten Ebene. Dies gilt auch für die Spitzen aller folgenden Iterationsoktaeder aus der "obersten" Schicht. Die anderen Oktaeder liegen "unter" der Ebene (wie in 2.5 kann auch eine analytische Untersuchung durchgeführt werden). Entsprechendes gilt für die anderen Würfelflächen. Wir können sagen, daß unser O-Fraktal in den Grenzwürfel eingebettet ist.

4.9 Satz

Die vom O-Fraktal eingeschlossene Punktmenge füllt den Grenzwürfel völlig aus.

Beweis:

Das Volumen des Grenzwürfels beträgt $2a^3\sqrt{2}$ und stimmt mit dem des O-Fraktals (4.6.2) überein. Mit 4.8 ist damit der Satz bewiesen.

4.10 Satz

Die Dimension des O-Fraktals beträgt $d_F = 1 + \frac{\ln 3}{\ln 2}$.

Beweis:

Wir betrachten zunächst das O-Fraktal über einer einzigen Seitenfläche des Startoktaeders.

Eine Zerlegung dieses Fraktals in paarweise disjunkte (bis auf Randelemente Punkt, Strecke, Seitenfläche) Teilmengen wie sie in II,1 gefordert wurde, ist wegen der Überlappungen (4.3) nicht möglich. Also liegt keine Selbstähnlichkeit im strengen Sinn vor (auch nicht im erweiterten Sinn). Wir müssen uns der erst in Kapitel IX zu untersuchenden fraktalen Dimension bedienen. Sie ist wie folgt definiert

$$d_F = \lim_{n \to \infty} \frac{\ln F(n)}{\ln \frac{2^n}{a}}.$$

Dabei ist $F(n)$ die Anzahl der Dreiecke aus Generation n und $\frac{a}{2^n}$ deren Seitenlänge.

Wir setzen die explizite Formel aus 4.7.1 für $F(n)$ ein und bedienen uns dann der l'Hospital-Regel.

$$d_F = \lim_{n \to \infty} \frac{\ln 4(6^{n+1} - 4^{n+1})}{n \ln 2 - \ln a} =$$
$$= \lim_{n \to \infty} \frac{6^{n+1} \ln 6 - 4^{n+1} \ln 4}{\ln 2 (6^{n+1} - 4^{n+1})} =$$
$$= \lim_{n \to \infty} \frac{\ln 6 - (\frac{2}{3})^{n+1} \ln 4}{(1 - (\frac{2}{3})^{n+1}) \ln 2} =$$
$$= \frac{\ln 6}{\ln 2} = 1 + \frac{\ln 3}{\ln 2}.$$

Mit der in II,6.3.4 angegebenen Aussage aus der Dimensionstheorie folgt nun der Satz.

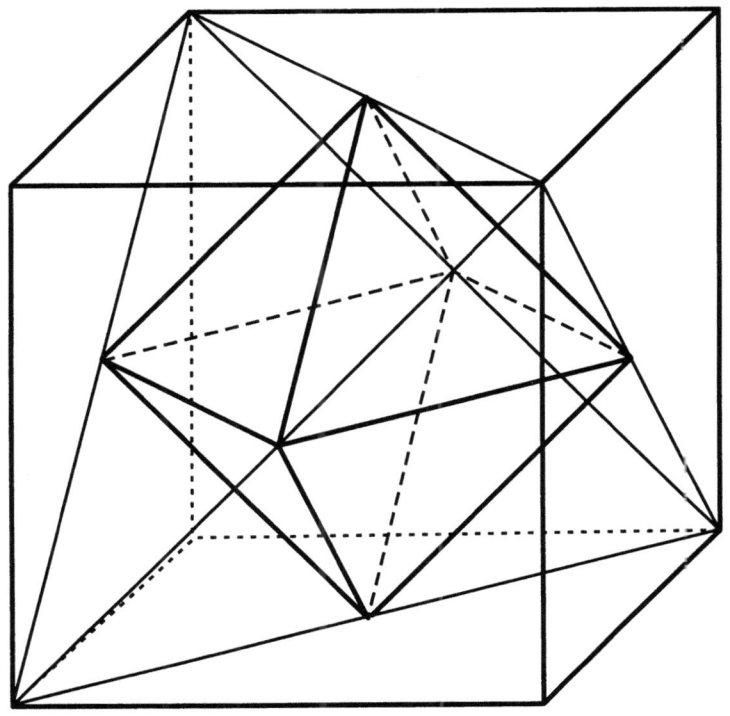

FIGUR III,20 Tetraeder- und Oktaederfraktal

Nach 4.7.1, 4.8, 4.9, 4.10 sind die in Abschnitt 1 dieses Kapitels genannten vier Bedingungen erfüllt. Wir haben ein zweites physiologisches Flächenfraktal gefunden. Es ist erstaunlich, daß die Dimensionen des T- und die des O-Fraktals – trotz völlig unterschiedlicher Gestalt – übereinstimmen. Ebenso verwunderlich ist der nun folgende Satz.

4.11 Satz

Einem Tetraeder der Kantenlänge $2a$ sei ein Oktaeder der Kantenlänge a (gewonnen durch Halbieren der Tetraederkanten) einbeschrieben. Dann stimmen die Grenzwürfel der zugehörigen T-und O-Fraktale überein.

Figur III,20 erläutert die Situation.

Beweis:

Tetraeder mit Kante $2a$: Der Grenzwürfel hat nach 3.5 die Kantenlänge $a\sqrt{2}$.

Oktaeder mit Kante a: Der Grenzwürfel hat nach 4.8 ebenfalls die Kantenlänge $a\sqrt{2}$.

Die Ecken der beiden Grenzwürfel stimmen überein.

5 Ein weiteres Würfelfraktal

Die Tatsache, daß unser W-Fraktal das begrenzende Rhombendodekaeder nicht ausfüllt (nur zu 71%), wurde im Hinblick auf die Forderungen der Physiologen von Vielen als mathematischer Skandal empfunden. Es ist deshalb nicht verwunderlich, daß man immer wieder versuchte, Würfelfraktale mit besserer Ausfüllung zu konstruieren.

5.1 Erzeugung

Wir starten mit einem Würfel der Kantenlänge a, zerlegen jede der 6 Seitenflächen jetzt in 25 kongruente Quadrate, errichten über den mittleren 9 Quadraten jeweils Würfel der Kantenlänge $\frac{1}{5}a$ und wischen deren Grundflächen sowie die Zwischenwände heraus. Es wird also auf jede Seitenfläche ein Quader mit den Kanten $\frac{3}{5}a$, $\frac{3}{5}a$, $\frac{1}{5}a$ ohne seine Grundfläche aufgesetzt (Figur III,21). Insgesamt haben wir dan $6 \cdot 37$ Quadrate. Leila Marek[*] verwendet nur die 4 Außenwürfel des Quaders.

Nun wird jedes Quadrat in 25 kongruente Quadrate der Seitenlänge $\frac{1}{25}a$ zerlegt, über den mittleren 9 Quadraten jeweils ein Würfel errichtet, ...u. s. w. Fortgesetzte Anwendung dieses Verfahrens liefert ein neues W-Fraktal. Aus dem Startwürfel wuchern jetzt fortgesetzt Quader heraus

5.2 Lemma

Zwei Würfel W_1, W_2 derselben Generation sind entweder disjunkt oder aber sie haben genau eine Kante bzw. eine Seitenfläche gemeinsam. Dies gilt auch für Würfel aus verschiedenen Generationen.

---

[*]L. Marek-Crnjac, [CRN]

Das Gebilde wuchert fortgesetzt und trotzdem kommt es zu keinen Überlappungen. Die Begründung erfolgt genau wie in 2.2 dieses Kapitels.

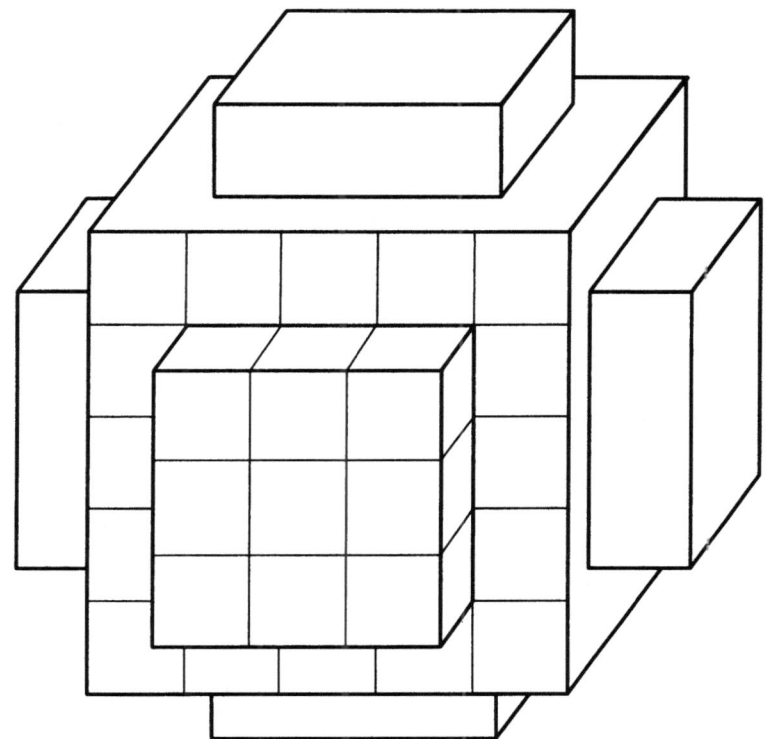

FIGUR III,21 Ein anderes Würfelfraktal

5.3 Satz

Der Flächeninhalt F_∞ des neuen W-Fraktals ist ∞. Das W-Fraktal umschließt eine Punktmenge mit dem Inhalt $V_\infty = \frac{71}{44}a^3$.

Beweis:

Quadrate		Würfel	
Inhalt	Anzahl	Inhalt	Anzahl
F_0	6	V_0	1
$\frac{1}{25}F_0$	$6 \cdot 37$	$\frac{1}{125}V_0$	54
$\frac{1}{25^2}F_0$	$6 \cdot 37^2$	$\frac{1}{125^2}V_0$	$54 \cdot 37$
$\vdots$	$\vdots$	$\vdots$	$\vdots$
$\frac{1}{25^n}F_0$	$6 \cdot 37^n$	$\frac{1}{125^n}V_0$	$54 \cdot 37^{n-1}$

mit $F_0 = a^2$, $V_0 = a^3$.

$F_\infty = \lim\limits_{n\to\infty} F_0 \cdot 6(\frac{37}{25})^n = \infty$.

$V_\infty = V_0 + 54 \cdot \frac{1}{125}V_0 + 54 \cdot 37 \cdot \frac{1}{125^2}V_0 + \ldots =$

$= V_0 + \frac{54}{125}V_0(1 + \frac{37}{125} + \ldots) =$ (geometrische Reihe)

$= V_0 + \frac{54}{125}V_0\frac{125}{88} = \frac{71}{44}a^3$.

5.4 Satz

Die Dimension des neuen W-Fraktals beträgt $d_S = \frac{\ln 37}{\ln 5} \sim 2,243$.

Beweis:

Das W-Fraktal ist selbstähnlich im strengen Sinn. Damit ergibt sich die oben angegebene Selbstähnlichkeitsdimension.

5.5 Der Grenzkörper

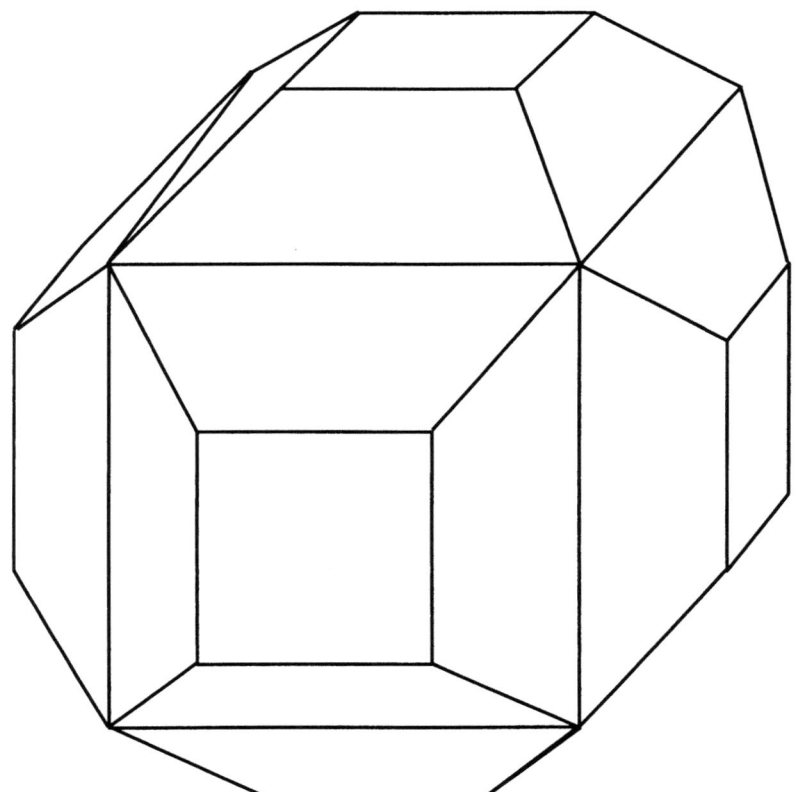

FIGUR III,22 Gestutztes Rhombendodekaeder

5.5.1 Konstruktion (Figur III,22)

Auf die Seitenflächen des Startwürfels werden Pyramiden mit der Höhe $\frac{1}{2}a$ aufgesetzt, deren Spitze aber dann abgeschnitten. Wir nehmen Pyramiden der Höhe $\frac{1}{4}a$ weg. So entsteht ein nicht reguläres Polyeder mit 6 Quadraten (Seite $\frac{1}{2}a$) und 12 Sechsecken (zwei Seiten $\frac{1}{2}a$, vier Seiten $\frac{1}{4}a\sqrt{3}$). Das Volumen beträgt $V_g = \frac{15}{8}a^3$ (gestutztes Rhombendodekaeder).

5.5.2 Satz

Das W-Fraktal verläßt das Grenzpolyeder nicht, es ist darin eingebettet.

Das Grenzgebilde wird erreicht, aber nicht verlassen.

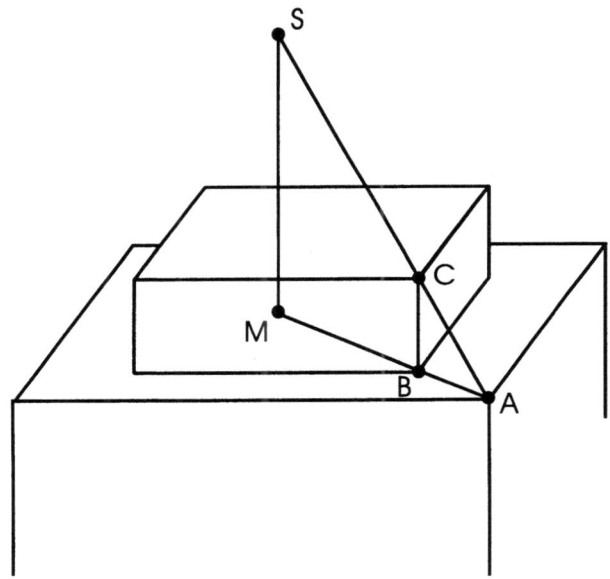

FIGUR III,23 Einbettung

Beweis:

(a) Die oberen Außenecken der aufgesetzten Quaders liegen auf der Pyramide mit Höhe $\frac{1}{2}a$. Wir zeigen dies lediglich für einen einzigen Punkt. Mit den Bezeichnungen der Figur III,23 gilt $\overline{SM} = \frac{1}{2}a$, $\overline{BA} = \frac{1}{5}a\sqrt{2}$, $\overline{MA} = \frac{1}{2}a\sqrt{2}$, $\overline{CB} = \frac{1}{5}a$, demnach haben wir $\frac{CB}{SM} = \frac{BA}{MA}$. Der Punkt C liegt also auf SA.

Daraus folgt, daß auch die oberen Quaderkanten auf der Pyramide liegen. Unser Fraktal verläßt die Pyramide nicht-erreicht sie aber.

(b) Über jedem Würfelchen entsteht bei fortgesetzter Iteration ein Turm. Die Spitzen dieser Türme sind diejenigen Punkte des Fraktals die von der zugehörigen Fläche des Startwürfels maximalen Abstand haben. Turmhöhe über den Würfeln des ersten Quaders: $h = \frac{1}{5}a + \frac{1}{5^2}a + \ldots = \frac{1}{4}a$. Mit Quadern höherer Generation verfahren wir auf die gleiche Weise. So ergibt sich, daß unser Fraktal nicht nur die Pyramide, sondern sogar die gestutzte Pyramide (den Pyramidenstumpf) nicht verläßt – ihn aber nach oben hin tatsächlich erreicht.

5.5.3 Satz

Die vom W-Fraktal eingeschlossene Punktmenge füllt das Grenzpolyeder nicht aus.

Beweis:

Mit $V_\infty = \frac{71}{44}a^3 < \frac{15}{8}a^3 = V_g$ ist alles gezeigt. Die Ausfüllung beträgt etwa 86% und ist damit wesentlich besser geworden.

Leider handelt es sich also wieder nicht um ein physiologisches Flächenfraktal.

5.6 Eine Verallgemeinerung

Statt die Seitenflächen des Startwürfels in 3^2 bzw. 5^2 kongruente Quadrate zu zerlegen, wählen wir jetzt s^2 Quadrate mit $s \in \mathbb{N}$, $s \geq 3$. Alle Untersuchungen laufen völlig analog. Wir beschränken uns darauf, Resultate anzugeben.

Fläche: $F_\infty = \infty$.

Volumen: $V_\infty(s) = (1 + 6\dfrac{(s-2)^2}{s^3 - s^2 - 4s + 8})a^3$.

Dimension: $d_F(s) = \dfrac{\ln(s^2 + 4s - 8)}{\ln s}$.

Grenzgebilde:

Es werden wieder Pyramiden der Höhe $\frac{1}{2}a$ auf die Seitenflächen des Startwürfels gesetzt und dann Pyramiden der Höhe $\frac{1}{2} \cdot \frac{s-3}{s-1}a$ abgeschnitten. Das neue Fraktal verläßt das entstehende Grenzpolyeder nicht, erreicht es aber. $V_g(s) = (2 - (\frac{s-3}{s-1})^3)a^3$.

Der Ausfüllungsprozentsatz beträgt

$$p(s) = 100\frac{V_\infty(s)}{V_g(s)} = 100\frac{1 + 6\frac{(s-2)^2}{s^3-s^2-4s+8}}{2 - (\frac{s-3}{s-1})^3}.$$

Es gilt $0 < p(s) < 100$ und $\lim\limits_{s \to \infty} p(s) = 100$. Die Funktion $p(s)$ ist in unserem Bereich streng monoton steigend. Dies alles bedeutet, daß die gewünschte totale Ausfüllung nur für $s \to \infty$ erreicht wird. Das aber ist uninteressant, weil dann Startwürfel und Grenzpolyeder zusammenfallen. Das Ärgernis mit der Nichtausfüllung ist also auch mit dem Abschnitt 5 nicht behoben.

6 Das St-George-Fraktal – kurz SG-Fraktal

Auch das variierte Würfelfraktal in Abschnitt 5 brachte keine vollständige Ausfüllung des Grenzgebildes. Immerhin ergaben sich statt 71% beim W-Fraktal aus Abschnitt 2 jetzt schon 86%. Es handelt sich also nicht um physiologische Fraktale. Das mathematische Ärgernis, der Würfelskandal ist geblieben.

Da kam plötzlich ein Bildhauer ins Spiel, Alan St. George. Er versuchte "das Unendliche im Endlichen" darzustellen und kam dabei auf Flächenfraktale. In einer viel beachteten

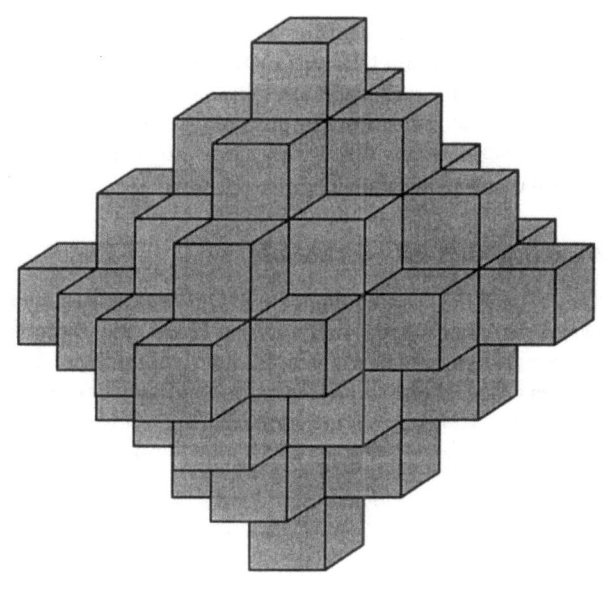

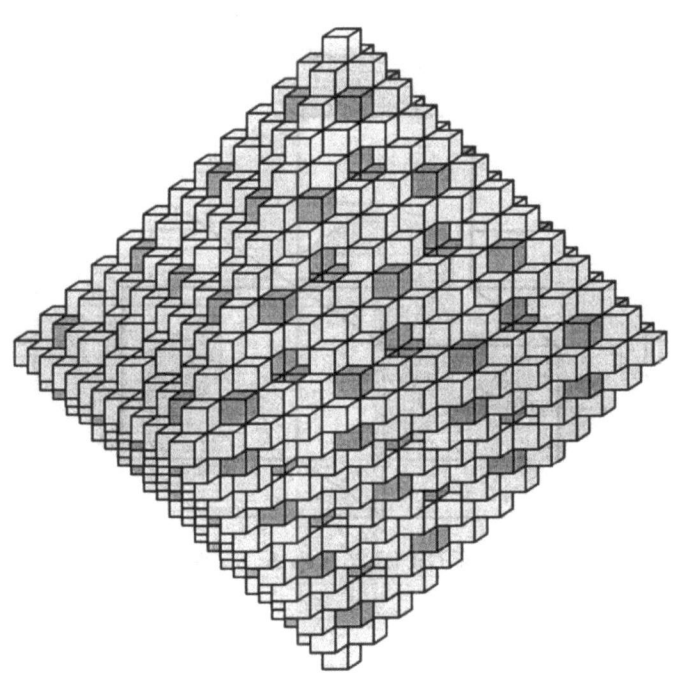

FIGUR III,24 Sankt George Fraktal

Ausstellung [STG] waren seine Kunstwerke zu bewundern. Bei einer dieser Plastiken handelt es sich um ein Würfelfraktal, wir sprechen hier kurz vom SG-Fraktal. Über dieses Gebilde wird in dem Aufsatz [STE2] berichtet. Beim Lesen der Arbeit drängt sich die Vermutung auf, das SG-Fraktal würde den Grenzkörper, ein Oktaeder vollständig ausfüllen. Noch mehr es wurde sogar vermutet, daß es sich um ein physiologisches Fraktal handelt. Damit wäre der Würfelskandal endgültig beseitigt. Wir wollen nun allerdings mit erheblichem Aufwand das SG-Fraktal genauer untersuchen.

6.1 Die Erzeugung des SG-Fraktals

Wir starten mit einem Würfel der Kantenlänge a und zerlegen jede seiner 6 Seitenflächen in 9 kongruente Quadrate. Vier davon liegen jeweils an den Ecken, die übrigen 5 bilden ein Kreuz. Auf die Quadrate dieses Kreuzes setzen wir Würfel der Kantenlänge $\frac{1}{3}a$ und auf das mittlere Kreuzquadrat sogar zwei. Man könnte auch sagen, daß auf jede Seitenfläche ein Kreuz aus 6 Würfeln gelegt wird (Figur III,24). Die Würfelgrundflächen und alle Zwischenwände werden herausgewischt. Insgesamt verbleiben also $6 \cdot 25$ Quadrate mit Seitenlänge $\frac{1}{3}a$.

In der zweiten Generation wird nun jedes dieser Quadrate in jeweils 9 Quadrate zerlegt und räumliche Kreuze aus je 6 Würfeln mit Kante $\frac{1}{9}a$ aufgesetzt.

Fortgesetzte Anwendung dieses Rezeptes liefert unser SG-Fraktal.

Unser Ziel ist es nun, zu überprüfen, ob dieses neue Fraktal tatsächlich physiologisch ist.

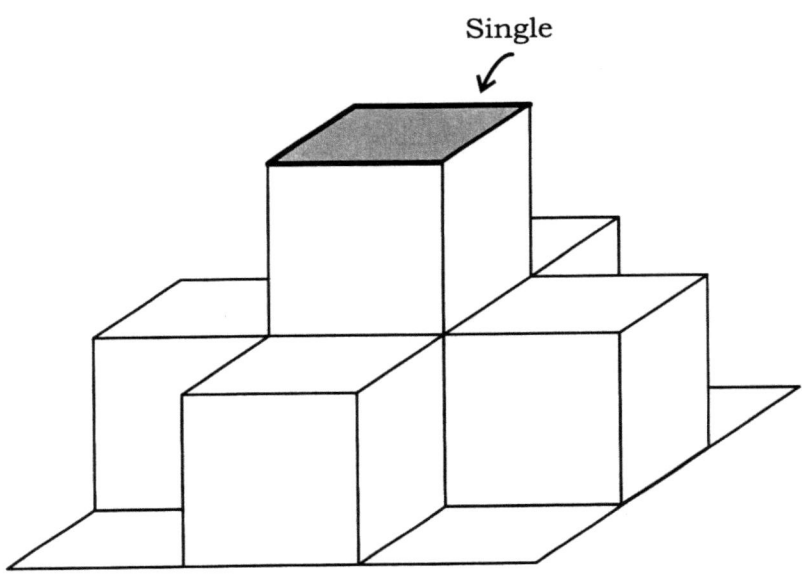

FIGUR III,25 Typ A: Single

6.2 Lemma

Zwei Würfel derselben Generation sind entweder disjunkt oder sie schneiden sich längs einer Würfelkante bzw. einer Würfelfläche oder aber sie fallen zusammen.

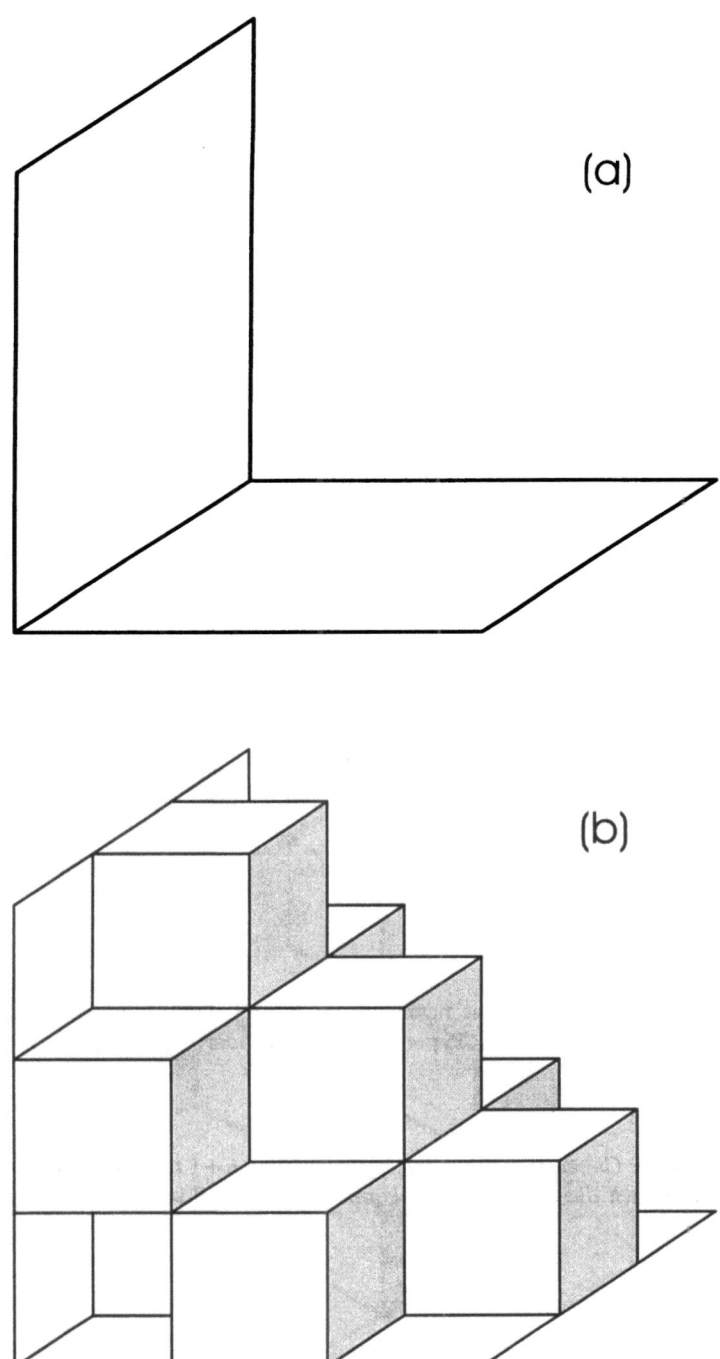

FIGUR III,26 Typ B: Treppe

Würfel verschiedener Generation sind entweder disjunkt oder sie schneiden sich längs einer Seitenfläche.

Beweis:

Für die erste und zweite Generation sind die Behauptungen durch Zeichnung oder Modellbildung sofort zu sehen. Bei Fortsetzung des Verfahrens wiederholt sich diese Situation immer wieder. Das weitere Vorgehen erfolgt genauso wie beim Oktaeder-Fraktal in Abschnitt 4. Zum Teil werden Texte sogar wörtlich übernommen.

6.3 Quadratkonfigurationen

6.3.1 Satz

Es gibt 5 verschiedene Typen von Quadratkonfigurationen in einer Generation.

Diese Konfigurationen werden in den Figuren III,25-28 dargestellt.

Typ A: Freistehender Würfel mit einem freistehenden Quadrat (Figur III,25).

Typ B: Zwei orthogonale Quadrate, die in einer Kante übereinstimmen. Sie bilden eine "Treppe". Figur III,26 (a) zeigt eine solche Treppe. In Figur (b) sind Würfel der nächsten Generation in die Treppe eingezeichnet.

Typ C: Drei paarweise orthogonale Quadrate, die zu je zweien in einer Kante übereinstimmen. Sie bilden eine "Ecke". Figur III,27 (a) zeigt eine solche Ecke. In Figur (b) sind Würfel der nächsten Generation in die Ecke eingezeichnet.

Typ D: Fünf Seitenflächen eines Würfels bilden eine "Höhle". Figur III,28 (a) zeigt eine nach vorne geöffnete Höhle dieser Art. In Figur (b) sind Würfel der nächsten Generation eingezeichnet.

Typ E: Ein geschlossener Würfel mit 6 Quadraten. Das weitere Wachstum erfolgt nach innen. Es entsteht eine "Kaverne".

6.3.2 Generationenwechsel

Geht man von einer Generation zur nächsten, so gebiert jede Quadratkonfiguration neue Konfigurationen der angegebenen 5 Typen. Diesen Veränderungen wollen wir jetzt nachgehen.

Satz

Jeder Quadrattyp der Generation n erzeugt in Generation $n+1$ neue Typen. Die entsprechenden Anzahlen und auch die Zahl neu hinzukommender Würfel sind der folgenden Tabelle zu entnehmen.

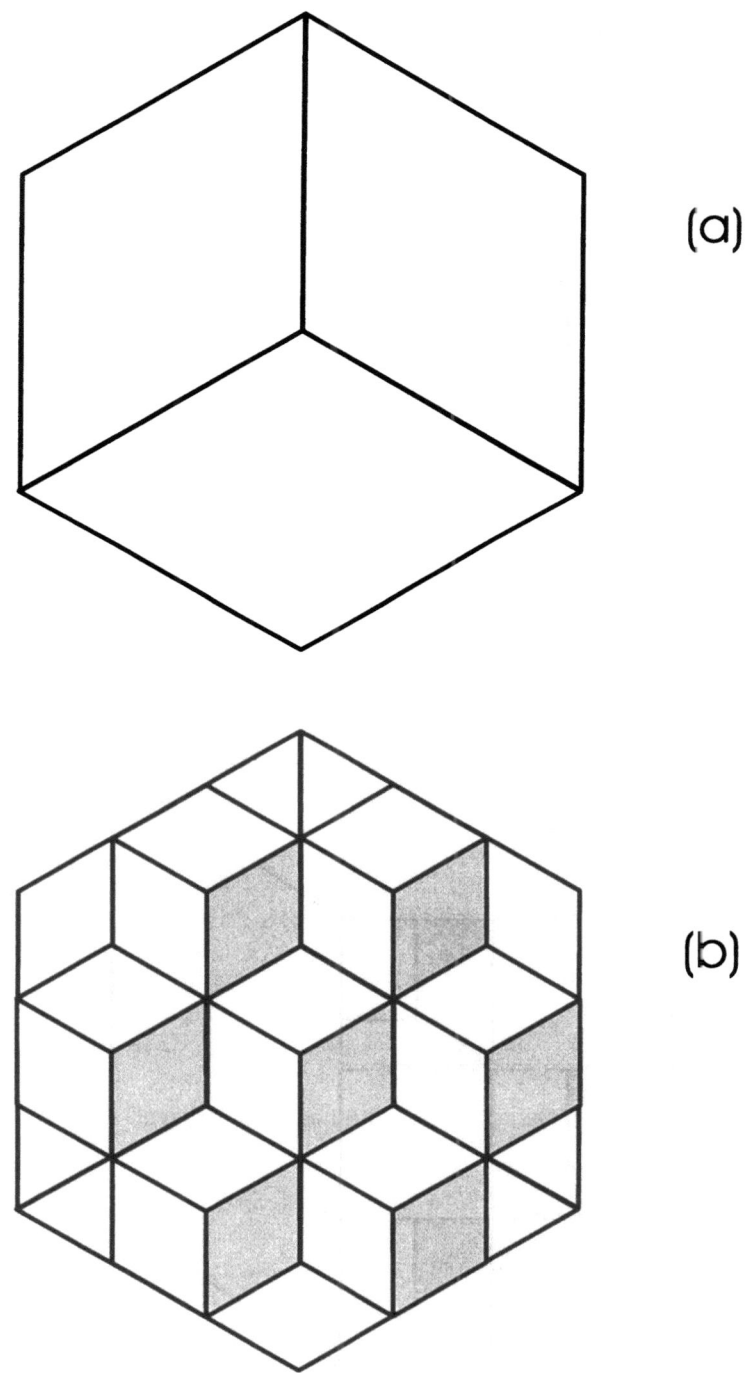

FIGUR III,27 Typ C: Ecke

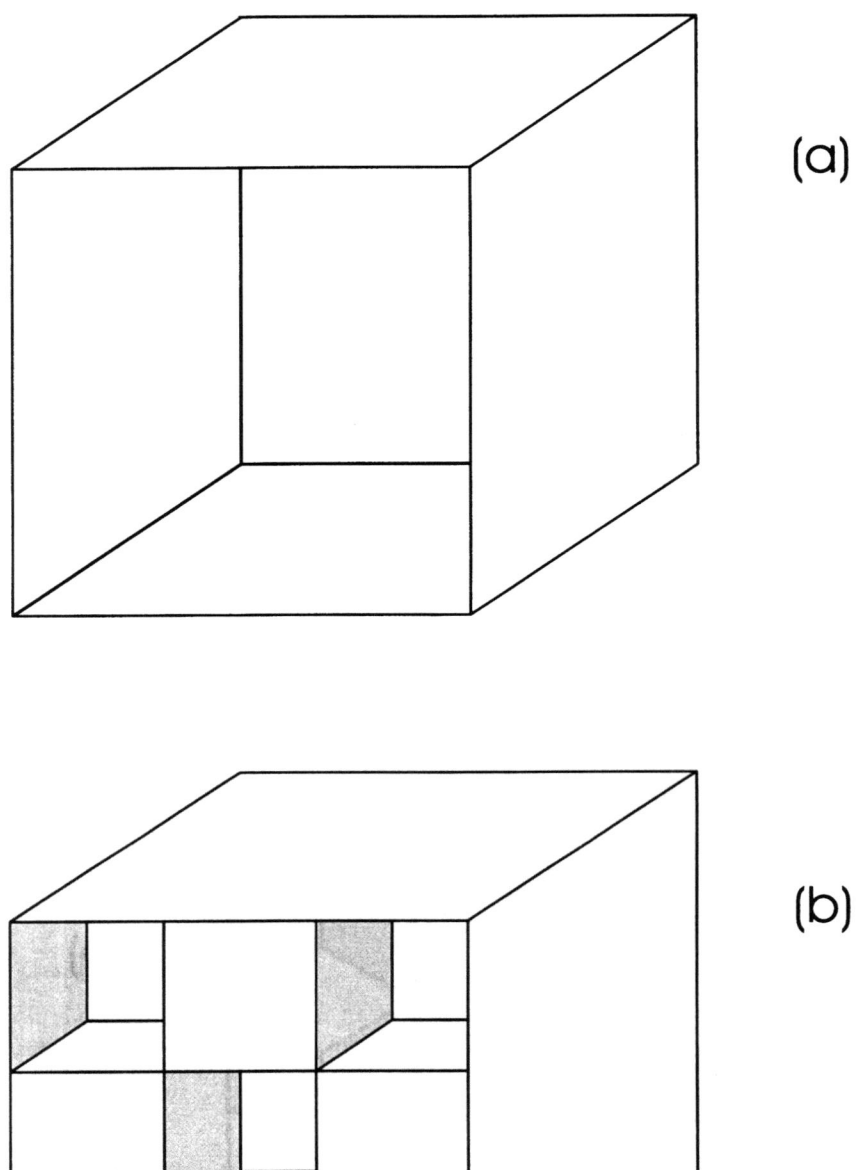

FIGUR III,28 Typ D: Höhle

$n\backslash n+1$	A	B	C	D	E	Würfel
A	1	6	4	0	0	6
B	0	5	6	2	0	10
C	0	3	6	3	1	13
D	0	2	0	5	4	18
E	0	0	0	0	8	19

Wie ist diese Tabelle zu lesen? Wir erläutern das wieder an der ersten Zeile. Starttyp A. Beim Übergang zur nächsten Generation entstehen: 1 Typ A, 6 Typ B, 4 Typ C und 6 neue Würfel.

Beweis:

Der Beweis ist im wesentlichen den beigegebenen Figuren zu entnehmen. Vom Starttyp A abgesehen verzichten wir deshalb auf ausführliche Texte.

Typ A (Figur III,25)

Auf ein freies Quadrat (Typ A) wird ein Würfelkreuz aufgesetzt. Dann entstehen ein einziges freies Quadrat (in der Figur oben) und 4 Ecken vom Typ C. Schließlich erhalten wir noch 4+4 Treppen vom Typ B. Vier davon enthalten allerdings Quadrate von anderen Würfelkreuzen. Um Doppelzählungen zu vermeiden, benützen wir nur zwei davon, also insgesamt $4+\frac{1}{2}\cdot 4 = 6$ Konfigurationen vom Typ B.

A	B	C	D	E
1	6	4	0	0

Die Anzahl der aufgesetzten Würfel beträgt 6.

Typ B (Figur III,26)

A	B	C	D	E
0	5	6	2	0
	$2+\frac{1}{2}\cdot 6$			

Von jedem der beiden Quadrate kommen 6 Würfel, je zwei überdecken sich. Es bleiben $2\cdot 6 - 2 = 10$ Würfel.

Typ C (Figur III,27)

A	B	C	D	E
0	3	6	3	1
	$\frac{1}{2}\cdot 6$			

Von jedem der drei Quadrate kommen 6 Würfel, je drei überdecken sich einmal, der Mittenwürfel sogar dreimal. Es bleiben $3 \cdot 6 - 3 - 2 = 13$ Würfel.

Typ D (Figur III,28)

A	B	C	D	E
0	2	0	5	4
	$\frac{1}{2} \cdot 4$			

Jetzt gibt es 5 Höhlen (in der Figur nach vorne) und auch noch 4 Kavernen (nach hinten). Die nach vorne zeigenden 4 Quadrate liefern Treppen.

Gesamtzahl hinzugefügter Würfel $27 - 4 - 5 = 18$

Typ E

A	B	C	D	E
0	0	0	0	8

Die Wucherungen erfolgen nach innen. Es bleiben nur die 8 Eckwürfel unbesetzt, das sind Kavernen.

Gesamtzahl hinzugefügter Würfel $27 - 8 = 19$.

6.4 Etwas Algebra

6.4.1 Rekursionsformeln für die Anzahl der Typen

Satz

Nehmen wir an, in Generation n gebe es total $A(n)$, $B(n)$, $C(n)$, $D(n)$, $E(n)$ Quadratkonfigurationen des betreffenden Typs. Dann gilt für die entsprechenden Anzahlen in der nächsten Generation:

$$A(n+1) = A(n)$$
$$B(n+1) = 6A(n) + 5B(n) + 3C(n) + 2D(n)$$
$$C(n+1) = 4A(n) + 6B(n) + 6C(n)$$
$$D(n+1) = 2B(n) + 3C(n) + 5D(n)$$
$$E(n+1) = C(n) + 4D(n) + 8E(n)$$

Beweis:

Betrachten wir etwa $B(n+1)$. Nach 6.3.2 erhalten wir 6 Typ A, 5 Typ B, 3 Typ C und 2 Typ D, total

$$B(n+1) = 6A(n) + 5B(n) + 3C(n) + 2D(n).$$

So fortschreitend ergibt sich das gesamte System rekursiver Gleichungen.

6.4.2 Explizite Lösung der Differenzengleichung

Satz

Für die Lösungen der Gleichungen in 6.4.1 ergibt sich

$A(n) = 6\lambda_1^n$

$B(n) = -24\lambda_1^n - 18\lambda_2^n - \frac{159}{73}\sqrt{73}\lambda_4^n + 21\lambda_4^n + \frac{159}{73}\sqrt{73}\lambda_5^n + 21\lambda_5^n$

$C(n) = 24\lambda_1^n + 36\lambda_2^n + \frac{282}{73}\sqrt{73}\lambda_4^n - 30\lambda_4^n - \frac{282}{73}\sqrt{73}\lambda_5^n - 30\lambda_5^n$

$D(n) = -6\lambda_1^n - 36\lambda_2^n - \frac{159}{73}\sqrt{73}\lambda_4^n + 21\lambda_4^n + \frac{159}{73}\sqrt{73}\lambda_5^n + 21\lambda_5^n$

$E(n) = \frac{108}{5}\lambda_2^n - \frac{48}{5}\lambda_3^n + \frac{90}{73}\sqrt{73}\lambda_4^n - 6\lambda_4^n - \frac{90}{73}\sqrt{73}\lambda_5^n - 6\lambda_5^n$

Beweis:

Der Beweis ist mühsam. Er erfolgt wieder in mehreren Schritten und verwendet dabei Hilfsmittel der linearen Algebra.

(a) Der Grundgedanke

Wir starten mit der zu unserem Gleichungssystem gehörenden Matrix A:

$$A = \begin{pmatrix} 1 & 0 & 0 & 0 & 0 \\ 6 & 5 & 3 & 2 & 0 \\ 4 & 6 & 6 & 0 & 0 \\ 0 & 2 & 3 & 5 & 0 \\ 0 & 0 & 1 & 4 & 8 \end{pmatrix}$$

Mit den Anfangswerten des Startwürfels $A(0) = 6$, $B(0) = C(0) = D(0) = E(0) = 0$ ergibt sich durch fortgesetztes Iterieren

$$\begin{pmatrix} A(n) \\ B(n) \\ C(n) \\ D(n) \\ E(n) \end{pmatrix} = A^n \begin{pmatrix} 6 \\ 0 \\ 0 \\ 0 \\ 0 \end{pmatrix}, \quad n \in \mathbb{N} \cup \{0\}.$$

Es kommt jetzt darauf an, die Matrix A^n zu bestimmen.

(b) Die charakteristische Gleichung, die Eigenvektormatrix T und deren Inverse T^{-1}

Charakteristische Gleichung

$$\begin{vmatrix} 1-x & 0 & 0 & 0 & 0 \\ 6 & 5-x & 3 & 2 & 0 \\ 4 & 6 & 6-x & 0 & 0 \\ 0 & 2 & 3 & 5-x & 0 \\ 0 & 0 & 1 & 4 & 8-x \end{vmatrix} = (1-x)(3-x)(8-x)(x^2 - 13x + 24) = 0$$

Eigenwerte, Eigenvektoren

Aus dieser Gleichung 5. Grades entnehmen wir 5 paarweise verschiedene Eigenwerte:
$\lambda_1 = 1$, $\lambda_2 = 3$, $\lambda_3 = 8$, $\lambda_4 = \frac{1}{2}(13 + \sqrt{73})$, $\lambda_5 = \frac{1}{2}(13 - \sqrt{73})$.

Dazu gehören die folgenden Eigenvektoren

$$v_1 = \begin{pmatrix} -1 \\ 4 \\ -4 \\ 1 \\ 0 \end{pmatrix}, \ v_2 = \begin{pmatrix} 0 \\ 1 \\ -2 \\ 2 \\ -\frac{6}{5} \end{pmatrix}, \ v_3 = \begin{pmatrix} 0 \\ 0 \\ 0 \\ 0 \\ 1 \end{pmatrix}, \ v_4 = \begin{pmatrix} 0 \\ \frac{1}{12}(1+\sqrt{73}) \\ 1 \\ \frac{1}{12}(1+\sqrt{73}) \\ \frac{1}{96}(85+7\sqrt{73}) \end{pmatrix}, \ v_5 = \begin{pmatrix} 0 \\ \frac{1}{12}(1-\sqrt{73}) \\ 1 \\ \frac{1}{12}(1-\sqrt{73}) \\ \frac{1}{96}(85-7\sqrt{73}) \end{pmatrix}$$

Die Eigenvektormatrix T

$$T = \begin{pmatrix} -1 & 0 & 0 & 0 & 0 \\ 4 & 1 & 0 & \frac{1}{12}(1+\sqrt{73}) & \frac{1}{12}(1-\sqrt{73}) \\ -4 & -2 & 0 & 1 & 1 \\ 1 & 2 & 0 & \frac{1}{12}(1+\sqrt{73}) & \frac{1}{12}(1-\sqrt{73}) \\ 0 & -\frac{6}{5} & 1 & \frac{1}{96}(85+7\sqrt{73}) & \frac{1}{96}(85-7\sqrt{73}) \end{pmatrix}$$

Die inverse Matrix T^{-1}

$$T^{-1} = \begin{pmatrix} -1 & 0 & 0 & 0 & 0 \\ -3 & -1 & 0 & 1 & 0 \\ -\frac{8}{5} & -\frac{53}{40} & -\frac{13}{60} & \frac{9}{20} & 1 \\ -\frac{\sqrt{73}}{73}(-47+5\sqrt{73}) & -\frac{\sqrt{73}}{73}(-13+\sqrt{73}) & \frac{\sqrt{73}}{146}(-1+\sqrt{73}) & \frac{\sqrt{73}}{73}(-7+\sqrt{73}) & 0 \\ -\frac{\sqrt{73}}{73}(47+5\sqrt{73}) & -\frac{\sqrt{73}}{73}(13+\sqrt{73}) & \frac{\sqrt{73}}{146}(1+\sqrt{73}) & \frac{\sqrt{73}}{73}(7+\sqrt{73}) & 0 \end{pmatrix}$$

Multiplikation liefert die Diagonalmatrix D

$$D = T^{-1}AT = \begin{pmatrix} \lambda_1 & 0 & 0 & 0 & 0 \\ 0 & \lambda_2 & 0 & 0 & 0 \\ 0 & 0 & \lambda_3 & 0 & 0 \\ 0 & 0 & 0 & \lambda_4 & 0 \\ 0 & 0 & 0 & 0 & \lambda_5 \end{pmatrix}$$

(c) **Berechnung von A^n**

Wie in 4.5.2 auch, folgt aus $D = T^{-1}AT$ durch Multiplikation $A = TDT^{-1}$. Weiter erhalten wir $A^n = TD^nT^{-1}$.

(d) **Die Lösungen**

Die Bestimmung der Lösungen nach dem in (a) angegebenen Verfahren führt nach langwieriger Rechnung zu unserem Satz.

6.5 Volumen

6.5.1 Lemma

Die Anzahl $V(n)$ der in Generation n neu hinzukommenden Würfel beträgt

$V(n) = \frac{84}{5} \cdot 3^n - \frac{114}{5} \cdot 8^n + (\frac{7}{2} + \frac{245}{146}\sqrt{73})\lambda_4^n + (\frac{7}{2} - \frac{245}{146}\sqrt{73})\lambda_5^n$ für $n \in \mathbb{N} \cup \{0\}$.

Beweis:

$V(n) = 6A(n-1) + 10B(n-1) + 13C(n-1) + 18D(n-1) + 19E(n-1)$ für $n \in \mathbb{N}$. Die Koeffizienten entnehmen wir dem Beweis von 6.3.2. Durch Einsetzen der Ergebnisse aus 6.4.2 ergibt sich das Lemma. Unsere Formel passt auch für $n = 0$.

Die mit unserer Formel berechneten Spezialwerte $V(0) = 1$, $V(1) = 36$, $V(2) = 708$ wurden durch Abzählen am Modell bestätigt.

6.5.2 Das Volumen

Satz

Das "ausgefüllte" Fraktal hat das Volumen $V_\infty = \frac{585}{134}a^3$.

Beweis:

Das Volumen eines einzelnen Würfelchens der Generation n beträgt $(\frac{1}{27})^n a^3$. Damit gilt

$\frac{1}{a^3}V_\infty = 1 + 36 \cdot \frac{1}{27} + 708(\frac{1}{27})^2 + 10956(\frac{1}{27})^3 + \ldots =$

$= \sum_{n=0}^{\infty} V(n)(\frac{1}{27})^n =$

$= \sum_{n=0}^{\infty} [\frac{84}{5} \cdot 3^n - \frac{114}{5} \cdot 8^n + (\frac{7}{2} + \frac{245}{146}\sqrt{73})\lambda_4^n + (\frac{7}{2} - \frac{245}{146}\sqrt{73})\lambda_5^n] \cdot (\frac{1}{27})^n$.

Wir haben es mit geometrischen Reihen zu tun. Weil die Zahlen $\frac{1}{9}$, $\frac{8}{27}$, $\frac{\lambda_4}{27}$, $\frac{\lambda_5}{27}$ alle kleiner 1 sind, können wir summieren und erhalten

$$\frac{1}{a^3}V_\infty = \frac{84 \cdot 9}{5 \cdot 8} - \frac{114 \cdot 27}{5 \cdot 19} + (\frac{7}{2} + \frac{245}{146}\sqrt{73})\frac{1}{1-\frac{\lambda_4}{27}} + (\frac{7}{2} - \frac{245}{146}\sqrt{73})\frac{1}{1-\frac{\lambda_5}{27}} = \frac{585}{134}.$$

6.6 Fläche

6.6.1 Lemma

Für die Anzahl $F(n)$ aller in der Generation n neu hinzukommenden Quadrate gilt

$F(n) = \frac{108}{5} \cdot 3^n - \frac{288}{5} \cdot 8^n + (21 + \frac{273}{73}\sqrt{73}) \cdot \lambda_4^n + (21 - \frac{273}{73}\sqrt{73}) \cdot \lambda_5^n$ mit $n \in \mathbb{N} \cup \{0\}$.

Beweis:

Wir wissen bereits

$F(n) = 1A(n) + 2B(n) + 3C(n) + 5D(n) + 6E(n)$.

Die Koeffizienten entnehmen wir dem Abschnitt 6.3.1. Durch Einsetzen der Ergebnisse aus 6.4.2 ergibt sich das Lemma.

Die mit unserer Formel berechneten Werte $F(0) = 6$, $F(1) = 150$, $F(2) = 2598$ wurden durch Abzählen am Modell bestätigt.

6.6.2 Satz

Der Flächeninhalt F_∞ des SG-Fraktals ist ∞.

Beweis:

Die Fläche eines einzelnen Quadrates in Generation n beträgt $(\frac{1}{9})^n \cdot a^2$.

Damit gilt $F_\infty = \lim_{n\to\infty} F(n)(\frac{1}{9})^n a^2$.

Mit Lemma 6.6.1 ergibt sich weiter

$$F_\infty = \lim_{n\to\infty} [\frac{108}{5} \cdot (\frac{1}{3})^n - \frac{288}{5} \cdot (\frac{8}{9})^n + \alpha \cdot (\frac{\lambda_4}{9})^n + \beta \cdot (\frac{\lambda_5}{9})^n] a^2.$$

Dabei gilt $\alpha = 21 + \frac{273}{73}\sqrt{73}$, $\beta = 21 - \frac{237}{73}\sqrt{73}$. Weil die Zahlen $\frac{1}{3}$, $\frac{8}{9}$, $\frac{\lambda_5}{9}$ alle kleiner 1 sind, aber $\frac{\lambda_4}{9}$ größer 1 ist, folgt $F_\infty = \infty$.

6.7 Dimension

Satz

Die Dimension des SG-Fraktals beträgt $d_F = \dfrac{\ln \frac{1}{2}(13 + \sqrt{73})}{\ln 3} \sim 2{,}16359$.

Beweis:

Wie beim O-Fraktal ist eine Zerlegung unseres Fraktals in paarweise disjunkte Teilmengen, die bei Vergrößerung das gesamte Fraktal ergeben (wegen der Überlappungen) nicht möglich. Es liegt also keine Selbstähnlichkeit im strengen Sinn vor. Wir müssen uns erneut der in Kapitel IX zu definierenden fraktalen Dimension bedienen.

$d_F = \lim_{n\to\infty} \dfrac{\ln F(n)}{\ln \frac{3^n}{a}}$.

Mit 6.6.1 gilt

$$d_F = \lim_{n\to\infty} \frac{\ln[\frac{108}{5} \cdot 3^n - \frac{288}{5} \cdot 8^n + \alpha \cdot \lambda_4^n + \beta \cdot \lambda_5^n]}{n \ln 3 - \ln a} =$$

$$= \lim_{n\to\infty} \frac{\ln[\frac{108}{5} \cdot (\frac{3}{\lambda_4})^n - \frac{288}{5} \cdot (\frac{8}{\lambda_4})^n + \alpha + \beta \cdot (\frac{\lambda_5}{\lambda_4})^n] \cdot \lambda_4^n}{n \ln 3 - \ln a}$$

Mit der zuletzt angegebenen Schreibweise erkennt man, daß wegen $\frac{3}{\lambda_4} < 1$, $\frac{8}{\lambda_4} < 1$, $\frac{\lambda_5}{\lambda_4} < 1$ und $\lambda_4 > 1$ sowohl der Zähler als auch der Nenner für $n \to \infty$ unbegrenzt wachsen. Der Anwendung der l'Hospital-Regel steht also nichts im Wege.

$$d_F = \lim_{n\to\infty} \frac{\frac{108}{5} \cdot 3^n \ln 3 - \frac{288}{5} \cdot 8^n \ln 8 + \alpha \lambda_4^n \ln \lambda_4 + \beta \lambda_5^n \ln \lambda_5}{\ln 3 [\frac{108}{5} \cdot 3^n - \frac{288}{5} \cdot 8^n + \alpha \lambda_4^n + \beta \lambda_5^n]} =$$

$$= \lim_{n\to\infty} \frac{\frac{108}{5}(\frac{3}{\lambda_4})^n \ln 3 - \frac{288}{5}(\frac{8}{\lambda_4})^n \ln 8 + \alpha \ln \lambda_4 + \beta (\frac{\lambda_5}{\lambda_4})^n \ln \lambda_5}{\ln 3 [\frac{108}{5}(\frac{3}{\lambda_4})^n - \frac{288}{5}(\frac{8}{\lambda_4})^n + \alpha + \beta(\frac{\lambda_5}{\lambda_4})^n]} =$$

$$= \lim_{n \to \infty} \frac{\alpha \ln \lambda_4}{\alpha \ln 3} = \frac{\ln \frac{1}{2}(13 + \sqrt{73})}{\ln 3}.$$

6.8 Der Grenzkörper

6.8.1 Konstruktion

Über jeder Seitenfläche des Startwürfels entsteht bei fortgesetzter Iteration ein Turm mit Spitze S und Höhe h. Figur III,29 zeigt diese Situation im Aufriß.

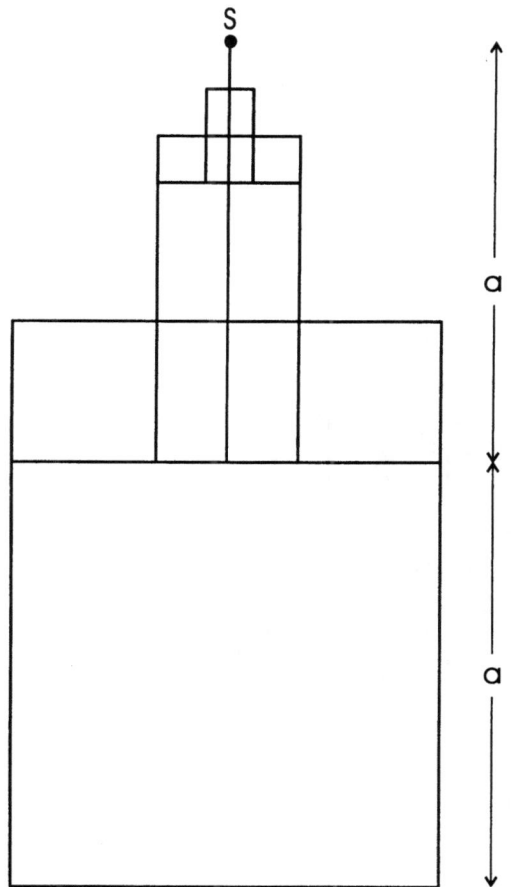

FIGUR III,29 Wieder ein Turm

Wir berechnen die Höhe h eines solchen Turmes:

$h = \frac{2}{3}a + \frac{2}{3^2}a + \frac{2}{3^3}a + \ldots = a$. Die 6 Turmspitzen über den 6 Würfelflächen spannen ein Oktaeder auf. Kantenlänge: $b = \frac{3}{2}a\sqrt{2}$, Volumen: $V = \frac{1}{3}b^3\sqrt{2} = \frac{9}{2}a^3$, Oberfläche: $F = 2b^2\sqrt{3} = 9a^2\sqrt{3}$.

6.8.2 Einbettung

Satz

Das SG-Fraktal ist in das Oktaeder aus 6.8.1 eingebettet.

Dies bedeutet, daß unser Fraktal das Oktaeder wirklich erreicht, aber es nicht verläßt. Mit diesen zwei Eigenschaften ist gezeigt daß wirklich eine Grenzfläche vorliegt.

Beweis:

(a) **Vorbereitung**

Wir legen den Startwürfel so in ein (x, y, z)-Koordinatensystem, daß die Koordinatenachsen parallel zu den Würfelkanten sind. Der Würfelmittelpunkt soll Ursprung sein (Figur III,30). Weiter beschränken wir uns auf einen einzigen Oktanten und dort nur auf Iterationen über einer einzigen Würfelfläche (nach oben).

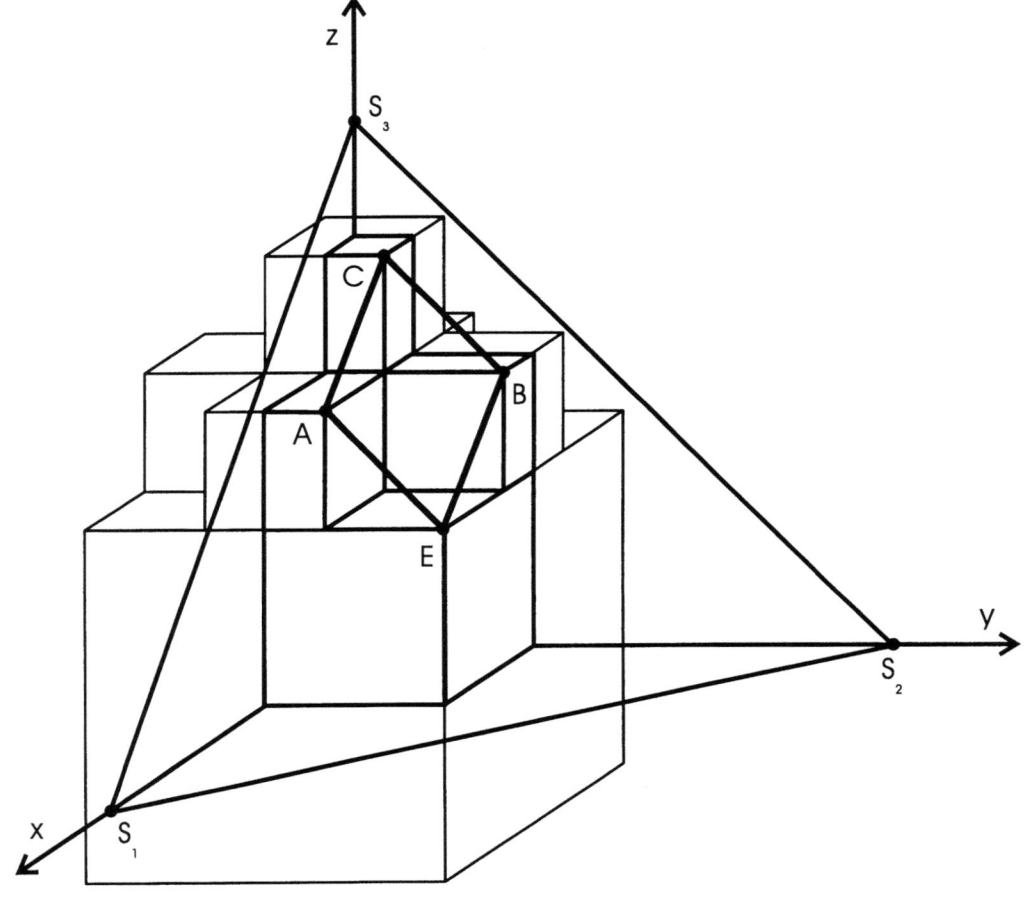

FIGUR III,30 Einbettung

Mit den Bezeichnungen von Figur III,30 spannen die drei Turmspitzen $S_1(\frac{3}{2}a, 0, 0)$, $S_2(0, \frac{3}{2}a, 0)$ und $S_3(0, 0, \frac{3}{2}a)$ eine Ebene $\mathcal{E}$ mit der Gleichung $x + y + z = \frac{3}{2}a$ auf.

(b) **Die erste Generation**

Innerhalb des gewählten Oktanten gibt es drei Würfel (oder Teile davon) aus der ersten Generation (Kante $\frac{1}{3}a$). Die Punkte $A(\frac{1}{2}a, \frac{1}{6}a, \frac{5}{6}a)$, $B(\frac{1}{6}a, \frac{1}{2}a, \frac{5}{6}a)$, $C(\frac{1}{6}a, \frac{1}{6}a, \frac{7}{6}a)$, $E(\frac{1}{2}a, \frac{1}{2}a, \frac{1}{2}a)$ bilden eine Raute mit Seitenlänge $\frac{1}{3}a\sqrt{2}$. Einsetzen der Koordinaten in die Gleichung von $\mathcal{E}$ zeigt, daß diese Raute in $\mathcal{E}$ liegt und zwar sogar innerhalb des Dreiecks (S_1, S_2, S_3). Alle anderen Ecken der Würfel liegen unter dem Dreiecksdeckel (S_1, S_2, S_3), innerhalb des Tetraeders $(0, S_1, S_2, S_3)$.

($E \in \mathcal{E}$ bedeutet, daß der Startwürfel dem Oktaeder einbeschrieben ist.)

(c) **Die zweite Generation**

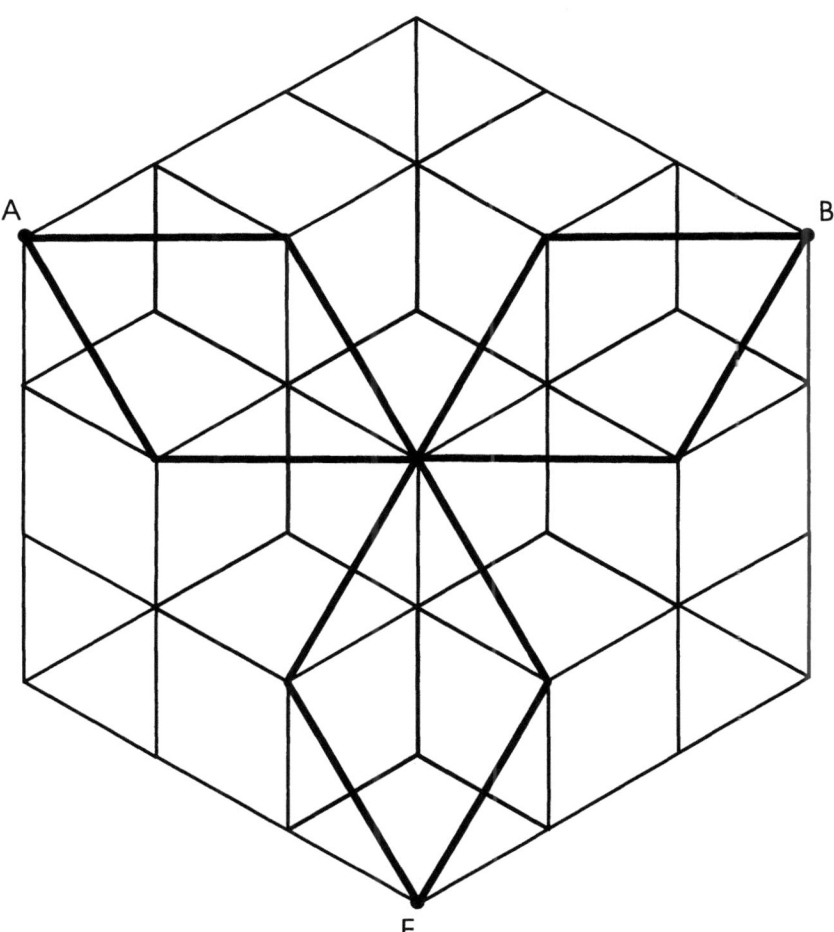

FIGUR III,31 Immer noch: Einbettung

Über jedem Quadrat (oder Halbquadrat) werden jetzt Kreuze (wie in 6.1) aufgesetzt. Wir betrachten zum Beispiel die von E, A, B aufgespannte "Ecke" (Figur III,31). In ihr brauchen wir drei Kreuze mit insgesamt 13 Würfeln (Kante $\frac{1}{9}a$). Genau wie in (b) erhalten wir je eine Raute in A, in B und in E (Figur III,31). Sie gehören dem Dreieck (S_1, S_2, S_3) an. Alle anderen Eckpunkte der "Ecke" liegen unter dem Deckel (S_1, S_2, S_3), innerhalb des Tetraeders $(0, S_1, S_2, S_3)$.

Dieses Ergebnis läßt sich entweder durch geometrische Betrachtungen oder aber durch die Berechnung der Abstände unserer Würfelecken von der Ebene $\mathcal{E}$ erhalten (im letzteren Fall ist die sogenannte Hesse-Normalform zu verwenden.)

Alle anderen Quadratkonfigurationen aus Abschnitt 6.3.1 – also neben der Ecke noch der freistehende Würfel, die Treppe und die Höhle – müssen auf die gleiche Art untersucht werden. Wir erhalten auch für sie dieselben Ergebnisse.

(d) **Weitere Iterationen**

Wir starten in Generation n mit allen in $\mathcal{E}$ gelegenen Ecken. Führen wir dann die Kreuzkonstruktion durch, so ergeben sich alle möglichen Quadratkonfigurationen. Mit (c) folgt, daß unser Dreieck (S_1, S_2, S_3) wieder ein Deckel für alle Ecken wird – sie liegen innerhalb des Tetraeders $(0, S_1, S_2, S_3)$.

Damit ist der Beweis abgeschlossen.

(e) **Eine Ergänzung, als Bestätigung**

Wir betrachten innerhalb des gewählten Oktanten das SG-Fraktal über dem "Deckelquadrat" des Startwürfels. Dieses Fraktal wird mit der (y, z)-Ebene geschnitten. Dann berechnen wir die Spitzen $(0, y^{(n)}, z^{(n)})$ der am meisten "außerhalb" gelegenen Türme (Figur III,32):

$y^{(1)} = \frac{1}{2}a - \frac{1}{2}a \quad\quad = 0$

$y^{(2)} = \frac{1}{2}a - \frac{1}{2}a \cdot \frac{1}{3} \quad\quad = \frac{1}{3}a$

$y^{(3)} = \frac{1}{2}a - \frac{1}{2}a \cdot \frac{1}{3^2} \quad\quad = \frac{4}{9}a$

$\vdots$

$y^{(n)} = \frac{1}{2}a - \frac{1}{2}a \cdot \frac{1}{3^n} \quad\quad = \frac{1}{2}a\frac{3^{n-1}-1}{3^{n-1}}$

$z^{(1)} = \frac{1}{2}a + a \quad\quad = \frac{3}{2}a$

$z^{(2)} = \frac{1}{2}a + \frac{1}{3}a + \frac{1}{3}a \quad\quad = \frac{7}{6}a$

$z^{(3)} = \frac{1}{2}a + \frac{1}{3}a + \frac{1}{3^2}a + \frac{1}{3^2}a \quad\quad = \frac{19}{18}a$

$\vdots$

$z^{(n)} = \frac{1}{2}a + (\frac{1}{3}a + \frac{1}{3^2}a + \ldots + \frac{1}{3^{n-1}}a) + \frac{1}{3^{n-1}}a = \frac{1}{2}a + \frac{1}{2}a(1 - \frac{1}{3^{n-1}}) + \frac{1}{3^{n-1}}a = \frac{1}{2}a\frac{2 \cdot 3^{n-1}+1}{3^{n-1}}$.

Für jede Spitze gilt $y^{(n)} + z^{(n)} = \frac{3}{2}a$. Die Spitzen der "äußersten" Türme liegen auf der Geraden mit der Gleichung $y + z = \frac{3}{2}a$ – das ist die Schnittgerade von $\mathcal{E}$ mit der (y, z)-Ebene. So ist unser Satz 6.8.2 in einem Spezialfall bestätigt.

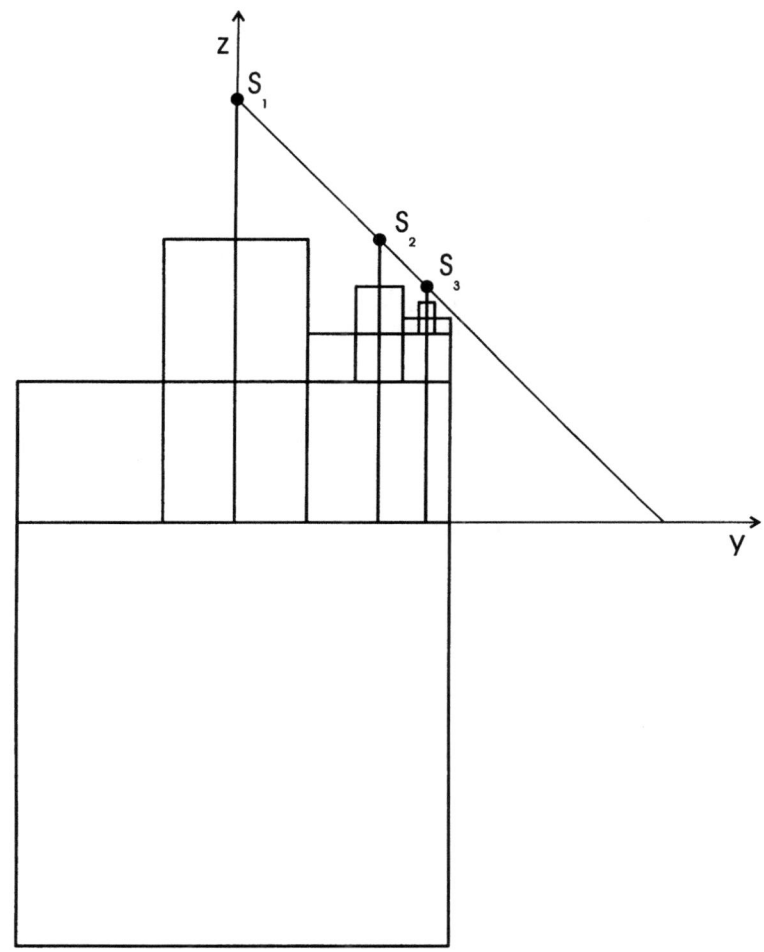

FIGUR III,32 Andere Türme

6.8.3 Ausfüllung

Satz

Das SG-Fraktal füllt das Grenzoktaeder nur zu etwa 97% aus.

Beweis:

Das Volumen $\frac{9}{2}a^3$ des Grenzoktaeders ist größer als das Volumen $\frac{585}{134}a^3$ des SG-Fraktals. Zusammen mit 6.8.2 bedeutet dies nur eine Teilausfüllung. Es ist leicht, den Prozentsatz zu berechnen.

Fazit zu Abschnitt 6:

Wir haben eine deutliche Verbesserung der Ausfüllung, nämlich von 71% über 86% nun zu 97%. Trotzdem ist das Würfelärgernis immer noch nicht vom Tisch.

Obwohl die Bedinungen I, II, IV aus Abschnitt 1 erfüllt sind, haben wir kein physiologisches Fraktal vor uns. Es scheitert erneut an III.

7 Weitere Ergebnisse, weitere Probleme

7.1 Ikosaeder- und Dodekaederfraktale

Durch "Herauswuchern" haben wir das T-Fraktal und das O-Fraktal erhalten. Es bietet sich an, dieses Verfahren auch bei anderen regulären Polyedern zu versuchen.

Die Seitenflächen des Dodekaeders sind reguläre 5-Ecke. Diese Polygone lassen sich nicht in zueinander kongruente, reguläre 5-Ecke zerlegen. Damit ist eine zu 2.1, 3.1, 4.1 analoge Konstruktion nicht möglich.

Dann aber müßte es mit dem Ikosaeder klappen — seine Seitenflächen sind ja reguläre Dreiecke, also zerlegbar. Schade — auch das geht nicht. Es ergeben sich nämlich häßliche Überlappungen.

7.2 Andere Wege, neue Erfolge

Inzwischen ist der Würfelskandal vom Tisch. Auf dem Umweg über den Mengerschwamm konnte ein spezielles physiologisches Flächenfraktal konstruiert werden. Es ist aus lauter Würfeln aufgebaut und besitzt als Grenzfläche einen Würfel.

Schließlich wurden physiologische Flächenfraktale gefunden, deren Grenzflächen die noch fehlenden vier regulären Polyeder sind. Im Falle des Tetraeders als Grenzfläche führte eine Plastik von Alan St.George zum Ziel.

Um den Rahmen des vorliegenden Buches nicht zu sprengen, verzichten wir auf die Wiedergabe all dieser Ergebnisse und vor allem auch deren Bedeutung in der Medizin (Lunge, Niere).

7.3 Fraktale im vierdimensionalen Raum $\mathbb{R}^4$

Würfelfraktale lassen sich — in völliger Analogie zu 2.1 — konstruieren und in allen Details berechnen.

Sowohl das reguläre Tetraeder im $\mathbb{R}^4$ als auch das reguläre Oktaeder ist von dreidimensionalen Tetraedern begrenzt. Weil letztere aber nicht in zueinander kongruente, dreidimensionale reguläre Tetraeder zerlegbar sind, muß auch hier unser Konstruktionverfahren aus 3.1 bzw. 4.1 scheitern.

Der Leser sollte nun versuchen, das Würfelfraktal in $\mathbb{R}^4$ zu berechnen und darüber hinaus völlig neue Verfahren zur Konstruktion von Flächenfraktalen — etwa Tetraeder- oder Oktaederfraktal — zu entwickeln.

Man muß es wirklich tun !

Kapitel IV
DIE BARNSLEY-MASCHINE

Michael Barnsley konstruierte eine merkwürdige Maschine. Es gibt sie in unserer Welt gar nicht. Sie existiert nur in den Köpfen der Mathematiker.

Am Beispiel des Sierpinski-Dreiecks (Figur IV,1) erläutern wir die Funktionsweise dieser fiktiven Maschine.

Eine kompakte Punktmenge A_0 (in der Figur ein ausgefülltes gleichseitiges Dreieck) wird eingegeben.

1. Arbeitsgang: Verkleinern

Die kompakte Punktmenge A_0 wird mit einer Ähnlichkeitsabbildung β verkleinert. Für den Verkleinerungsfaktor q gilt $0 \leq q < 1$. So entsteht die Punktmenge $\beta(A_0)$. In der Figur gilt $q = \frac{1}{2}$.

Wie das in unserer "black box" technisch vor sich geht, interessiert nicht. Man könnte sich — wie in jedem Projektionsapparat — ein System von Linsen vorstellen.

An dieser Stelle führen wir eine häufig verwendete Sprechweise ein.

Definition:

Eine Abbildung β heißt distanzkontrahierend, wenn es $q \in \mathbb{R}$, $0 \leq q < 1$ so gibt, daß für alle Punkte A, B gilt

$d(\beta(A), \beta(B)) \leq q\, d(A, B).$

Anders formuliert: Die Distanz zweier Bildpunkte ist stets kleiner als die der entsprechenden Originalpunkte.

Den Verkleinerungsfaktor q nennen wir konsequent auch den Kontraktionsfaktor.

Unsere Ähnlichkeitsabbildung β ist also in der neuen Sprechweise distanzkontrahierend mit Kontraktionsfaktor q.

2. Arbeitsgang: Kopieren und Anordnen

Die kontrahierte Punktmenge $\beta(A_0)$ wird nun N-mal (in der Figur $N = 3$) kopiert.

Jetzt ordnen wir in einem Plan, einer Collage, diese kongruenten Exemplare so an, daß sie – bis auf Randpunkte – paarweise disjunkt sind. So entsteht eine neue Punktmenge $A_1 = \bigcup_N \beta(A_0)$. Man schreibt auch $A_1 = \alpha(A_0)$. Jedem Punkt aus A_0 werden genau $N > 1$ Punkte aus A_1 zugeordnet. Deshalb handelt es sich bei α nicht um eine Abbildung (sonst müßte zu jedem Punkt A_0 genau einer von A_1 gehören). Wir sprechen vielmehr von einem Operator. Nach John E. Hutchinson nennen wir α den Hutchinson-Operator.

3. Arbeitsgang: Iterieren

Nach den ersten zwei Arbeitsgängen ist die Maschine eingestellt, sie ist programmiert. Nun wird iteriert (Rückkopplung, Rekursion), d. h. unsere Punktmenge A_1 wird jetzt eingegeben. So entsteht $A_2 = \alpha(A_1) = \alpha^2(A_0)$.

Auf diese Weise fahren wir fort: A_0, $A_1 = \alpha(A_0)$, $A_2 = \alpha(A_1) = \alpha^2(A_0), \ldots, A_n = \alpha^n(A_0)$.

Limesmenge (Attraktor): $\lim_{n \to \infty} \alpha^n(A_0) = A_\infty$. Die Existenz einer solchen Limesmenge bedarf noch eines Beweises.

Aus der Arbeitsweise unserer Machine folgt, daß die Limesmenge A_∞ im strengen Sinn selbstähnlich ist (in der Figur mit $N = 3$, $p = \frac{1}{q} = 2$).

Manchmal wird etwas umständlich auch von einer "Verkleinerungs-Kopier-Anordnungs-Maschine" gesprochen.

Mit der Maschine ist nichts Neues gewonnen, kein aufregendes Fraktal gefunden. Es handelt sich lediglich um eine einheitliche Interpretation, eine Neuformulierung bisher verwendeter Vorgänge.

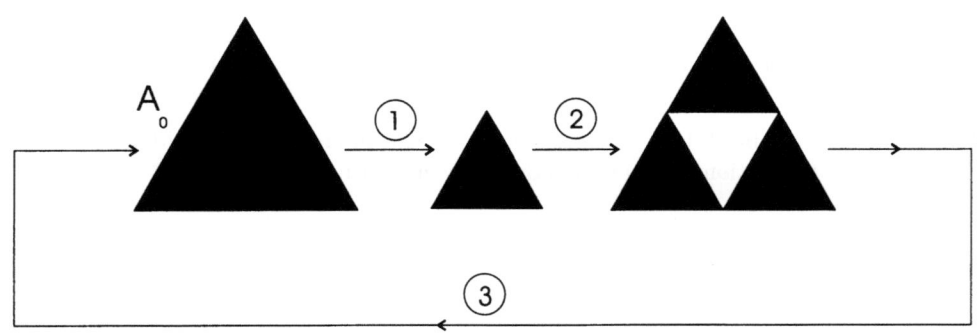

FIGUR IV,1 Die Maschine

Kapitel V

SELBSTÄHNLICHKEIT IM WEITEREN SINN

In diesem Kapitel soll der in II,1 eingeführte Begriff der Selbstähnlichkeit (im strengen Sinn) erweitert werden.

1 Definition

Gegeben sei eine kompakte Punktmenge G im $\mathbb{R}^2$ (allgemeiner im $\mathbb{R}^n$ oder noch allgemeiner in einem metrischen Raum). Sie werde in $N > 1$, bis auf Randpunkte paarweise disjunkte Teilmengen G_i, $i \in \{1, 2, ..., N\}$ zerlegt, also $G = \bigcup_{i=1}^{N} G_i$. Wenn es dann Ähnlichkeitsabbildungen γ_i mit $\gamma_i(G_i) = G$ gibt, dann heißt G selbstähnlich im weiteren Sinn. Die Ähnlichkeitsfaktoren seien p_i und es gelte $p_i > 1$.

Worin besteht eigentlich der Unterschied zur Definition II,1? Dort gab es eine einzige Ähnlichkeitsabbildung, und die Teilmengen G_i waren sogar paarweise kongruent. Jetzt dagegen existieren verschiedene Ähnlichkeitsabbildungen, also auch verschiedene Streckungsfaktoren und die Teilmengen G_i sind nicht kongruent.

2 Was sagt Barnsley dazu?

Es wird wieder eine kompakte Punktmenge A_0 in die Maschine eingegeben. Beim ersten Arbeitsgang entstehen durch Anwendung verschiedener Ähnlichkeitsabbildungen β_i (mehrere Linsensysteme) Verkleinerungen. Wir haben distanzkontrahierende Abbildungen mit den Kontraktionsfaktoren $q_i = \frac{1}{p_i}$, wobei $0 < q_i < 1$. Manchmal wird der maximale Faktor q verwendet: $q = \max\{q_1, q_2, ...\}$. Dann werden die erhaltenen Verkleinerungen N_i-mal kopiert und angeordnet. Schließlich setzt wieder die Iteration ein.

3 Beispiele

3.1 Koch-Kurve mit Variationen

Diese Kurve ist und bereits in II,7.3 begegnet.

Die dort entstehende Limesmenge ist selbstähnlich im weiteren Sinn. Denn für $N_1 = 2$ Teilmengen (die äußeren) benötigen wir Ähnlichkeitsabbildungen mit Faktor $p_1 = 4$ und für $N_2 = 2$ (die mittleren) den Faktor $p_2 = 2$. Es gilt $N = N_1 + N_2 = 4$.

3.2 Sierpinski-Dreieck mit Variationen

Wir betrachten die Figur zum Sierpinski-Dreieck. In das bei der ersten Iteration herausgewischte Dreieck der Seitenlänge $\frac{1}{2}a$ wird ein "ausgefülltes" Dreieck der Seitenlänge $\frac{1}{4}a$ eingesetzt und (gegenüber dem Startdreieck) auch noch um 36° gedreht.

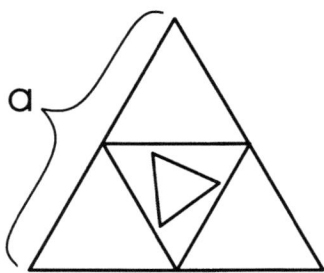

FIGUR V,1 Sierpinski mit Variationen

Auf jedes der vier Dreiecke — sie bilden den Initiator — wenden wir dieses Rezept wieder an und so fahren wir fort. Die Figur V,2 legt die Existenz einer Limesmenge nahe. Es handelt sich um Selbstähnlichkeit im weiteren Sinn mit $N_1 = 3$, $p_1 = 2$ und $N_2 = 1$, $p_2 = 4$. Weiter gilt $N = N_1 + N_2 = 4$.

FIGUR V,2 Sierpinski mit Variationen

3.3 Cantor-Staub mit Variationen

Wir starten mit dem Intervall [0, 1]. Dieses wird wie in I,1 in drei gleiche Teile geteilt und dann das mittlere offene intervall herausgewischt. Auch das stehenbleibende rechte Intervall $[\frac{2}{3}, 1]$ wird nun in drei gleiche Intervalle der Länge $\frac{1}{9}$ zerlegt und das mittlere offene Intervall wieder weggenommen. Es bleiben also lediglich die Intervalle $[0, \frac{1}{3}]$, $[\frac{2}{3}, \frac{7}{9}]$, $[\frac{8}{9}, 1]$ übrig. Damit haben wir die erste Iteration, den Initiator gefunden (Figur V,3). Fortgesetzte Anwendung dieses Verfahrens liefert eine im weiteren Sinn selbstähnliche Punktmenge mit $N_1 = 1$, $p_1 = 3$ und $N_2 = 2$, $p_2 = 9$. Es gilt $N = N_1 + N_2 = 3$.

FIGUR V,3 Cantor mit Variationen

4 Die Dimension

Die in II.3 eingeführte Definition d_S gilt nach Definition nur für Punktmengen, die im strengen Sinne selbstähnlich sind. Wir müssen uns also für die neuen Punkmengen etwas Neues, eine echte Dimensionserweiterung, einfallen lassen.

4.1 Eine Beobachtung

In II.3 hatten wir definiert $d_s = \frac{\ln N}{\ln p}$ oder $N = p^{d_s}$, also mit $q = \frac{1}{p} < 1$ weiter $N \cdot q^{d_s} = 1$.

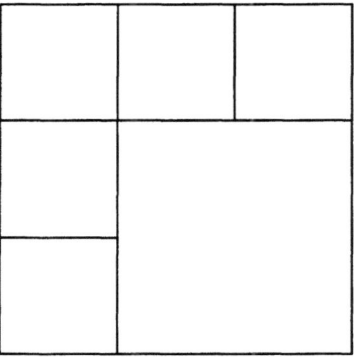

FIGUR V,4 Eine Beobachtung

Betrachten wir nun (Figur V,4) die folgende Zerlegung eines Quadrates in Teilquadrate. Die Figur ist selbstähnlich im weiteren Sinn mit

$N_1 = 5$, $p_1 = 3$, $q_1 = \frac{1}{3}$
$N_2 = 1$, $p_2 = \frac{3}{2}$, $q_2 = \frac{2}{3}$ ($p_2 \cdot \frac{2}{3} = 1$)

und $N = N_1 + N_2 = 6$.

Es gilt $N_1 q_1^2 + N_2 q_2^2 = 5 \cdot \left(\frac{1}{3}\right)^2 + 1 \cdot \left(\frac{2}{3}\right)^2 = 1$.

Nun zerlegen wir einen Würfel (Figur V,5) in Teilwürfel:

$N_1 = 56$, $p_1 = 4$, $q_1 = \frac{1}{4}$

$N_2 = 1$, $p_2 = 2$, $q_2 = \frac{1}{2}$

$N = N_1 + N_2 = 57$.

Jetzt erhalten wir

$N_1 q_1^3 + N_2 q_2^3 = 56 \cdot \left(\frac{1}{4}\right)^3 + 1 \cdot \left(\frac{1}{2}\right)^3 = 1$.

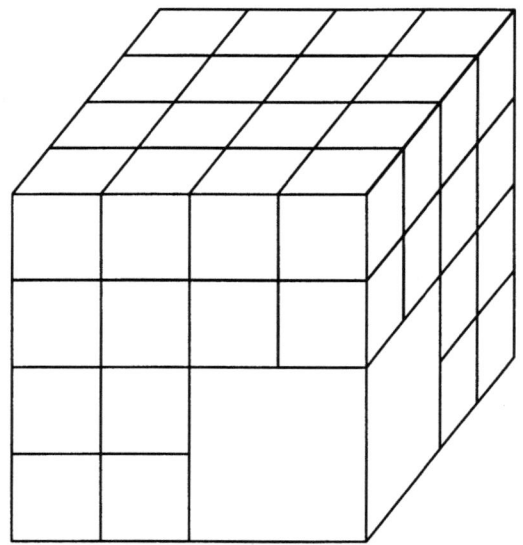

FIGUR V,5 Eine zweite Beobachtung

Das Ergebnis unserer beiden Beobachtungen:

Es gilt $\sum N_i \cdot (q_i)^d = 1$.

Dabei ist d die anschauliche, vertraute Dimension.

4.2 Eine neue Dimension

Im Anschluß an unsere Beobachtungen definieren wir jetzt ganz kühn:

Punktmengen G, die im weiteren Sinne selbstähnlich sind mit N_i und $p_i > 1$, sowie $N = \sum N_i$ besitzen die Dimension $\overline{d_s}$, wobei $\sum N_i \cdot (q_i)^{\overline{d_s}} = 1$.

4.3 Existenz von $\overline{d_s}$

Mit unserer Gleichung in 4.2 ist die Dimensionszahl $\overline{d_s}$ nur implizit festgelegt. Ist das eine echte Definition? Ist mit unserer Gleichung $\overline{d_s}$ wirklich auch eindeutig bestimmt?

Zur Beantwortung dieser Fragen schreiben wir anstelle von $\overline{d_s}$ jetzt x und dann weiter anstelle von $N_i \cdot (q_i)^x$ die einzelnen Summanden explizit

$$N_i \cdot (q_i)^x = \underbrace{(q_i)^x + (q_i)^x + \ldots + (q_i)^x}_{N_i \text{ Summanden}}$$

Mit dieser vereinfachenden Notation ergibt sich $\sum_{i=1}^{N} q_i^x = 1$.

Jetzt untersuchen wir eine Funktion, die scheinbar vom Himmel fällt:

$$F = \begin{cases} \mathbb{R}_0^+ \longrightarrow \mathbb{R}_0^+ \\ x \mapsto \sum_{i=1}^{N} q_i^x \end{cases}$$

Diese Funktion besitzt die folgenden Eigenschaften:

(a) $F(x)$ ist stetig (weil q_i^x stetig)

(b) $F(x) > 0$ (weil $x \in \mathbb{R}_0^+$ und $q_i > 0$)

(c) $\lim_{x \to \infty} F(x) = 0$ (weil $0 < q_i < 1$, also $\lim_{x \to \infty} q_i^x = 0$)

(d) $F(0) = N > 1$ (weil $q_i^0 = 1$)

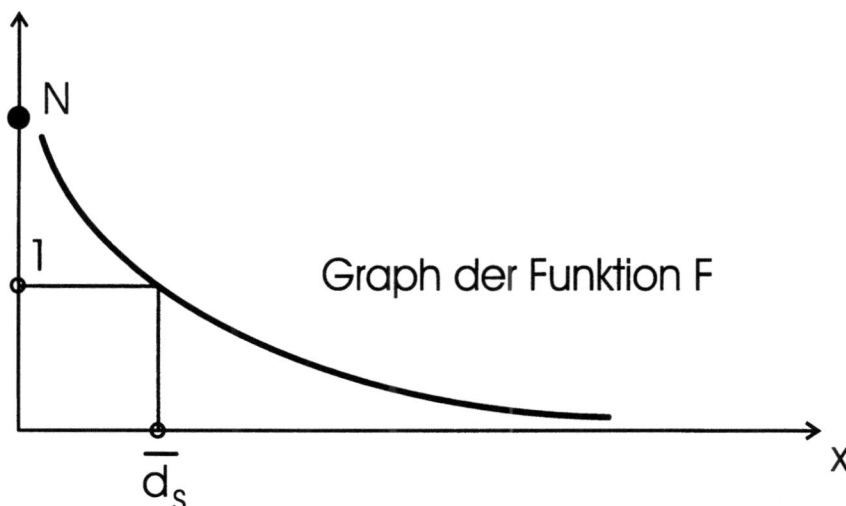

Graph der Funktion F

FIGUR V,6

Nun machen wir Gebrauch vom "Zwischenwertsatz" aus der Analysis. Er lautet:

Eine in einem Intervall stetige Funktion nimmt jeden Wert, der zwischen den Funktionswerten an den Intervallgrenzen liegt, mindestens einmal an.

Es wird also sozusagen kein Zwischenwert ausgelassen.

Im Hinblick auf unsere stetige Funktion F bedeutet dies, daß jeder Funktionswert zwichen $F(0) = N > 1$ und $F(\infty) = 0$ für $x \in \mathbb{R}_0^+$ mindestens einmal angenommen wird, also speziell auch der Wert 1.

(e) $F'(x) = \sum_{i=1}^{N} q_i^x \cdot \ln q_i < 0$ (es gilt $q_i^x > 0$ und wegen $0 < q_i < 1$ weiter $\ln q_i < 0$)

Die Funktion F ist also von 0 bis ∞ streng monoton fallend. Mit dem Vorigen bedeutet dies, daß der Wert 1 genau einmal angenommen wird. Mit unserer Gleichung $\sum_{i=1}^{N} N_i(q_i)^{\overline{d_S}} = 1$ ist also genau ein positiver Wert $\overline{d_S}$, die neue Dimension definiert. Damit ist der Existenzbeweis für $\overline{d_S}$ abgeschlossen. Die praktische Bestimmung von $\overline{d_S}$ bereitet allerdings oft erhebliche Schwierigkeiten und läßt sich dann nur numerisch bestimmen.

4.4 Der Verein der Dimensionen

Mit der Definition 4.2 wurde der Dimensionsbegriff erneut entscheidend erweitert. In den Verein der Dimensionen d und d_S wurden neue Mitglieder aufgenommen, nämlich die Dimensionen $\overline{d_S}$ (Figur V,7).

Was geschieht, wenn wir die neue Dimension auf eine Punktmenge anwenden, die im strengen Sinne (mit N, q, $p = \frac{1}{q}$) selbstähnlich ist? Wegen 4.2 gilt dann

$N \cdot q^{\overline{d_S}} = 1$ also $\overline{d_S} = -\frac{\ln N}{\ln q} = \frac{\ln N}{\ln p} = d_S$.

Genau wie d und d_S sind also auch die Dimensionen d_S und $\overline{d_S}$ verträglich (kompatibel). Die erneute Erweiterung des Dimensionsbegriffes erscheint also auch sinnvoll.

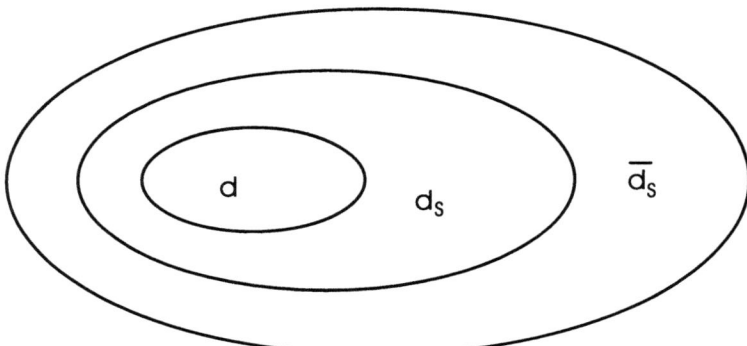

FIGUR V,7 Der Verein der Dimensionen

4.5 Die Dimension $\overline{d_S}$ für unsere drei Beispiele

4.5.1 Satz

Die Dimension der Koch-Kurve mit Variationen beträgt $\overline{d_s} = 1 - \dfrac{\ln(\sqrt{3} - 1)}{\ln 2}$.

Beweis:

Nach Definition 4.2 und den Angaben in 3.1 gilt für die Dimension $\overline{d_S} = x$

$2 \cdot \left(\frac{1}{4}\right)^x + 2 \cdot \left(\frac{1}{2}\right)^x = 1$. Mit $\left(\frac{1}{2}\right)^x = z$ folgt $z^2 + z = \frac{1}{2}$, also $z = \frac{(\overset{+}{-})\sqrt{3}-1}{2}$ und weiter $\left(\frac{1}{2}\right)^x = \frac{\sqrt{3}-1}{2}$. Das ergibt $-x \cdot \ln 2 = \ln(\sqrt{3}-1) - \ln 2$ und schließlich $x = 1 - \frac{\ln(\sqrt{3}-1)}{\ln 2} \sim 1.45$ (größer als ohne Variation).

4.5.2 Satz

Die Dimension des Sierpinski-Dreiecks mit Variationen beträgt $\overline{d_s} = 1 - \frac{\ln(\sqrt{13}-3)}{\ln 2}$.

Beweis:

Nach 4.2 und 3.2 gilt für die Dimension $\overline{d_s} = x$:

$3 \cdot \left(\frac{1}{2}\right)^x + 1 \cdot \left(\frac{1}{4}\right)^x = 1$. Mit $\left(\frac{1}{2}\right)^x = z$ folgt $z^2 + 3z = 1$, also $z = \frac{(\overset{+}{-})\sqrt{13}-3}{2}$ und weiter $\left(\frac{1}{2}\right)^x = \frac{\sqrt{13}-3}{2}$. Das ergibt $-x \cdot \ln 2 = \ln(\sqrt{13}-3) - \ln 2$ und schließlich $x = 1 - \frac{\ln(\sqrt{13}-3)}{\ln 2} \sim 1.72$ (wie zu erwarten größer als ohne Variation.)

4.5.3 Satz

Die Dimension des Cantor-Staubes mit Variation beträgt $\overline{d_s} = \frac{\ln 2}{\ln 3}$.

Beweis:

Nach 4.2 und 3.3 gilt für die gesuchte Dimension $\overline{d_s} = x$:

$1 \cdot \left(\frac{1}{3}\right)^x + 2 \cdot \left(\frac{1}{9}\right)^x = 1$. Mit $\left(\frac{1}{3}\right)^x = z$ weiter $z^2 + \frac{1}{2}z = \frac{1}{2}$, also $z = \frac{(\overset{+}{-})3-1}{4}$ und weiter $\left(\frac{1}{3}\right)^x = \frac{1}{2}$. Das ergibt $x = \frac{\ln 2}{\ln 3} \sim 0.63$ (überraschend genau derselbe Wert wie ohne Variation).

Wie gestaltet sich die Berechnung von $\overline{d_s}$, wenn wir bei der ersten Iteration – wie in Figur V,8 gezeigt – das rechte Drittel in 9 Teile zerlegen, 5 stehen lassen und auf diese Weise fortfahren? (Näherungsweise Berechnung der Lösungen einer Gleichung 3. Grades!)

FIGUR V,8 Cantor mit Variationen

Es ist eine schöne Aufgabe, nach weiteren Fraktalen zu suchen, die in erweitertem Sinn selbstähnlich sind, und deren (existierende) Dimension $\overline{d_s}$ "leicht" (d.h. ohne aufwendige Lösung schwieriger Gleichungen) zu bestimmen ist.

Kapitel VI
AUS DER SCHULGEOMETRIE

Motivation unseres Tuns:

In Kapitel IV hatten wir ein merkwürdiges Gerät beschrieben, die Barnsley-Maschine. Dabei wurde festgestellt, daß sie eigentlich gar nicht existiert. Jetzt soll sie jedoch zum Leben erweckt werden.

Wir wollen also eine gegebene Punktmenge, ein Bild wirklich verkleinern (ein-oder mehrmals). Im zweiten Arbeitsgang wird kopiert und angeordnet (collage). Dann erst erfolgt Iteration. Der Computer kann aber Bilder gar nicht lesen. Was also müssen wir ihm eingeben, was müssen wir ihm sagen?

Bei den geschilderten zwei Arbeitsgängen handelt es sich um Abbildungen. Diese lassen sich durch Gleichungen beschreiben. Mit den Daten aus dieser analytischen Darstellung einzelner Abbildungen wird der Computer gefüttert – das versteht er.

Um dies durchführen zu können, stellen wir jetzt die gängigen Abbildungen der euklidischen Ebene (auf sich) in einem (x_1, x_2)-Koordinatensystem analytisch dar. Auf Beweise wird dabei völlig verichtet. Wir teilen lediglich Fakten mit und verweisen auf einschlägige (sehr zahlreich vorhandene) Schulbuchliteratur hin.

1 Kongruenzabbildungen

1.1 Definition

$$\begin{cases} x'_1 = a_{11}x_1 + a_{12}x_2 + t_1 \\ x'_2 = a_{21}x_1 + a_{22}x_2 + t_2 \end{cases} , \quad \begin{pmatrix} x'_1 \\ x'_2 \end{pmatrix} = \begin{pmatrix} a_{11} & a_{12} \\ a_{21} & a_{22} \end{pmatrix} \begin{pmatrix} x_1 \\ x_2 \end{pmatrix} + \begin{pmatrix} t_1 \\ t_2 \end{pmatrix}$$

$$\vec{x}' = A\vec{x} + \vec{t}$$

Eine durch diese Gleichungen beschriebene Abbildung der euklidischen Ebene $\mathbb{R}^2$ auf sich heißt Kongruenzabbildung, wenn die Matrix A orthogonal ist.

Die Matrix A ist orthogonal, wenn gilt $a_{11}^2 + a_{12}^2 = a_{21}^2 + a_{22}^2 = 1$ und $a_{11}a_{21} + a_{12}a_{22} = 0$. Dann folgt $\det A = \pm 1$. Im Falle $\det A = +1$ läßt sich A stets in der Form

$$\begin{pmatrix} \cos\alpha & -\sin\alpha \\ \sin\alpha & \cos\alpha \end{pmatrix} \quad \text{(Drehmatrix)},$$

für det $A = -1$ in der Form
$$\begin{pmatrix} \cos\alpha & \sin\alpha \\ \sin\alpha & -\cos\alpha \end{pmatrix}$$
schreiben.

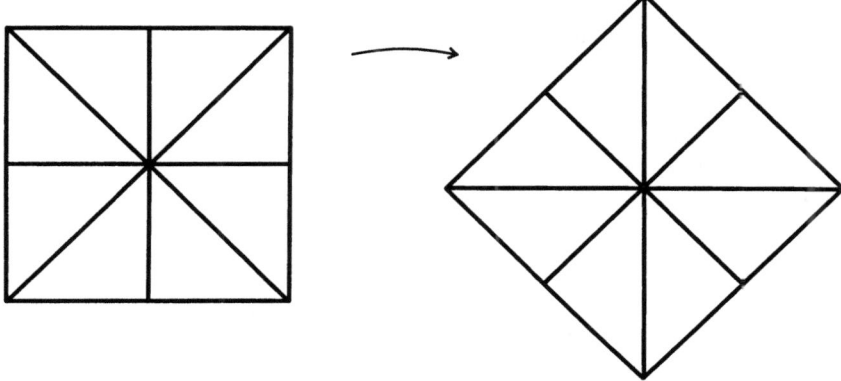

FIGUR VI,1 Kongruenzabbildung

1.2 Einige Eigenschaften

1.2.1 Invarianz

Kongruenzabbildungen lassen Längen-, Inhalts- und Winkelmaßzahlen unverändert. Parallelität von Geraden bleibt erhalten, ebenso das Teilverhältnis von Strecken und das Verhältnis von Flächenmaßzahlen (Figur VI,1).

1.2.2 Bestimmbarkeit

Eine Kongruenzabbildung ist eindeutig bestimmt durch zwei einander als Original und Bild zugeordnete (nicht entartete) Dreiecke die in den Maßzahlen entsprechender Winkel und Seiten übereinstimmen.

1.2.3 Nacheinanderausführung

Die Nacheinanderausführung (Verknüpfung, Verkettung) von Kongruenzabbildungen liefert wieder eine Kongruenzabbildung.

1.2.4 Gruppe

Die Menge K aller Kongruenzabbildungen bildet bei Verknüpfung eine Gruppe.

1.3 Klassifikation der Kongruenzabbildungen

Es gelte $E = \begin{pmatrix} 1 & 0 \\ 0 & 1 \end{pmatrix}$.

det $A = +1$

$A = E$ $\begin{cases} \vec{t} = \vec{0} & \text{identische Abbildung} \\ \vec{t} \neq \vec{0} & \text{Translation} \end{cases}$

$A \neq E$ $\begin{cases} \vec{t} = \vec{0} & \text{Drehung um den Ursprung } O \\ \vec{t} \neq \vec{0} & \text{Drehung um einen Punkt } M \neq O \end{cases}$

Genaueres zur Drechung:

$\vec{x}' = \begin{pmatrix} \cos\alpha & -\sin\alpha \\ \sin\alpha & \cos\alpha \end{pmatrix} \vec{x}$ Drehung um den Ursprung mit Drehwinkel α

det $A = -1$

$A \neq E$ $\begin{cases} \vec{t} = \vec{0} & \text{Spiegelung an Gerade } g \text{ mit } O \in g \\ \vec{t} \neq \vec{0},\ \vec{t} \perp \begin{pmatrix} \cos\frac{\alpha}{2} \\ \sin\frac{\alpha}{2} \end{pmatrix} & \text{Spiegelung an Gerade } g \text{ mit } O \notin g \\ \vec{t} \neq \vec{0},\ \vec{t} \not\perp \begin{pmatrix} \cos\frac{\alpha}{2} \\ \sin\frac{\alpha}{2} \end{pmatrix} & \text{Schubspiegelung} \end{cases}$

Genaueres zur Drehung:

$\vec{x}' = \begin{pmatrix} \cos\alpha & \sin\alpha \\ \sin\alpha & -\cos\alpha \end{pmatrix} \vec{x}$ Spiegelung an der Geraden $x_2 = \tan\frac{\alpha}{2}\, x_1$

1.4 Beispiele (Figur VI,2)

(a) $\begin{cases} x_1' = x_2 \\ x_2' = x_1 \end{cases}$, $A = \begin{pmatrix} 0 & 1 \\ 1 & 0 \end{pmatrix}$, $\det A = -1$

Spiegelung an der Winkelhalbierenden $x_2 = x_1$.

(b) $\begin{cases} x_1' = -x_2 \\ x_2' = x_1 \end{cases}$, $A = \begin{pmatrix} 0 & -1 \\ 1 & 0 \end{pmatrix}$, $\det A = +1$

Drehung um den Ursprung O, Drehwinkel $\alpha = 90°$.

(c) $\begin{cases} x_1' = \frac{1}{2}x_1 - \frac{1}{2}\sqrt{3}x_2 \\ x_2' = \frac{1}{2}\sqrt{3}x_1 + \frac{1}{2}x_2 \end{cases}$, $A = \begin{pmatrix} \frac{1}{2} & -\frac{1}{2}\sqrt{3} \\ \frac{1}{2}\sqrt{3} & \frac{1}{2} \end{pmatrix}$, $\det A = +1$

Drehung um den Ursprung O, Drehwinkel $\alpha = 60°$.

2 Ähnlichkeitsabbildungen

2.1 Definition

$\begin{pmatrix} x_1' \\ x_2' \end{pmatrix} = k \begin{pmatrix} a_{11} & a_{12} \\ a_{21} & a_{22} \end{pmatrix} \begin{pmatrix} x_1 \\ x_2 \end{pmatrix} + \begin{pmatrix} t_1 \\ t_2 \end{pmatrix}$

$\vec{x}' = kA\vec{x} + \vec{t}$

Eine durch diese Gleichungen beschriebene Abbildung der euklidischen Ebene $\mathbb{R}^2$ auf sich heißt Ähnlichkeitsabbildung, wenn die Matrix A orthogonal ist und weiter gilt $k \in \mathbb{R} \setminus \{0\}$.

Im Falle $k = \pm 1$ ergeben sich Kongruenzabbildungen. Für $k^2 \neq 1$ spricht man auch von echten Ähnlichkeitsabbildungen.

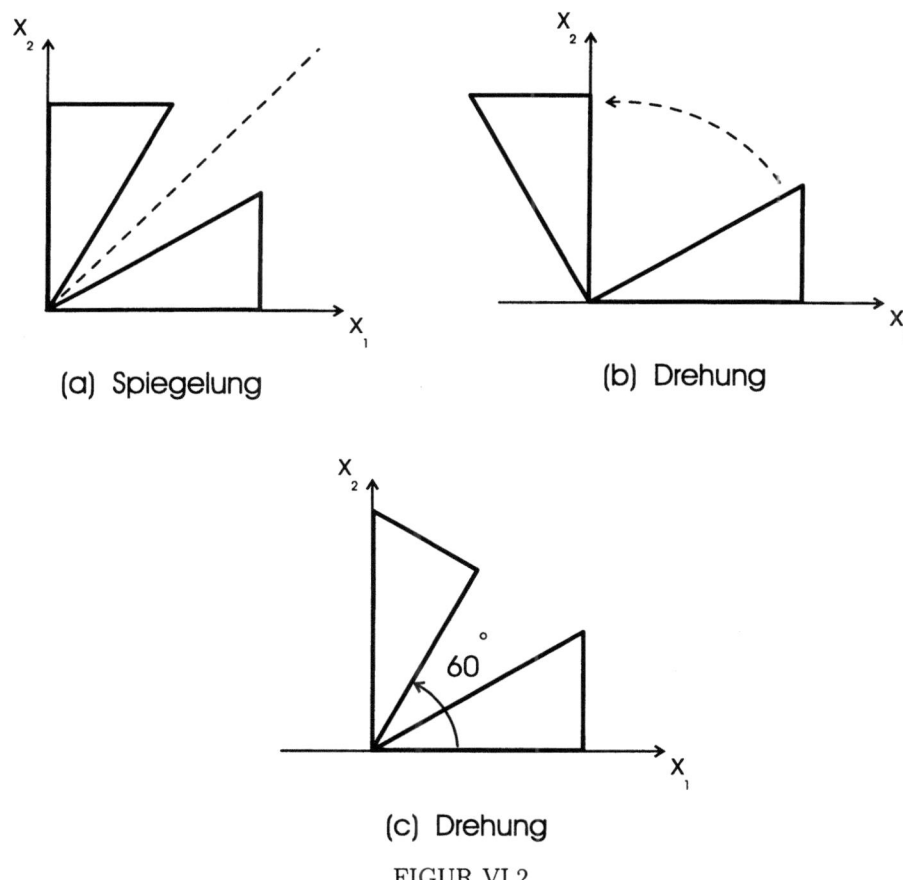

(a) Spiegelung (b) Drehung

(c) Drehung

FIGUR VI,2

2.2 Einige Eigenschaften

2.2.1 Invarianz

Ähnlichkeitsabbildungen lassen die Winkelmaßzahlen unverändert. Die Längenmaßzahlen multiplizieren sich mit $|k|$, die Inhaltsmaßzahlen mit k^2. Parallelität von Geraden bleibt erhalten, ebenso das Teilverhältnis von Strecken und das Verhältnis von Flächenmaßzahlen (Figur VI,3).

Falls $k^2 < 1$ ist, handelt es sich um distanzkontrahierende Abbildungen (Definition in Kapitel IV) mit Kontraktionsfaktor $q = |k|$.

2.2.2 Bestimmbarkeit

Eine Ähnlichkeitsabbildung ist eindeutig bestimmt durch zwei einander als Original und Bild zugeordnete (nicht entartete) Dreiecke die in den Maßzahlen entsprechender Winkel übereinstimmen.

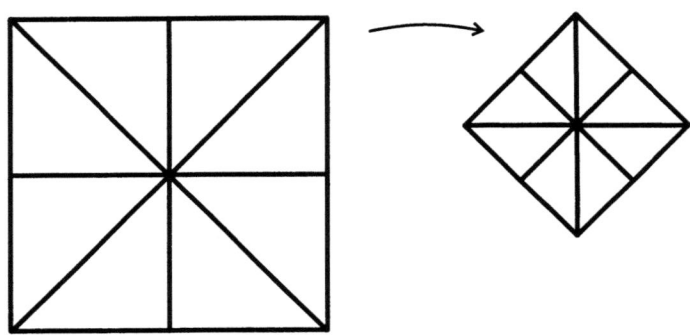

FIGUR VI,3 Echte Ähnlichkeitsabbildung

2.2.3 Nacheinanderausführung

Die Verknüpfung von Ähnlichkeitsabbildungen liefert wieder eine Ähnlichkeitsabbildung.

2.2.4 Gruppe

Die Menge $\tilde{A}$ aller Ähnlichkeitsabbildungen bildet bei Verknüpfung eine Gruppe.

Die Gruppe der Kongruenzabbildungen ist eine Untergruppe: $K \subset \tilde{A}$.

2.3 Klassifikation der echten Ähnlichkeitsabbildungen

$k^2 \neq 1$

det $A = +1$

$A = E$ $\begin{cases} \vec{t} = \vec{0} & \text{Zentrische Streckung mit dem Ursprung als Zentrum} \\ \vec{t} \neq \vec{0} & \text{Zentrische Streckung mit einem Zentrum } Z \neq 0 \end{cases}$

$A \neq E$ \qquad Drehstreckung

Drehung und Streckung nacheinander ausgeführt (unabhängig von der Reihenfolge), wobei der Drehpunkt mit dem Streckungszentrum zusammenfällt.

det $A = -1$

$A \neq E$ \qquad Streckspiegelung

Spiegelung und Streckung nacheinander ausgeführt (unabhängig von der Reihenfolge), wobei das Zentrum der Streckung auf der Spiegelachse liegt.

2.4 Beispiele (Figur VI,4)

(a) $\vec{x}' = 4 \begin{pmatrix} \frac{1}{2} & -\frac{1}{2}\sqrt{3} \\ \frac{1}{2}\sqrt{3} & \frac{1}{2} \end{pmatrix} \vec{x} = 4 \begin{pmatrix} \cos 60° & -\sin 60° \\ \sin 60° & \cos 60° \end{pmatrix} \vec{x}$

Drehung um den Ursprung, Drehwinkel 60°, sowie zentrische Streckung mit Zentrum O, Faktor $k = 4$. Drehstreckung.

(b) $\vec{x}' = 4 \begin{pmatrix} \frac{1}{2} & \frac{1}{2}\sqrt{3} \\ \frac{1}{2}\sqrt{3} & -\frac{1}{2} \end{pmatrix} \vec{x} = 4 \begin{pmatrix} \cos 60° & \sin 60° \\ \sin 60° & -\cos 60° \end{pmatrix} \vec{x}$

Spiegelung an der Geraden $x_2 = \tan 30° \, x_1 = \frac{1}{3}\sqrt{3}\, x_1$, sowie zentrische Streckung mit Zentrum O, Faktor $k = 4$. Streckspiegelung. (Die Spiegelachse ist Fixgerade!)

(c) $x'_1 = \frac{1}{2}x_1 - 3, \quad x'_2 = \frac{1}{2}x_2$

Zentrische Streckung mit Faktor $k = \frac{1}{2}$ und Zentrum $Z(-6, 0)$.

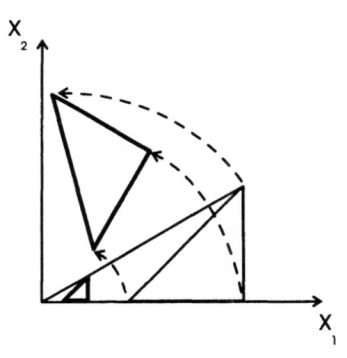
(a) Drehstreckung

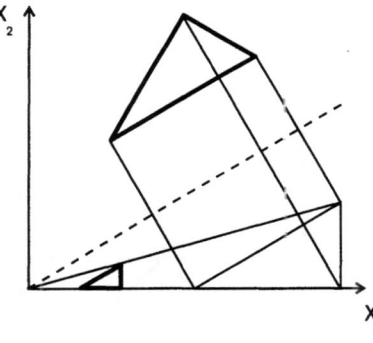
(b) Streckspiegelung

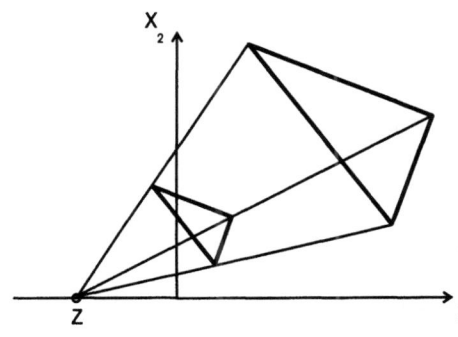
(c) Zentrische Streckung

FIGUR VI,4

3 Affine Abbildungen

3.1 Definition

$$\begin{pmatrix} x_1' \\ x_2' \end{pmatrix} = \begin{pmatrix} a_{11} & a_{12} \\ a_{21} & a_{22} \end{pmatrix} \begin{pmatrix} x_1 \\ x_2 \end{pmatrix} + \begin{pmatrix} t_1 \\ t_2 \end{pmatrix}$$

$$\vec{x}' = A\vec{x} + \vec{t}$$

Eine durch diese Gleichungen beschriebene Abbildung der euklidischen Ebene $\mathbb{R}^2$ auf sich heißt affine Abbildung.

Die bijektiven affinen Abbildungen bezeichnet man als Affinitäten. Für sie gilt det $A \neq 0$.

3.2 Einige Eigenschaften

3.2.1 Invarianz

Affinitäten erhalten die Parallelität von Geraden, das Teilverhältnis von Strecken und das Verhältnis von Flächenmaßzahlen. Die Winkel- und Längenmaßzahlen sind nicht invariant.

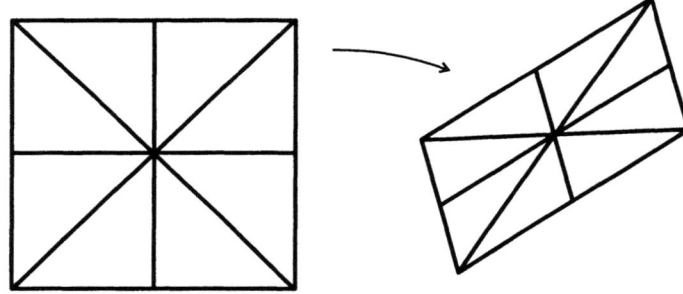

FIGUR VI,5 Affinität

3.2.2 Inhaltsmaßzahl

Ist F der Inhalt einer Originalfigur und F' der Inhalt der zugehörigen Bildfigur, dann gilt $F' = |\det A| \cdot F$.

Wir legen jetzt einen neuen Begriff fest.

Definition:

Eine Abbildung β heißt flächenkontrahierend, wenn es $q \in \mathbb{R}$, $0 \leq q < 1$ so gibt, daß für den Flächeninhalt F aller Figuren G gilt $F(\beta(G)) \leq q\, F(G)$.

Für $|\det A| < 1$ sind also unsere affinen Abbildungen flächenkontrahierend. Bei Ähnlichkeitsabbildungen gilt $|\det A| = k^2$. Sie sind demnach flächenkontrahierend, wenn $k^2 < 1$.

Bemerkung:

Allgemein gilt, daß jede distanzkontrahierende Abbildung auch flächenkontrahierend ist.

Die Umkehrung stimmt nicht. Es gibt Abbildungen die zwar flächenkontrahierend, nicht aber distanzkontrahierend sind.

Beispiel:

Die affine Abbildung $\beta : x_1' = \frac{3}{2}x_1,\ x_2' = \frac{1}{2}x_2$

ist jedenfalls flächenkontrahierend. Denn es gilt $\det A = \frac{3}{4} < 1$. Wir wenden die Abbildung β nun auf die Punkte $A(0,0)$, $B(2,0)$ an und erhalten $A'(0,0)$, $B'(3,0)$. Im ersten Fall ist die Distanz 2, im zweiten dagegen 3. Mit diesem Gegenbeispiel ist gezeigt, daß die Abbildung nicht distanzkontrahierend ist.

3.2.3 Bestimmbarkeit

Eine Affinität ist eindeutig bestimmt durch zwei einander als Original und Bild zugeordnete (nicht entartete) Dreiecke.

3.2.4 Nacheinanderausführung

Die Verknüpfung von Affinitäten liefert wieder eine Affinität.

3.2.5 Gruppe

Die Menge A aller Affinitäten bildet bei Verknüpfung eine Gruppe.

Die Gruppe der Ähnlichkeitsabbildungen ist Untergruppe: $\ddot{A} \subset A$.

3.3 Spezielle Affinitäten

Wir geben hier keine vollständige Klassifikation aller Affinitäten, nennen aber einige besonders interessante Klassen.

Affinitäten mit genau einer Fixpunktgeraden f heißen *perspektive Affinitäten* mit Achse f. Andere Fixpunkte als die auf f existieren dann nicht.

Originalpunkt P und Bildpunkt P' bestimmen eine Spurgerade. Alle Spurgeraden sind zueinander parallel.

Laufen die Spurgeraden parallel zu f, so sprechen wir von *Scherung*, tun sie das nicht von *Achsenaffinität*. Halbiert im letzten Fall die Achse die Strecke PP', so liegt eine *Affinspiegelung* vor.

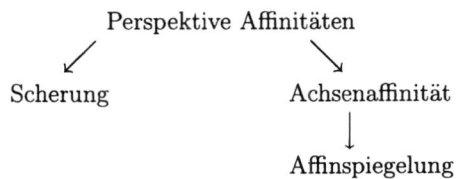

3.4 Beispiele (Figur VI,6)

(a) $\vec{x}' = \begin{pmatrix} 1 & 0 \\ 0 & 2 \end{pmatrix} \vec{x}$

Achsenaffinität mit der Achse $x_2 = 0$.

(b) $\vec{x}' = \begin{pmatrix} 1 & 2 \\ 0 & 1 \end{pmatrix} \vec{x}$

Scherung mit Achse $x_2 = 0$.

(c) $\vec{x}' = \begin{pmatrix} \frac{1}{3} & 0 \\ 0 & \frac{1}{4} \end{pmatrix} \vec{x}$

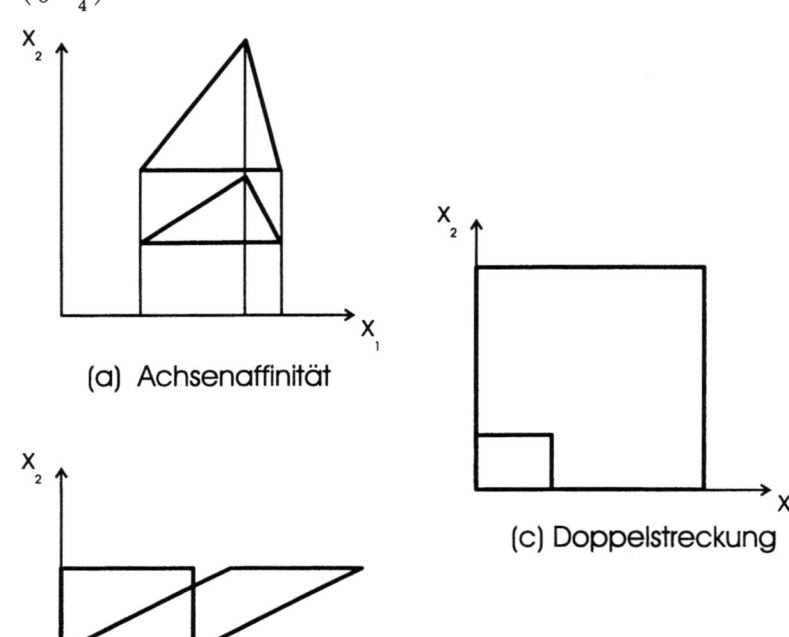

FIGUR VI,6

4 Ausblick

Felix Klein (1849-1925), Professor an der Universität Erlangen hat in seinem berühmten "Erlanger Programm" definiert, was Geometrie ist:

"Geometrie ist die Theorie der Invarianten gegenüber speziellen Abbildungsgruppen."

Damit haben wir jetzt drei Geometrien: Die Invarianten gegenüber der Gruppe K bilden die Kongruenzgeometrie, die gegenüber der Gruppe $\tilde{A}$ die Ähnlichkeitsgeometrie (oder auch Äquiformgeometrie) und schließlich die gegenüber der Gruppe A die Affingeometrie.

In der folgenden Tabelle sind nochmals die Invarianten (schwarze Felder) für die einzelnen Geometrien zusammengefasst.

Das Erlanger-Programm

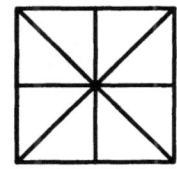

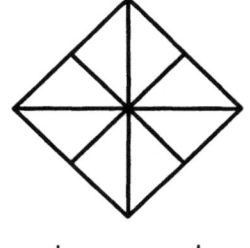
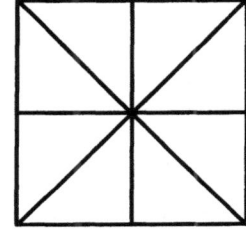
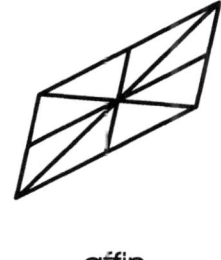

kongruent   äquiform   affin

Das Erlanger-Aquarium

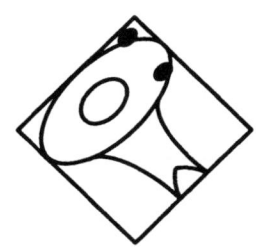
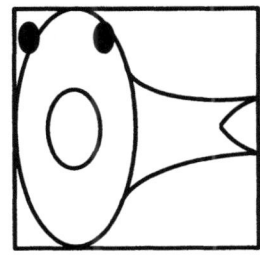

kongruent   äquiform   affin

FIGUR VI,7

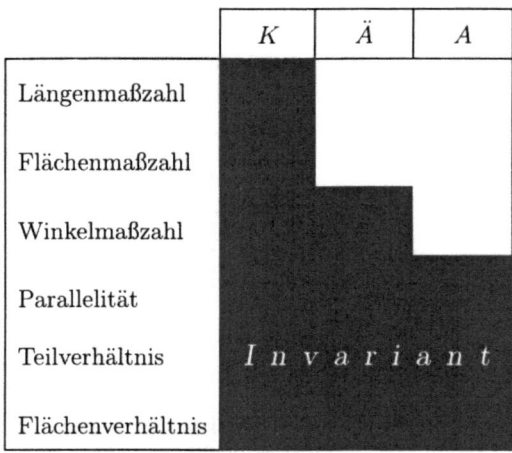

Figuren die durch Abbildungen der Gruppe K entstehen heißen zu einander kongruent. Kommen sie durch Abbildungen aus $\ddot{A}$ bzw. A zustande, so sprechen wir analog von ähnlichen bzw. von affinen Figuren. Figur VI,7 zeigt Figuren, die zu einem Ausgangsquadrat (mit Zwischenlinien) kongruent, ähnlich oder affin sind. Studenten bevorzugten eine Veranschaulichung mit Fischen, das "Erlanger Aquarium". Es überraschte, daß derart affin verformte Fische wirklich existieren.

Damit beschließen wir unseren kurzen Ausflug in die klassische Abbildungsgeometrie, wie wir sie aus der Schule kennen. Jetzt besitzen wir die Werkzeuge, um das am Anfang dieses Kapitels formulierte Problem der "Fütterung" des Computers zu lösen.

5 Das Sierpinski-Dreieck

Wir realisieren jetzt die Barnsley-Maschine im Falle des Sierpinski-Dreiecks.

Welche Abbildungen eines Startdreiecks A_0, Kantenlänge 1 müssen vorgenommen werden?

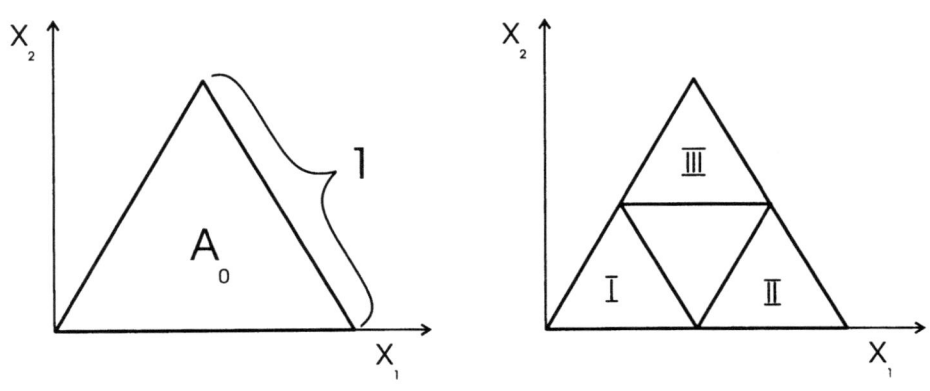

FIGUR VI,8

Erreichung des Dreiecks I in Figur VI,8:

I. $\beta_1:\ x_1' = \frac{1}{2}x_1,\ x_2' = \frac{1}{2}x_2$

Zentrische Streckung mit Zentrum O und Faktor $k = \frac{1}{2}$.

Das ist analytisch formuliert der erste Arbeitsgang der Barnsley-Maschine, die "Verkleinerung".

Erreichung des Dreiecks II:

II. $\beta_2:\ x_1' = \frac{1}{2}x_1 + \frac{1}{2},\ x_2' = \frac{1}{2}x_2$.

Zentrische Streckung mit Zentrum O und Faktor $k = \frac{1}{2}$. Darauf folgt eine Translation längs der x_1-Achse um $\frac{1}{2}$.

Erreichung des Dreiecks III:

III. $\beta_3:\ x_1' = \frac{1}{2}x_1 + \frac{1}{4},\ x_2' = \frac{1}{2}x_2 + \frac{1}{4}\sqrt{3}$

(Dabei ist $\frac{1}{4}\sqrt{3}$ die Höhe in einem der kleinen Dreiecke.)

Zentrische Streckung mit Zentrum O und Faktor $k = \frac{1}{2}$ Darauf folgt zunächst eine Translation längs der x_1-Achse um $\frac{1}{4}$ und dann eine zweite Translation längs der x_2-Achse um $\frac{1}{4}\sqrt{3}$. Damit sind auch die Arbeitsgänge "Kopieren und Anordnen" analytisch formuliert und der letzte Schritt, die "Iteration" kann beginnen.

Unter Verwendung des Hutchinson-Operators (Kapitel IV) können wir schreiben

$A_1 = \alpha(A_0) = \beta_1(A_0) \cup \beta_2(A_0) \cup \beta_3(A_0)$.

Definition:

Die drei distanzkontrahierenden Funktionen (Ähnlichkeitsabbildungen) β_1, β_2, β_3 bilden ein sogenanntes "iteriertes Funktionen System" - kurz ein IFS.

Wir schreiben IFS= $\{\beta_1,\ \beta_2,\ \beta_3\}$.

Definition:

In einer Tabelle werden für die einzelnen (affinen) Abbildungen die Konstanten a_{11}, a_{12}, a_{21}, a_{22}, t_1, t_2 angegeben.

Diese Tabelle bezeichnet man als IFS-Code.

	a_{11}	a_{12}	a_{21}	a_{22}	t_1	t_2
β_1	$\frac{1}{2}$	0	0	$\frac{1}{2}$	0	0
β_2	$\frac{1}{2}$	0	0	$\frac{1}{2}$	$\frac{1}{2}$	0
β_3	$\frac{1}{2}$	0	0	$\frac{1}{2}$	$\frac{1}{4}$	$\frac{1}{4}\sqrt{3}$

Wir fassen zusammen!

Zur Gewinnung des Sierpinski-Dreiecks müssen wir in den Computer die drei Funktionen β_1, β_2, β_3 eingeben. Dies geschieht mit den $3 \cdot 6 = 18$ charakteristischen Konstanten a_{11},

a_{12}, a_{21}, a_{22}, t_1, t_2. Dann erst beginnt das Iterieren. Der Computer kann arbeiten er ist programmiert. Jede Ausgabe (output) wird als Eingabe (input) verwendet.

6 Die Koch-Kurve

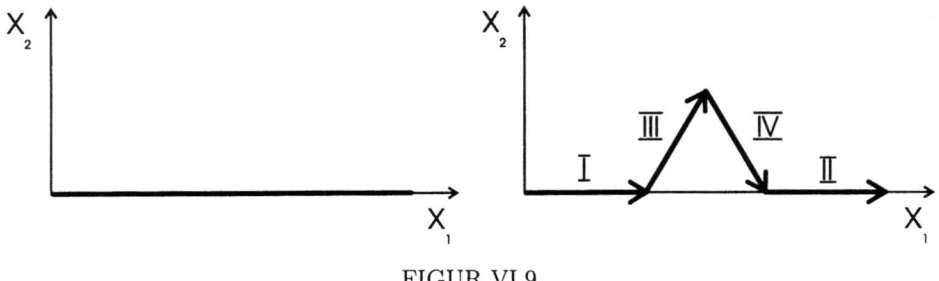

FIGUR VI,9

Nun wollen wir auch die Koch-Kurve mit der Barnsley-Maschine erzeugen.

Die Startstrecke habe die Länge 1. Figur VI,9 zeigt in der ersten Generation die Teilstrecken I, II, III, IV. Sie sind jeweils mit Pfeilen versehen um deutlich zu machen, daß die Koch-Kurve in einer Richtung durchlaufen wird.

Durch welche Abbildungen werden die vier Teilstrecken erreicht

Erreichung der Strecke I: I. β_1 : $x_1' = \frac{1}{3}x_1$, $x_2' = \frac{1}{3}x_2$

Zentrische Streckung mit Zentrum O und Faktor $k = \frac{1}{3}$ (mit $x_2 = 0$ gilt $x_2' = 0$).

Erreichung der Strecke II:

II. β_2 : $x_1' = \frac{1}{3}x_1 + \frac{2}{3}$, $x_2' = \frac{1}{3}x_2$

Zentrische Streckung mit Zentrum O und Faktor $k = \frac{1}{3}$. Darauf folgt eine Translation längs der x_1-Achse um $\frac{2}{3}$.

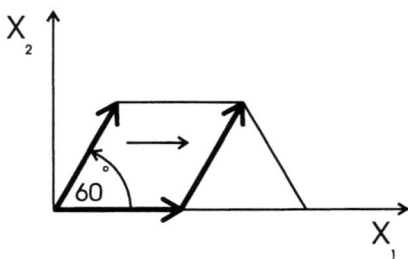

FIGUR VI,10

Erreichung der Strecke III:

Figur VI,10 zeigt die einzelnen Schritte.

Verkleinerung: $x'_1 = \frac{1}{3}x_1$, $x'_2 = \frac{1}{3}x_2$.

Jetzt wird gedreht. Drehpunkt O, Drehwinkel $\alpha = +60°$.

Mit 1.4 (c) haben wir insgesamt eine Drehstrekung:

$$\vec{x}' = \frac{1}{3}\begin{pmatrix} \cos 60° & -\sin 60° \\ \sin 60° & \cos 60° \end{pmatrix}\vec{x} = \frac{1}{3}\begin{pmatrix} \frac{1}{2} & -\frac{1}{2}\sqrt{3} \\ \frac{1}{2}\sqrt{3} & \frac{1}{2} \end{pmatrix}\vec{x}$$

Schließlich erfolgt noch eine Translation längs der x_1-Achse um $\frac{1}{3}$.

Alles zusammengenommen ergibt das

III. β_3 : $x'_1 = \frac{1}{6}x_1 - \frac{1}{6}\sqrt{3}x_2 + \frac{1}{3}$, $x'_2 = \frac{1}{6}\sqrt{3}x_1 + \frac{1}{6}x_2$

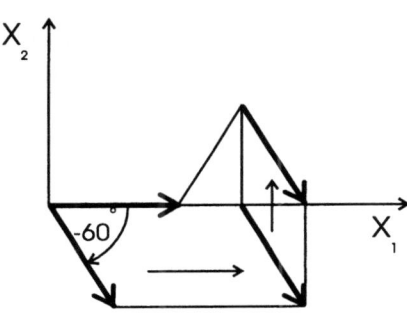

FIGUR VI,11

Erreichung der Strecke IV:

Verkleinerung: $x'_1 = \frac{1}{3}x_1$, $x'_2 = \frac{1}{3}x_2$

Jetzt wird wieder gedreht. Drehpunkt O, Drehwinkel $\alpha = -60°$. Mit 1.4 (c) erhalten wir die Drehstreckung.

$$\vec{x}' = \frac{1}{3}\begin{pmatrix} \cos(-60°) & -\sin(-60°) \\ \sin(-60°) & \cos(-60°) \end{pmatrix}\vec{x} = \frac{1}{3}\begin{pmatrix} \frac{1}{2} & \frac{1}{2}\sqrt{3} \\ -\frac{1}{2}\sqrt{3} & \frac{1}{2} \end{pmatrix}\vec{x}$$

Schließlich erfolgt noch eine Translation längs der x_1-Achse um $\frac{1}{2}$ und längs der x_2-Achse um $\frac{1}{6}\sqrt{3}$. Alles zusammengenommen ergibt das

IV. β_4 : $x'_1 = \frac{1}{6}x_1 + \frac{1}{6}\sqrt{3}x_2 + \frac{1}{2}$, $x'_2 = -\frac{1}{6}\sqrt{3}x_1 + \frac{1}{6}x_2 + \frac{1}{6}\sqrt{3}$

Bemerkung:

Die folgende Abbildung würde nicht zum Ziel führen: Verkleinerung wie bei I, Drehung mit Drehpunkt O und Drehwinkel $\alpha = 120°$, Translation längs der x_1-Achse um $\frac{2}{3}$.

Der Pfeil III hätte dann die falsche Richtung.

Alle vier Funktionen sind distanzkontrahierend.

IFS= $\{\beta_1, \beta_2, \beta_3, \beta_4\}$.

IFS-Code:

	a_{11}	a_{12}	a_{21}	a_{22}	t_1	t_2
β_1	$\frac{1}{3}$	0	0	$\frac{1}{3}$	0	0
β_2	$\frac{1}{3}$	0	0	$\frac{1}{3}$	$\frac{2}{3}$	0
β_3	$\frac{1}{6}$	$-\frac{1}{6}\sqrt{3}$	$\frac{1}{6}\sqrt{3}$	$\frac{1}{6}$	$\frac{1}{3}$	0
β_4	$\frac{1}{6}$	$\frac{1}{6}\sqrt{3}$	$-\frac{1}{6}\sqrt{3}$	$\frac{1}{6}$	$\frac{1}{2}$	$\frac{1}{6}\sqrt{3}$

Die Koch-Kurve läßt sich also erzeugen durch Eingabe von nur $4 \cdot 6 = 24$ charakteristischen Größen.

Mit dem Kapitel VI haben wir zwei Fraktale mit Hilfe von Ähnlichkeitsabbildungen beschrieben, wir haben sie codiert. Die Information Sierpinski-Dreieck bzw. Koch-Kurve wurde auf wenige charakteristische Zahlen reduziert. Man spricht auch von einer Bildkompression. Damit ist ein erster Schritt zur Analyse von Bildern getan.

Kapitel VII

SELBSTAFFINITÄT

1 Definition

Es liegt nahe, unsere Definitionen II,1 und V,1 erneut zu erweitern. Das Wort "ähnlich" wird einfach durch "affin" ersetzt.

Gegeben sei eine kompakte Punktmenge G im $\mathbb{R}$ (allgemeiner im $\mathbb{R}^n$ oder noch allgemeiner in einem metrischen Raum). Sie werde in $N > 1$, bis auf Randpunkte paarweise disjunkte Teilmengen G_i zerlegt, also $G = \bigcup_{i=1}^{N} G_i$. Wenn es dann für alle $i \in \{1, 2, ..., N\}$ affine Abbildungen γ_i mit $\gamma_i(G_i) = G$ gibt, dann heißt G selbstaffin.

Das Wort affin schließt sowohl den Fall V,1, also auch II,1 mit ein. Will man keine Ähnlichkeitsabbildungen zulassen, so muß echt affin geschrieben werden.

Wir verwenden lediglich distanzkontrahierende bzw. flächenkontrahierende Affinitäten.

2 Die Maschine

Abgesehen von der Verwendung affiner Abbildungen — anstelle von Ähnlichkeitsabbildungen — läuft alles wie gehabt.

3 Zur Dimension

Die Dimensionen d_s, $\overline{d_s}$ sind im echt affinen Fall nicht mehr brauchbar. In unseren Dimensionsverein müssen völlig neue Mitglieder aufgenommen werden. Doch das ist ein anderes Kapitel. Wir wenden uns jetzt Beispielen zu.

4 Der Flächenteppich

4.1 Eingabe, erster Arbeitsgang

Ein (ausgefülltes oder nicht ausgefülltes) Quadrat A_0 wird eingegeben.

Dieses Quadrat verkleinern wir mit der folgenden Affinität:

$\beta_1: \ x_1' = \tfrac{1}{3}x_1, \ x_2' = \tfrac{1}{4}x_2, \ A = \begin{pmatrix} \tfrac{1}{3} & 0 \\ 0 & \tfrac{1}{4} \end{pmatrix}, \ \det A = \tfrac{1}{12} < 1.$

Nach VI,3.2.2 ist die Abbildungen also flächenkontrahierend. Sie erweist sich aber auch als distanzkontrahierend. Wie beweisen das!

$A(a_1, a_2), \ B(b_1, b_2), \ A \neq B$

$d(A, B) = \sqrt{(a_1 - b_1)^2 + (a_2 - b_2)^2}$

$A'(\tfrac{1}{3}a_1, \tfrac{1}{3}a_2), \ B'(\tfrac{1}{3}b_1, \tfrac{1}{3}b_2)$

$d(A', B') = \sqrt{(\tfrac{1}{3}a_1 - \tfrac{1}{3}b_1)^2 + (\tfrac{1}{4}a_2 - \tfrac{1}{4}b_2)^2} =$

$= \sqrt{\tfrac{1}{9}(a_1 - b_1)^2 + \tfrac{1}{16}(a_2 - b_2)^2} < d(A, B).$

Aus dem Quadrat der Seitenlänge 1 wird ein Rechteck mit den Seiten $\tfrac{1}{3}$ und $\tfrac{1}{4}$ (Figur VII, 1).

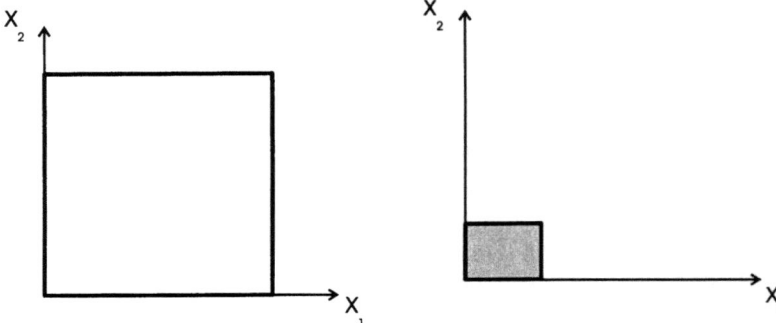

FIGUR VII,1 Flächenteppich, erster Arbeitsgang

4.2 Zweiter Arbeitsgang, anschaulich

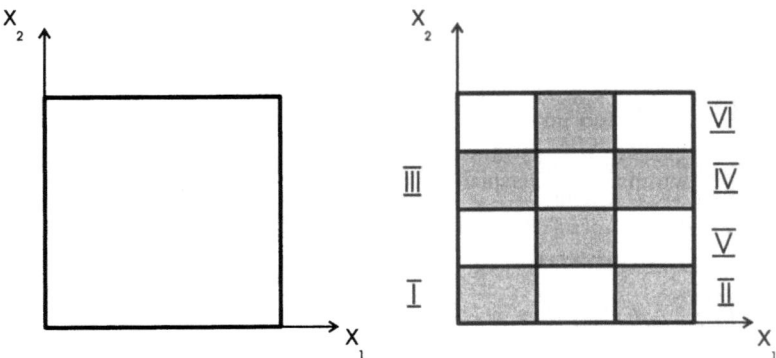

FIGUR VII,2 Flächenteppich, zweiter Arbeitsgang

Wir erzeugen durch Kopieren insgesamt 6 Exemplare unseres kleinen Rechtecks und ordnen diese dann wie aus Figur VII,2 ersichtlich an. Der Computer kann dieses Bildchen aber nicht lesen, wir müssen es in die analytische Sprache für Abbildungen übersetzen.

4.3 Zweiter Arbeitsgang, analytisch

Ohne Kommentar geben wir die noch fehlenden Abbildungsgleichungen an.

$II.\ \beta_2:\ x_1' = \frac{1}{3}x_1 + \frac{2}{3},\ x_2' = \frac{1}{4}x_2$

$III.\ \beta_3:\ x_1' = \frac{1}{3}x_1,\ x_2' = \frac{1}{4}x_2 + \frac{1}{2}$

$IV.\ \beta_4:\ x_1' = \frac{1}{3}x_1 + \frac{2}{3},\ x_2' = \frac{1}{4}x_2 + \frac{1}{2}$

$V.\ \beta_5:\ x_1' = \frac{1}{3}x_1 + \frac{1}{3},\ x_2' = \frac{1}{4}x_2 + \frac{1}{4}$

$VI.\ \beta_6:\ x_1' = \frac{1}{3}x_1 + \frac{1}{3},\ x_2' = \frac{1}{4}x_2 + \frac{3}{4}$

Anschließend an β_1 werden nur verschiedene Translationen, also Kongruenzabbildungen vorgenommen. Flächenmaßzahlen und Distanzen ändern sich dabei nicht. Wir haben es also durchweg mit flächen- und distanzkontrahierenden Abbildungen zu tun.

FIGUR VII,3 Der Flächenteppich

IFS= $\{\beta_1,\ \beta_2,\ \beta_3,\ \beta_4,\ \beta_5,\ \beta_6\}$.

IFS-Code:

	a_{11}	a_{12}	a_{21}	a_{22}	t_1	t_2
β_1	$\frac{1}{3}$	0	0	$\frac{1}{4}$	0	0
β_2	$\frac{1}{3}$	0	0	$\frac{1}{4}$	$\frac{2}{3}$	0
β_3	$\frac{1}{3}$	0	0	$\frac{1}{4}$	0	$\frac{1}{2}$
β_4	$\frac{1}{3}$	0	0	$\frac{1}{4}$	$\frac{2}{3}$	$\frac{1}{2}$
β_5	$\frac{1}{3}$	0	0	$\frac{1}{4}$	$\frac{1}{3}$	$\frac{1}{4}$
β_6	$\frac{1}{3}$	0	0	$\frac{1}{4}$	$\frac{1}{3}$	$\frac{3}{4}$

4.4 Dritter Arbeitsgang

Die Durchführung einiger Iterationen am Computer (Figur VII,3) legt die Existenz einer Limesmenge nahe.

5 Das Cantor-Labyrinth

5.1 Eingabe, erster Arbeitsgang

Ein (ausgefülltes oder nicht ausgefülltes) Quadrat A_0 wird eingegeben.

Dieses Quadrat verkleinern wir mit den folgenden Abbildungen.

$x'_1 = \frac{1}{3}x_1, \quad x'_2 = \frac{1}{3}x_2$

Zentrische Streckung. Zentrum O, Faktor $k = \frac{1}{3}$. Aus dem großen Quadrat A_0 mit der Seitenlänge 1 wird eines mit der Seitenlänge $\frac{1}{3}$. Die Abbildung ist distanz- und flächenkontrahierend.

$A = \begin{pmatrix} \frac{1}{3} & 0 \\ 0 & \frac{1}{3} \end{pmatrix}$, $\det A = \frac{1}{9} < 1$, flächenkontrahierend.

$A(a_1, a_2), \ B(b_1, b_2), \ d(A, B) = \sqrt{(a_1 - b_1)^2 + (a_2 - b_2)^2}$

$A'(\frac{1}{3}a_1, \frac{1}{3}a_2), \ B'(\frac{1}{3}b_1, \frac{1}{3}b_2), \ d(A', B') = \frac{1}{3}d(A, B) < d(A, B)$, distanzkontrahierend.

$x'_1 = x_1, \quad x'_2 = \frac{1}{3}x_2$

Affinität. Aus dem großen Quadrat A_0 mit der Seitenlänge 1 wird ein Rechteck mit den Seitenlängen 1 und $\frac{1}{3}$. Diese Abbildung ist wegen $\det A = \frac{1}{3} < 1$ flächenkontrahierend. Sie erweist sich aber als nicht distanzkontrahierend:

$A(2,3), \ B(2,6), \ d(A,B) = 3$

$A'(2,1), \ B'(2,2), \ d(A',B') = 1$.

5.2 Zweiter Arbeitsgang, anschaulich

Vom Rechteck erzeugen wir zwei Exemplare, von dem kleinen Quadrat genügt eines. Die Anordnung erfolgt wie aus Figur VII,4 ersichtlich.

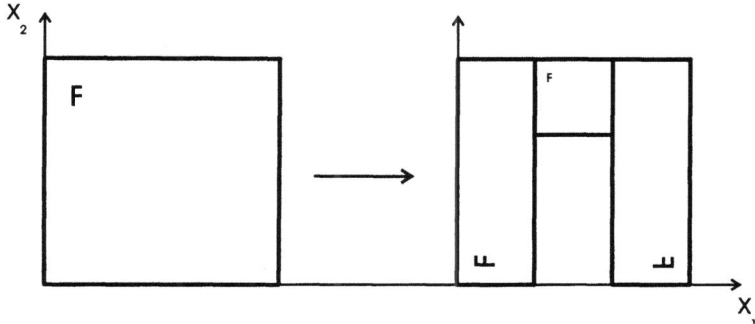

FIGUR VII,4 Cantor-Labyrinth, zweiter Arbeitsgang

Dieses Bild kann der Computer wieder nicht lesen.

5.3 Zweiter Arbeitsgang, analytisch

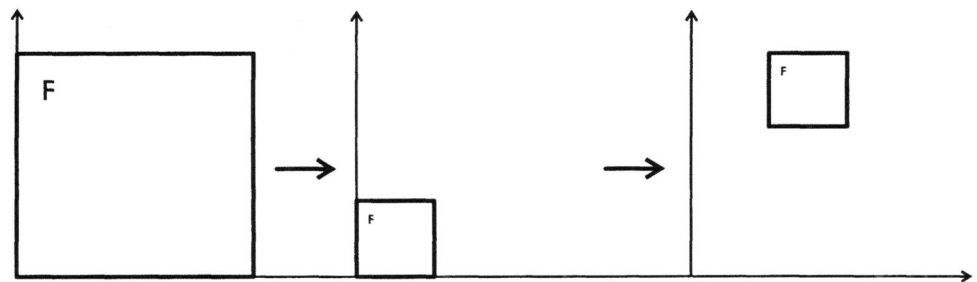

FIGUR VII,5 Cantor-Labyrinth, Abbildung β_1

Die Abbildung β_1 (Figur VII,5):

Zentrische Streckung: $x'_1 = \frac{1}{3}x_1$, $x'_2 = \frac{1}{3}x_2$

Translation in Richtung der x_1-Achse um $\frac{1}{3}$ und in Richtung der x_2-Achse um $\frac{2}{3}$:

$x''_1 = x'_1 + \frac{1}{3}$, $x''_2 = x'_2 + \frac{2}{3}$

Verknüpfung dieser beiden Abbildungen liefert

β_1 : $x''_1 = x'_1 + \frac{1}{3} = \frac{1}{3}x_1 + \frac{1}{3}$, $x''_2 = x'_2 + \frac{2}{3} = \frac{1}{3}x_2 + \frac{2}{3}$

Die Abbildung β_2 (Figur VII,6):

Affinität: $x'_1 = x_1$, $x'_2 = \frac{1}{3}x_2$

Drehung: Drehwinkel 90°, Drehpunkt O: $x''_1 = -x'_2$, $x''_2 = x'_1$

Translation längs x_1-Achse um $\frac{1}{3}$: $x'''_1 = x''_1 + \frac{1}{3}$, $x'''_2 = x''_2$

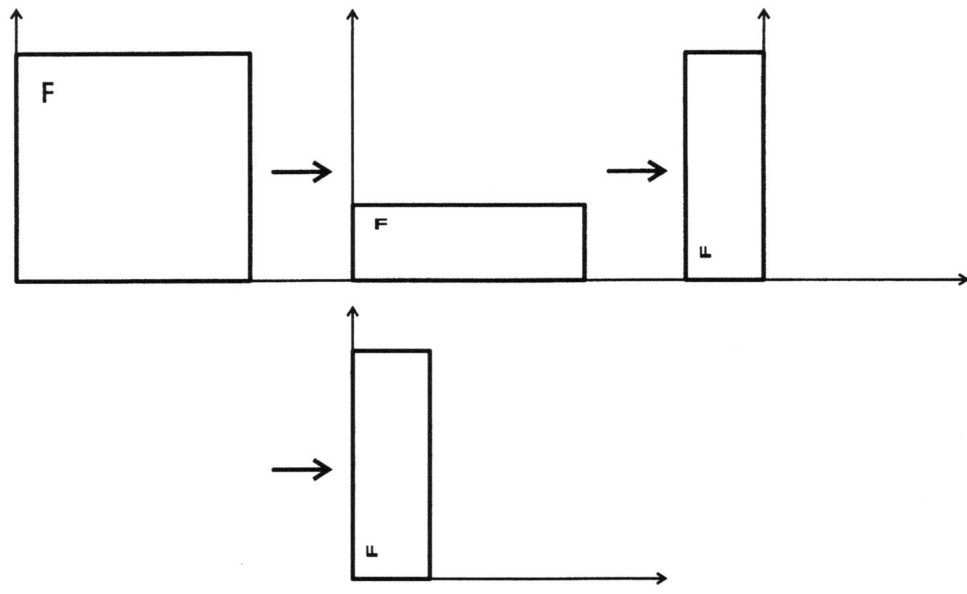

FIGUR VII,6 Cantor-Labyrinth, Abbildung β_2

Verknüpfung dieser drei Abbildungen liefert

$\beta_2 : \ x_1''' = x_1'' + \frac{1}{3} = -x_2' + \frac{1}{3} = -\frac{1}{3}x_2 + \frac{1}{3}, \ x_2''' = x_2'' = x_1' = x_1$

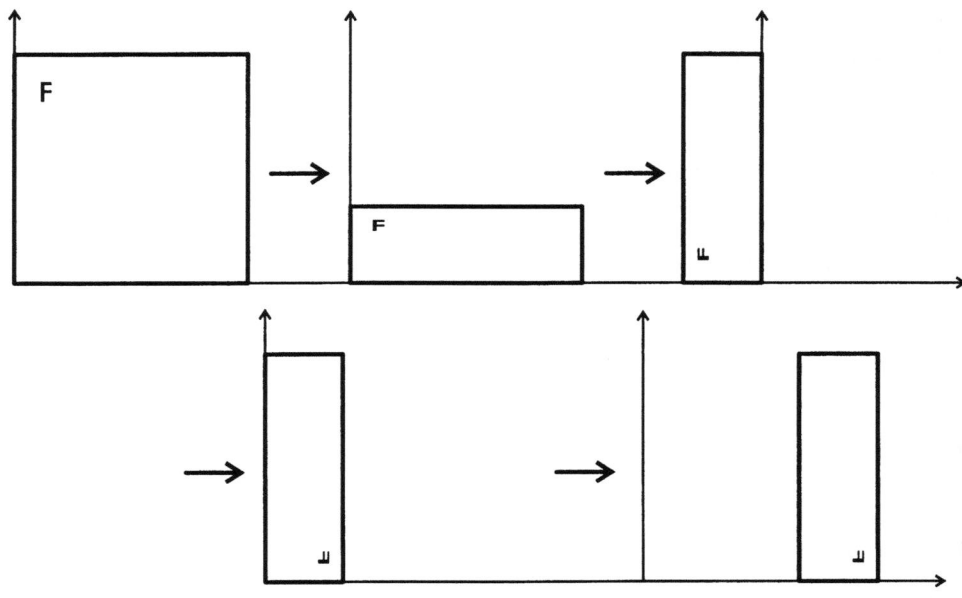

FIGUR VII,7 Cantor-Labyrinth, Abbildung β_3

Die Abbildung β_3 (Figur VII,7):

Affinität: $x'_1 = x_1$, $x'_2 = \frac{1}{3}x_2$

Drehung: Drehwinkel 90°, Drehpunkt O: $x''_1 = -x'_2$, $x''_2 = x'_1$

Spiegelung an der x_2-Achse: $x'''_1 = -x''_1$, $x'''_2 = x''_2$

Translation längs x_1-Achse um $\frac{2}{3}$: $x_1^{(4)} = x'''_1 + \frac{2}{3}$, $x_2^{(4)} = x'''_2$

Verknüpfung dieser vier Abbildungen liefert

β_3 : $x_1^{(4)} = x'''_1 + \frac{2}{3} = -x''_1 + \frac{2}{3} = x'_2 + \frac{2}{3} = \frac{1}{3}x_2 + \frac{2}{3}$, $x_2^{(4)} = x'''_2 = x''_2 = x'_1 = x_1$

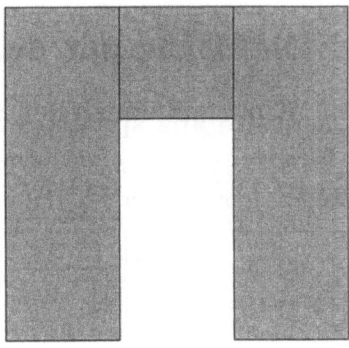
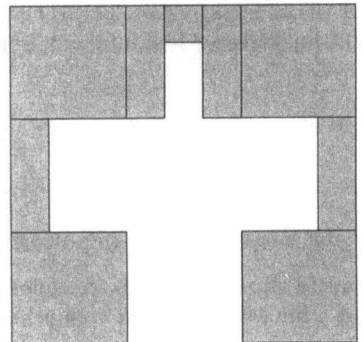
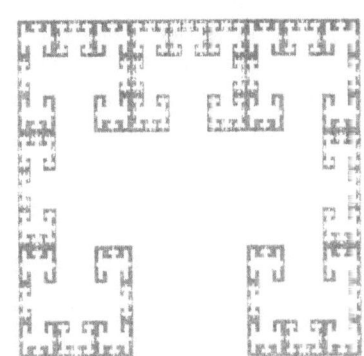

FIGUR VII,8 Cantor-Labyrinth

IFS= $\{\beta_1,\ \beta_2,\ \beta_3\}$.

IFS-Code:

	a_{11}	a_{12}	a_{21}	a_{22}	t_1	t_2
β_1	$\frac{1}{3}$	0	0	$\frac{1}{3}$	$\frac{1}{3}$	$\frac{2}{3}$
β_2	0	$-\frac{1}{3}$	1	0	$\frac{1}{3}$	0
β_3	0	$\frac{1}{3}$	1	0	$\frac{2}{3}$	0

5.4 Dritter Arbeitsgang

Die Durchführung einiger Iterationen am Computer (Figur VII,8) läßt die Existenz einer Limesmenge vermuten.

6 Die Sache mit dem Farnblatt

6.1 Ein ganz spezieller IFS-Code

M. Barnsley gibt ein aus vier affinen Abbildungen β_1, β_2, β_3, β_4 bestehendes IFS mit dem folgenden, total verrückten IFS-Code an:

	a_{11}	a_{12}	a_{21}	a_{22}	t_1	t_2
β_1	0	0	0	0.16	0.45	-0.09
β_2	0.85	0.04	-0.04	0.85	0.07	0.16
β_3	0.2	-0.23	0.23	0.2	0.36	0.04
β_4	-0.15	0.28	0.26	0.24	0.52	0.08

Bei der Abbildung β_1 handelt es sich nicht um eine Affinität. Die zugehörige Determinante wird 0. Befindet sich in einem IFS eine Abbildung dieser Art (nicht bijektiv), so spricht man von einem IFS mit *Kondensation*. Die Bildmenge einer nicht bijektiven Abbildung aus IFS heißt *Kondensationsmenge*.

Leider verrät Barnsley nicht, wie er zu diesem IFS-Code kommt.

6.2 Die Limesmenge?

Bei der Verrücktheit des angegebenen Codes zweifelt man an der Existenz einer Limesmenge.

Und was zeigt der Computer, wenn wir etwa mit einem Quadrat starten und den angegebenen Code darauf loslassen? Die Überraschung ist riesengroß - für Mathematiker eine echte Sensation. Mit zunehmender Zahl der Iterationen entwickelt sich langsam ein Farnblatt. Legt man neben das auf diese Weise künstlich erzeugte Farnblatt ein echtes, so kommt man aus dem Staunen nicht mehr heraus. Die Ähnlichkeit der Blätter ist frappierend (Figur VII,9).

6.3 Zusammenfassung und Ausblicke

Mit der Darstellung des IFS-Verfahrens haben wir in diesem Buch einen Höhepunkt, einen Gipfel erreicht.

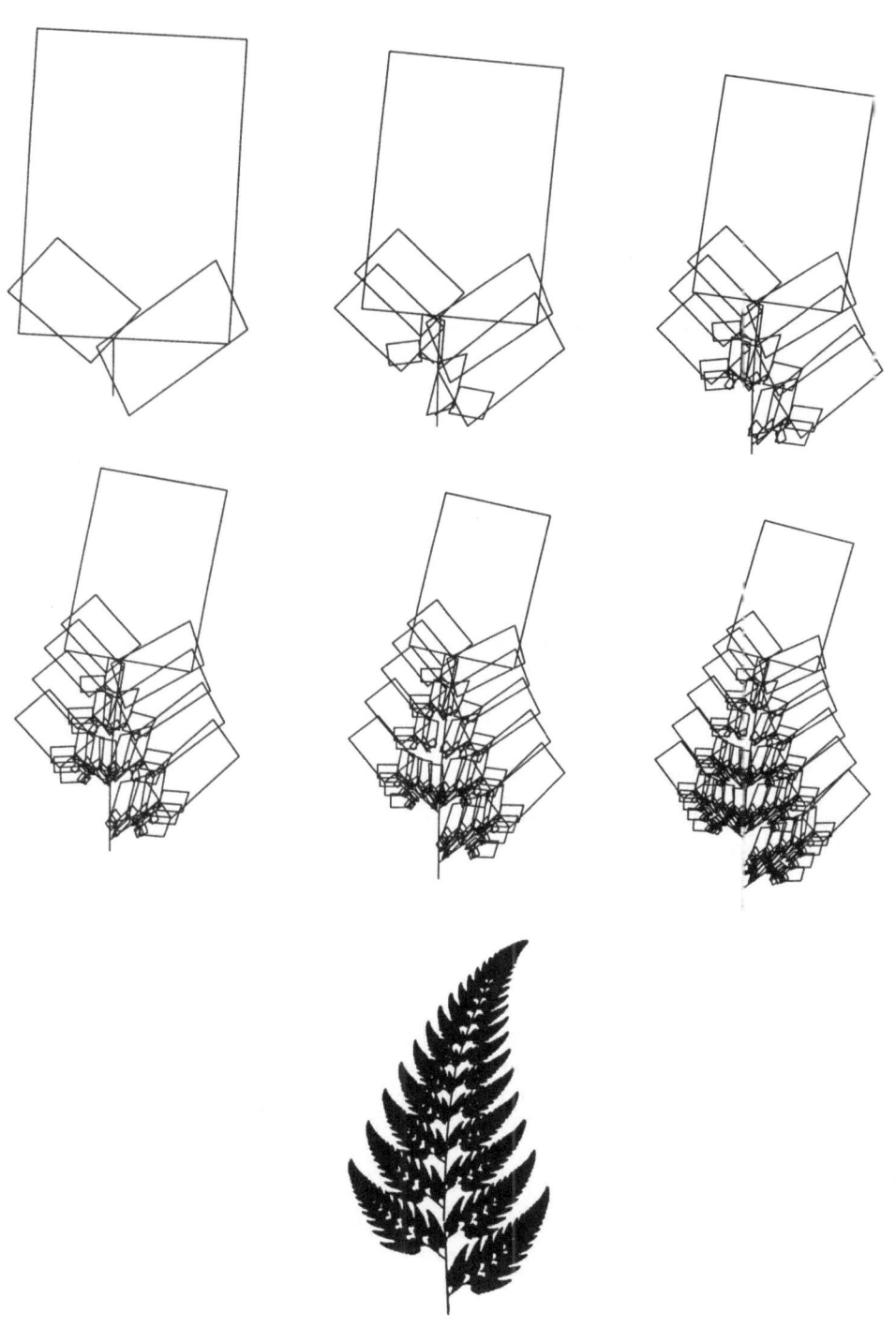

FIGUR VII,9 Das Farnblatt

6.3.1 Nochmals das Farnblatt

Die scheinbar sehr komplizierte Bildinformation Farnblatt wurde auf nur vier affine Abbildungen reduziert. Genau wie beim Sierpinski-Dreieck und der Koch-Kurve (in diesem Kapitel) haben wir es mit einer Informationskompression, mit einer Bildkompression zu tun. In dem IFS ist enthalten, was das Wesen des Farnblattes ausmacht. Das Farnblatt wurde durch das IFS codiert.

"... daß ich erkenne, was die Welt im Innersten zusammenhält ... "

Will ein Marsbewohner wissen, wie denn ein Farnblatt aussieht, genügt es, ihm den Code (also lediglich $4 \cdot 6 = 24$ Zahlen) zu übermitteln. Er gibt ihn in den Computer und dieser zeichnet ihm ein Farnblatt. Das geht natürlich nur, wenn es auf dem Mars Computer gibt.

6.3.2 Erweiterungen

Die Erzeugung des Farnblattes stellt eine wesentliche Neuerung dar. Wir haben nämlich nicht künstliche Monstermengen, sondern ein naturähnliches Gebilde erzeugt.

Durch willkürliches Herumspielen oder aber durch gezieltes Probieren ist es möglich, weitere Bilddarstellungen zu entdeeken, andere Gebilde der Natur nachzuahmen. Ahornblatt, Bäume, Wälder, ... In [HER] findet sich eine so konstruierte Giraffe und ein Student [LAN] hat den Elefanten in Figur VII,10 produziert. In Hollywood werden phantastische Kulissen nicht mehr gepinselt, sondern mit IFS erzeugt. Künstler versuchen durch schöpferisches Herumprobieren mit IFS ästhetische Kunstwerke zu schaffen.

Tun Sie all das selber! Versuchen Sie mit dem Computer naturähnliche Bilder herzustellen !

6.3.3 Wirtschaftlichkeit

Wir wollen ein Bild aus der Tageszeitung genauer betrachten. Fortgesetzte Vergrößerung zeigt uns, daß es aus disjunkten Punkten (Quadraten) aufgebaut ist. Man spricht heute von Pixeln (das Wort ist eine Zusammensetzung aus "picture" und "element"). Zur Speicherung und Übertragung solcher Bilder sind sehr viele Informationen erforderlich. Man bedenke, daß ein Fernsehschirm etwa 500 000 Pixel enthält.

Bei unseren IFS-Bildern begegnet uns eine völlig andere Situation. Bei fortgesetzter Vergrößerung erscheinen keine Punkte, sondern – wegen der Selbstähnlichkeit – Kopien des Ganzen. Der Elefant in Figur VII,10 besteht aus kleineren Elefanten, diese aus noch kleineren Elefanten, ... Bei n affinen Abbildungen brauchen wir lediglich $6 \cdot n$ Zahlenangaben. Dies bedeutet eine erheblich kleinere Übertragungsdauer bzw. einen kleineren Speicherbedarf. Damit hat das IFS-Verfahren eine wesentliche wirtschaftliche Bedeutung.

6.3.4 Zur Geschichte

Das Interesse beliebige Bilder mit Hilfe affiner Transformationen zu codieren wurde hauptsächlich von Michael Barnsley geweckt. Er hat derartige Verfahren entwickelt und ließ sie sich patentieren. Dann gründete er eine Firma um seine Ideen kommerziell zu nutzen. Wegen dieser Patente sind wissenschaftliche Publikationen zu dem Thema eher selten. Selbst in seinem eigenen Buch [BAR/HUR] werden Einzelheiten der Bildkompression – wenn überhaupt – nur sehr knapp behandelt.

Wird man künftig auch für neue Sätze und deren Beweise Patente erhalten und diese dann preisgünstig (an wen wohl?) verkaufen? Diese Unsitte wäre das Ende des Fortschrittes in der Mathematik.

FIGUR VII,10 Ein IFS-Elefant

Kapitel VIII
ETWAS THEORIE

Die Computerausdrücke in den vergangenen Kapiteln legen jeweils die Existenz einer Limesmenge (eines Attraktors) nahe. Doch mit Bildchen alleine geben sich Mathematiker nicht zufrieden. Sie wollen die Existenz exakt bewiesen haben – und das auch noch in möglichst allgemeinen Räumen.

Diesem Problem des Existenzbeweises wenden wir uns jetzt zu und skizzieren die erforderlichen Begriffe und Sätze. Dabei wird keine lückenlose Beweisführung angestrebt. Es soll aber der Gang der Handlung deutlich werden.

Für ein tieferes Eindringen in dieses doch recht abstrakte Kapitel ist das Studium von weiterer Literatur [BA/FLO], [PEI/JÜR/SAU] zu empfehlen.

1 Metrische Räume

1.1 Wiederholung

In Kapitel I,4.4 wurde definiert, was unter einem metrischen Raum (E, d) zu verstehen ist.

Einige Beispiele metrischer Räume:

Wir gehen aus vom Raum $\mathbb{R}^n$ der n-Tupel reeller Zahlen $A = (a_1, a_2, \ldots, a_n)$, $B = (b_1, b_2, \ldots, b_n)$. Um metrische Räume zu erhalten, legen wir jetzt eine Distanz d fest.

a) Euklidische Räume

$$d(A, B) = \sqrt{\sum_{i=1}^{n}(a_i - b_i)^2}$$

b) Taxi-Räume

$$t(A, B) = \sum_{i=1}^{n} |a_i - b_i|$$

c) $s(A, B) = \max |a_i - b_i|$

Ein Zwichenkapitel: **Mehr zur Taxi-Ebene**

$$t(A, B) = |a_1 - b_1| + |a_2 - b_2|$$

(1) Metrischer Raum?

Die Gültigkeit der Forderungen i), ii), iii) aus I,4.4 ist sofort zu sehen. Bleibt noch die Dreiecksungleichung.

Mit $A = (a_1, a_2)$, $B = (b_1, b_2)$, $C = (c_1, c_2)$ erhalten wir

$$\begin{aligned}
t(A, B) &= |a_1 - b_1| + |a_2 - b_2| = \\
&= |(a_1 - c_1) + (c_1 - b_1)| + |(a_2 - c_2) + (c_2 - b_2)| \leq \\
&\leq |a_1 - c_1| + |c_1 - b_1| + |a_2 - c_2| + |c_2 - b_2| = \\
&= (|a_1 - c_1| + |a_2 - c_2|) + (|c_1 - b_1| + |c_2 - b_2|) = \\
&= t(A, C) + t(C, B).
\end{aligned}$$

(2) Es gibt unendlich viele kürzeste Verbindungen zweier Punkte A, B in der Taxi-Geometrie (Figur VIII,1).

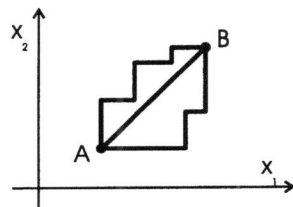

FIGUR VIII,1 Taxi-Wege

(3) Der Taxi-Einheitskreis um den Ursprung besteht aus der Menge aller Punkte $X = (x_1, x_2)$ mit $|x_1| + |x_2| = 1$ und stellt euklidisch ein Quadrat dar (Figur VIII,2).

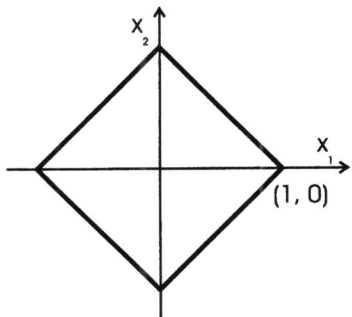

FIGUR VIII,2 Taxi-Einheitskreis

Jetzt läßt sich ganz konsequent eine Taxi-Geometrie (Kegelschnitte? Reguläre Polygone? ..) entwickeln. Tun Sie es!

George PAPY [PAP] gab für diese Taxi-Geometrie eine hübsche Interpretation. Von ihm stammt wohl auch die Namengebung "Taxi-Geometrie".

Er spricht in diesem didaktischen Meisteraufsatz von einer Stadt Orthopolis (Manhattan). In ihr gibt es nur Straßen in Nord-Süd oder solche in Ost-West Richtung. Die Taxifahrer sind gegen die alte euklidische Geometrie (Brieftauben-Geometrie). Sie fordern eine neue, eben die Taxi-Geometrie. Um dies durchzusetzen gründen sie die **P**artei der **T**axifahrer von **O**rthopolis (PTO).

Doch lassen wir nun Papy selber zu Wort kommen:

"Mein Freund Kurt ist nach der Schule Taxichauffeur geworden und hält nicht mehr viel von euklidischer Distanz, die wenig mit der Wirklichkeit zu tun habe. Er meint: "Diese Entfernung mag allenfalls für Brieftauben gültig sein, mein Taxameter zeigt eine andere Distanz an." ... Kurt übersiedelt nach Orthopolis, in jenes Paradies für Taxichauffeure, wo keine Richtungsverbote existieren und wo es nur zwei Arten von Verbindungswegen gibt: Alle "Alleen" verlaufen in Nord-Süd-Richtung, alle "Straßen" in Ost-West-Richtung. Diese idealen Taxiverhältnisse ziehen immer mehr Berufskollegen von Kurt nach Orthopolis, und schon bald kommt dort die "Partei der Taxifahrer von Orthopolis" (PTO) an die Macht. Ihre erste Amtshandlung ist, den Schulunterricht für "Brieftaubengeometrie" abzuschaffen und durch eine neue, wirklichkeitsnahe Geometrie zu ersetzen, die auf der Taxidistanz in Orthopolis basiert."

Unsere Aussage (2) liest sich bei Papy so:

"Ein fremder Reisender, kaum auf dem Flughafen von Orthopolis angekommen und noch in der euklidischen Geometrie befangen, wirft sich in ein Taxi und ruft dem Fahrer zu: "Bringen Sie mich auf dem kürzesten Wege zur Zentralbank!" In seinem Eifer als gerade zur neuen Geometrie Bekehrter antwortet der Fahrer herablassend: "Es gibt viele kürzeste Wege, um von hier zur Zentralbank zu kommen!" Für Kurt hat das einen großen Vorteil, den er auch reichlich ausnutzt. Er kann, wenn er einen Kunden vom Flugplatz zur Bank chauffiert, bei seiner Lily vorbeifahren-ohne den Kunden durch eine längere Fahrzeit zu schädigen." (Figur VIII,1)

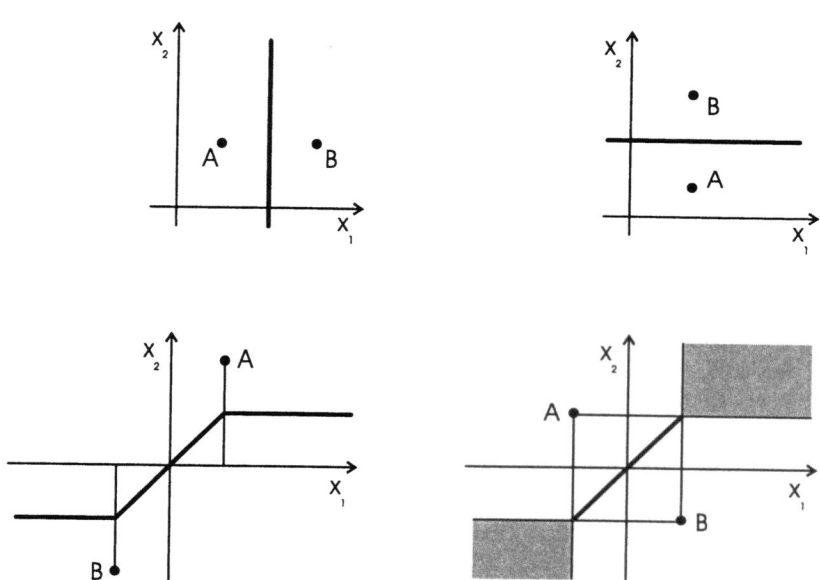

FIGUR VIII,3 Taxi-Sportplatz

Auch für den Taxi-Kreis findet Papy eine hübsche Interpretation:

"Eine der ersten Sorgen der neuen Verwaltung von Orthopolis war es, daß von einer be-

stimmten Entfernung vom Stadtzentrum an der Kilometerpreis für das Taxi verdoppelt werden sollte. Ein im euklidischen Dienst ergrauter Beamter hat diese Grenzlinie in die offizielle Karte von Orthopolis noch als Brieftaubenkreis eingezeichnet. Das Taxifahrer-Syndikat hat sofort protestiert und erreicht, daß die Zeichnung geändert wurde." (Figur VIII,2)

Schließlich stellt Papy den Lesern die folgende Aufgabe:

'Ein Sportplatz für zwei Schulen soll angelegt werden. Er muß aus lokalen Rivalitätsgründen unbedingt im gleichen Abstand von beiden Institutionen liegen. Die Stadtverwaltung ließ die Gelegenheit nicht ungenutzt, um die neue Geometrie populär zu machen. Man verteilte Formulare wie unsere Figur VIII,3. Die schwarzen Punkte A und B bedeuten die Schulgebäude. Wo sind für jeden der vier Fälle mögliche Standorte für den Sportplatz? Für Kurt war es ein leichtes, den Fragebogen mustergültig auszufüllen."

Wir haben in der Figur VIII,3 die Lösungen eingezeichnet. Beweisen Sie diese!

1.2 Vollständige metrische Räume

Ein metrischer Raum (E, d) heißt vollständig, wenn jede Cauchy*-Folge einen Grenzwert besitzt, der zu E gehört.

X_1, X_2, ... $\in E$ ist dabei eine Cauchy-Folge, wenn es zu jedem $\varepsilon > 0$ ein $n \in \mathbb{N}$ so gibt, daß für alle $i, j \geq n$ gilt $d(X_i, X_j) < \varepsilon$.

Gegenbeispiel:

Als Menge E wählen wir die rationalen Zahlen $\mathbb{Q}$. Weiter gelte die vertraute euklidische Distanz d. Dann erweist sich $(\mathbb{Q}, d)$ als metrischer Raum. Die Folge
1, $1 + \frac{1}{2^2}$, $1 + \frac{1}{2^2} + \frac{1}{3^2}$, ..., $\sum_{k=1}^{n} \frac{1}{k^2}$, ... ist in $(\mathbb{Q}, d)$ eine Cauchy-Folge. Sie konvergiert bekanntlich gegen $\frac{1}{6}\pi^2$. Weil dieser Werte nicht in $\mathbb{Q}$ liegt, ist $(\mathbb{Q}, d)$ kein vollständiger metrischer Raum.

1.3 Der Fixpunktsatz von Banach*

In Kapitel IV wurde festgelegt, wann eine Abbildung distanzkontrahierend genannt wird. Dies gilt selbstverständlich auch in metrischen Räumen (E, d). Es stellt sich übrigens heraus, daß solche Abbildungen stetig sind.

Satz:

Jede distanzkontrahierende Abbildung α eines vollständigen metrischen Raumes (E, d) besitzt genau einen Fixpunkt A_∞, d. h. es gibt einen Punkt $A_\infty \in E$ so, daß $\alpha(A_\infty) = A_\infty$.

Dieser fundamentale Satz ist von allergrößter Bedeutung für verschiedene Gebiete der Mathematik.

Beweis:

Der aufwendige Beweis erfolgt in mehreren Schritten.

---

*Augustin Louis CAUCHY, 1789-1857
*Stefan BANACH, 1892-1945

1. Schritt

Mit $A_n = \alpha(A_{n-1}) = \alpha^n(A_0)$ und der Tatsache, daß α eine distanzkontrahierende Abbildung ist folgt für $k, p \in \mathbb{N}$

$$d(A_{k+p}, A_{k+p-1}) \leq q \cdot d(A_{k+p-1}, A_{k+p-2}) \leq$$
$$\leq q^2 \cdot d(A_{k+p-2}, A_{k+p-3}) \leq$$
$$\vdots$$
$$\leq q^{p-1} \cdot d(A_{k+1}, A_k)$$

und weiter

$$d(A_{k+1}, A_k) \leq q \cdot d(A_k, A_{k-1}) \leq$$
$$\leq q^2 \cdot d(A_{k-1}, A_{k-2}) \leq$$
$$\vdots$$
$$\leq q^k \cdot d(A_1, A_0).$$

2. Schritt

Nun betrachten wir $d(A_{k+p}, A_k)$. Um die Dreiecksungleichung anwenden zu können, "schieben" wir die Punkte $A_{k+p-1}, A_{k+p-2}, ..., A_{k+1}$ zwischen A_{k+p} und A_k.

$$d(A_{k+p}, A_k) \leq d(A_{k+p}, A_{k+p-1}) + d(A_{k+p-1}, A_{k+p-2}) + ... + d(A_{k+1}, A_k).$$

Nun verwenden wir die Ergebnisse des ersten Schrittes

$$d(A_{k+p}, A_k) \leq (q^{p-1} + q^{p-2} + ... + 1) \, d(A_{k+1}, A_k).$$

Mit der Summenformel für geometrische Reihen weiter: $\frac{1-q^p}{1-q} d(A_{k+1}, A_k)$.

Wegen $0 \leq q < 1$ gilt $1 - q^p \leq 1$, also

$$d(A_{k+p}, A_k) \leq \frac{1}{1-q} d(A_{k+1}, A_k).$$

Jetzt wird nochmals ein Ergebnis des 1. Schrittes verwendet

$$d(A_{k+p}, A_k) \leq \frac{q^k}{1-q} d(A_1, A_0).$$

3. Schritt

Wählt man k genügend groß, so gilt also $d(A_{k+p}, A_k) < \varepsilon$. Dabei ist ε eine beliebig kleine positive reelle Zahl. Dies bedeutet, daß $A_0, A_1, A_2, ...$ eine Cauchy-Folge ist. Sie muß aber in unserem vollständigen metrischen Raum (E, d) gegen ein Element A_∞ aus E konvergieren, also $\lim_{n \to \infty} \alpha^n(A_0) = A_\infty$.

4. Schritt

$$A_\infty = \lim_{n \to \infty} A_{n+1} = \lim_{n \to \infty} \alpha(A_n) = \alpha(\lim_{n \to \infty} A_n) = \alpha(A_\infty).$$

Das heißt, daß A_∞ Fixpunkt der Abbildung α ist. Dabei wurde die Stetigkeit von α verwendet.

5. Schritt

Wir zeigen jetzt noch, daß höchstens ein Fixpunkt, also mit dem Vorhergehenden genau einer existiert.

Angenommen, es gebe zwei verschiedene Fixpunkte $S, T \in E$.

$$\begin{aligned} d(S,T) &= d(\alpha(S), \alpha(T)) \leq & &\text{weil Fixpunkte} \\ &\leq q \cdot d(S,T) < & &\text{weil distanzkontrahierend} \\ &< d(S,T) & &\text{weil } q < 1 \end{aligned}$$

Also erhalten wir $d(S,T) < d(S,T)$. Dies ist ein Widerspruch.

Wir weisen besonders darauf hin, daß der Fixpunkt A_∞ durch fortgesetzte Iteration erreicht wird. Dabei kann jeder Punkt aus E als Startpunkt verwendet werden.

2 Die Hausdorff*-Distanz

Wir starten mit einem vollständigen metrischen Raum (E, d) und betrachten in ihm die Menge M aller kompakten (I,4.4) Puktmengen.

2.1 Das Problem

Es wird nach der Distanz zweier kompakter Punktmengen in (E, d) gefragt, also nach der Distanz zweier Elemente aus M.

Wann liegen sie näher zusammen, wann sind sie weiter auseinander?

2.2 Die Hausdorff-Distanz h

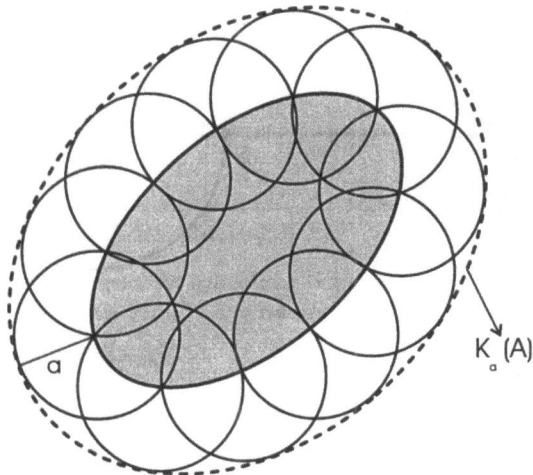

FIGUR VIII,4 Anlegen eines Kragens

Gegeben seien zwei kompakte Mengen, zwei Elemente A, B aus M. Zur Beantwortung unserer Frage wird um jeden Punkt P von A eine Kugel mit Radius a gezeichnet. Unter einer Kugel (Vollkugel) verstehen wir dabei die Menge aller Punkte $X \in E$, für deren Distanz von

---

*Felix HAUSDORFF, 1868-1942

einem festen Punkt P, dem Kugelmittelpunkt gilt $d(X, P) \leq a$. Die Vereinigung all dieser Vollkugeln bezeichnen wir mit $K_a(A)$. Selbstverständlich gilt $A \subset K_a(A)$. Man kann sich vorstellen, es würde um A ein Schal, ein Kragen (deshalb der Buchstabe K) gelegt (Figur VIII,4).

Nun wählen wir a minimal so, daß auch noch gilt $B \subset K_a(A)$. Dabei ist das Wort minimal besonders wichtig. Es bedeutet, daß die Menge B "gerade noch" von $K_a(A)$ überdeckt wird.

Analog konstruieren wir Kugeln um die Punkte aus B, mit minimalem Radius b so, daß der neue Kragen $K_b(B)$ die Menge A "gerade noch" einschließt.

Nach diesen Vorbereitungen können wir nun definieren.

Definition:

Wir bezeichnen das Maximum von a und b als die Hausdorff-Distanz $h(A, B)$ der beiden kompakten Mengen $A, B \in M$.

1. Beispiel

A und B seien zwei Kreisscheiben mit den Mittelpunkten N, n und den Radien R, r. Weiter gelte $d(N, n) = e$ und $R > r$. Der Figur VIII,5 entnehmen wir, daß die Kreisscheibe um S mit Radius $a = e - R + r$ gerade B bedeckt und die um T mit Radius $b = e - r + R$ gerade A. Wegen $a < b$ folgt also $h(A, B) = b$.

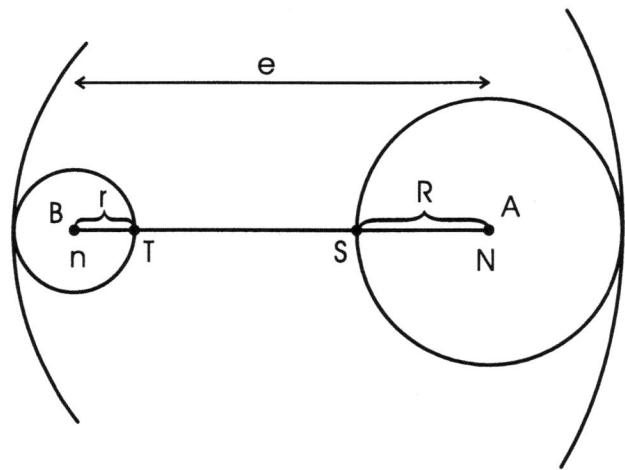

FIGUR VIII,5 Hausdorff-Distanz

2. Beispiel

Gegeben sind zwei Quadrate A, B der Seitenlänge 1. Sie liegen, wie in Figur VIII,6 gezeichnet (zwei Seiten auf der x_1-Achse) und haben den Abstand e. Wir legen einen Kragen $K_a(A)$ um A mit dem Minimalradius $a = \sqrt{(e+1)^2 + \frac{1}{4}}$. Für den entsprechenden Kragen um B ist der Minimalradius genauso groß. Also gilt $h(A, B) = a$.

3. Beispiel

Nun wenden wir auf die Konfiguration aus dem zweiten Beispiel eine affine Abbildung an: Streckung in x_1-Richtung mit Faktor 2, Stauchung in x_2-Richtung mit Faktor λ, $0 < \lambda < \frac{1}{2}$ (siehe BäckerabbildungB in Kapitel XII).

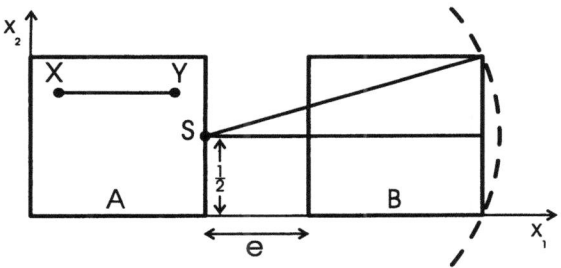

FIGUR VIII,6 Und Nochmals Hausdorff-Distanz

Diese Abbildung erweist sich als flächenkontrahierend. Denn mit $A = \begin{pmatrix} 2 & 0 \\ 0 & \lambda \end{pmatrix}$ gilt det $A = 2\lambda < 1$.

Sie ist aber nicht distanzkontrahierend. So wird die Distanz der Punkte $X, Y \in A$ in Figur VIII,6 bei der Abbildung verdoppelt. Ganz analog wie im zweiten Beispiel ergibt sich für die Hausdorff-Distanz der beiden Rechtecke A' und B':

$h(A', B') = \sqrt{(2e+2)^2 + \frac{1}{4}\lambda^2}$.

Weiter zeigt sich $h(A', B') > h(A, B)$. Zum Beweis setzen wir ein und verhalten $(2e+2)^2 + \frac{1}{4}\lambda^2 > (e+1)^2 + \frac{1}{4}$ oder umgeformt $(e+1)^2 > \frac{1}{12}(1-\lambda^2)$. Wegen $0 < \frac{1}{12}(1-\lambda^2) < 1$ ist diese Ungleichung richtig. Damit ist der Traum zerstört, daß flächenkontrahierende Abbildungen im (E, d) beim Übergang nach (M, h) distanzkontrahierend werden.

2.3 Satz

Die Menge M aller kompakten Mengen in (E, d), versehen mit der Hausdorff-Distanz h bildet einen vollständigen metrischen Raum (M, h).

Das Verständnis dieses Satzes bereitet erhebliche Schwierigkeiten. Denn jetzt muß man sich die kompakten Mengen in E als Punkte des Raumes (M, h) vorstellen.

Wir verzichten hier auf einen Beweis.

3 Zurück zur Maschine

3.1 Wir rekapitulieren

In früheren Kapiteln wurde eine kompakte Punktmenge A_0 aus der euklidischen Ebene $\mathbb{R}^2$ in die Maschine eingegeben. Dann ergab sich weiter $A_1 = \beta_1(A_0) \cup \beta_2(A_0) \cup \ldots = \alpha(A_0)$. Die Abbildungen β_i sollten dabei distanz- bzw. flächenkontrahierend sein mit den Kontraktionsfaktoren $0 \leq q_i < 1$. Dann wurde α als Hutchinson-Operator bezeichnet. Alle sich bei Iteration ergebenden Punktmengen $A_n = \alpha^n(A_0)$ erweisen sich als kompakt.

Dies alles läßt sich wörtlich übertragen für den Fall, daß anstelle der euklidischen Ebene ganz allgemein ein vollständiger metrischer Raum (E, d) zugrundegelegt wird.

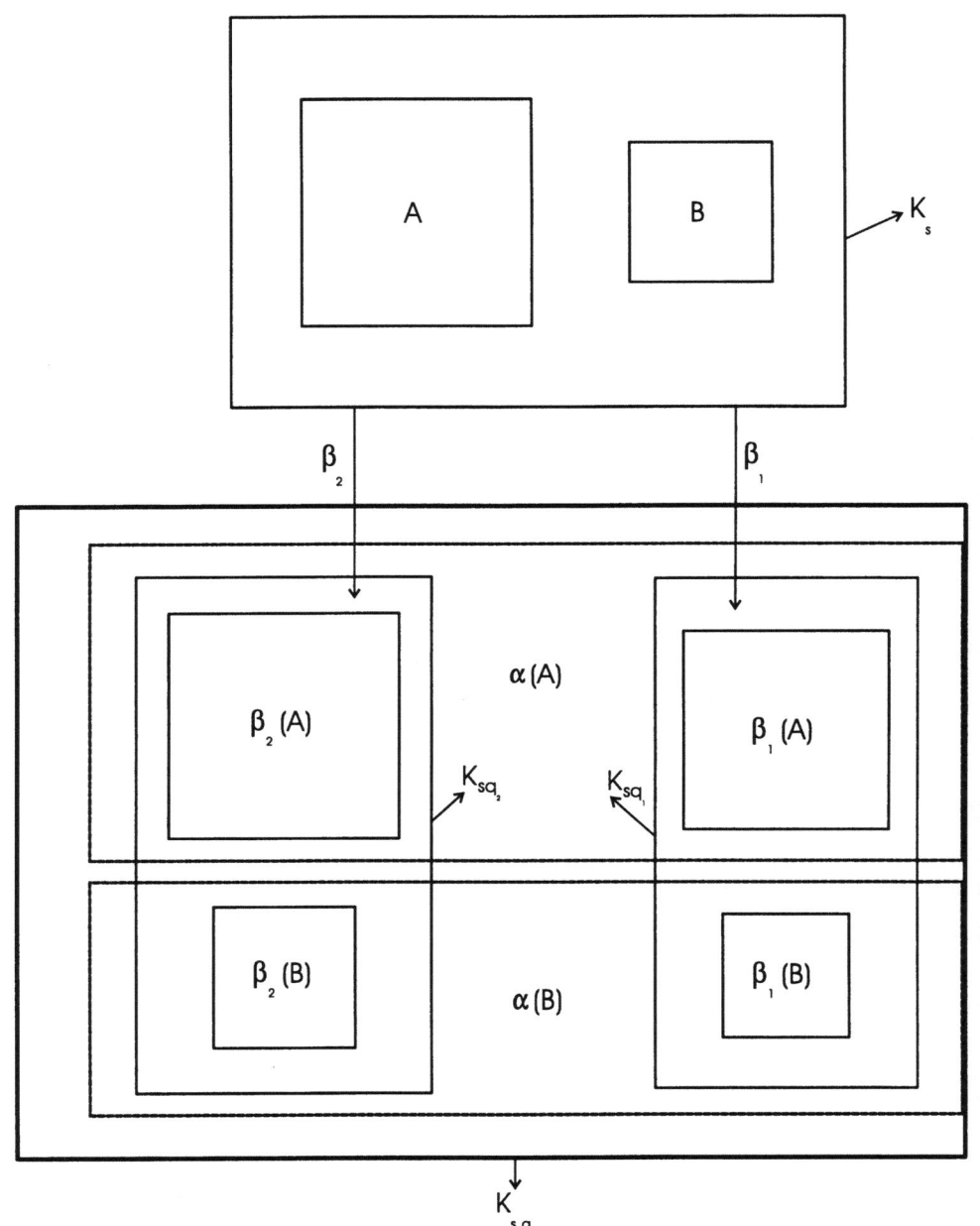

FIGUR VIII,7 Hutchinson Operator

3.2 Der Übergang von (E, d) zu (M, h)

Die kompakten Mengen A_n werden jetzt als Punkte in M gedeutet. Wir übersetzen gewissermaßen in eine neue Sprache.

Satz (nach Hutchinson)

In (M, h) ist der Hutchinson-Operator α eine distanzkontrahierende Abbildung, wenn die Abbildungen β_i in (E, d) alle distanzkontrahierend sind.

Beweis:

Gegeben seien zwei Mengen $A, B \in M$ mit $h(A, B) = s$. Es ist zu beweisen, daß $h(\alpha(A), \alpha(B)) \leq q \cdot h(A, B)$ mit $0 \leq q < 1$. Wir beschränken uns auf den Fall, daß nur zwei in (E, d) distanzkontrahierende Abbildungen β_1, β_2 mit den Kontraktionsfaktoren q_1, q_2 verwendet werden.

Figur VIII,7 veranschaulicht auf recht schematische Weise zunächst die Ausgangssituation, also die Mengen A und B mit dem zugehörigen Kragen K_s.

(a) Wir wenden die Abbildung β_1 an. Aus der mit einem Kragen von Kugelradius s versehenen Punktmenge $A \cup B$ wird die ebenfalls mit einem Kragen – jetzt vom Kugelradius $q_1 \cdot s$ versehene Punktmenge $\beta_1(A) \cup \beta_2(B)$.

(b) Ganz analog liefert die Abbildung β_2 die Punktmenge $\beta_2(A) \cup \beta_2(B)$ versehen mit einem Kragen, Kugelradius $q_2 \cdot s$.

(c) Jetzt legen wir um $\alpha(A) = \beta_1(A) \cup \beta_2(A)$ auch einen Kragen und zwar mit Kugelradius $q = \max\{q_1, q_2\}$. Nach (a) schließt diese Punktmenge auch $\beta_1(B)$ und nach (b) schließlich noch $\beta_2(B)$ ein. Der neue Kugelradius ist minimal, sonst gäbe es Schwierigkeiten mit (a) oder (b).

(d) Konsequenzen

Nach dem Gesagten gilt $h(\alpha(A), \alpha(B)) = q \cdot s = q \cdot h(A, B)$. Wegen $q < 1$ ist alles bewiesen.

3.3 Wir arbeiten jetzt in (M, h)

Wegen des zuletzt genannten Satzes läßt sich der Satz von Banach jetzt anwenden. Dies liefert die folgenden Aussagen.

(1) $\alpha(A_\infty) = A_\infty$

Es gibt in M genau einen Fixpunkt A_∞.

(2) $\lim_{n \to \infty} \alpha^n(A_0) = A_\infty$

Der Fixpunkt A_∞ wird durch fortgesetzte Iteration erreicht.

(3) Es kann mit jedem Punkt $A_0 \in M$ gestartet werden.

3.4 Übergang: Von (M, h) zurück nach (E, d)

Wir kehren jetzt reumütig wieder nach (E, d) und übersetzen in die altvertraute Sprache. So ergibt sich ein, für die Mathematiker zufriedenstellender Satz.

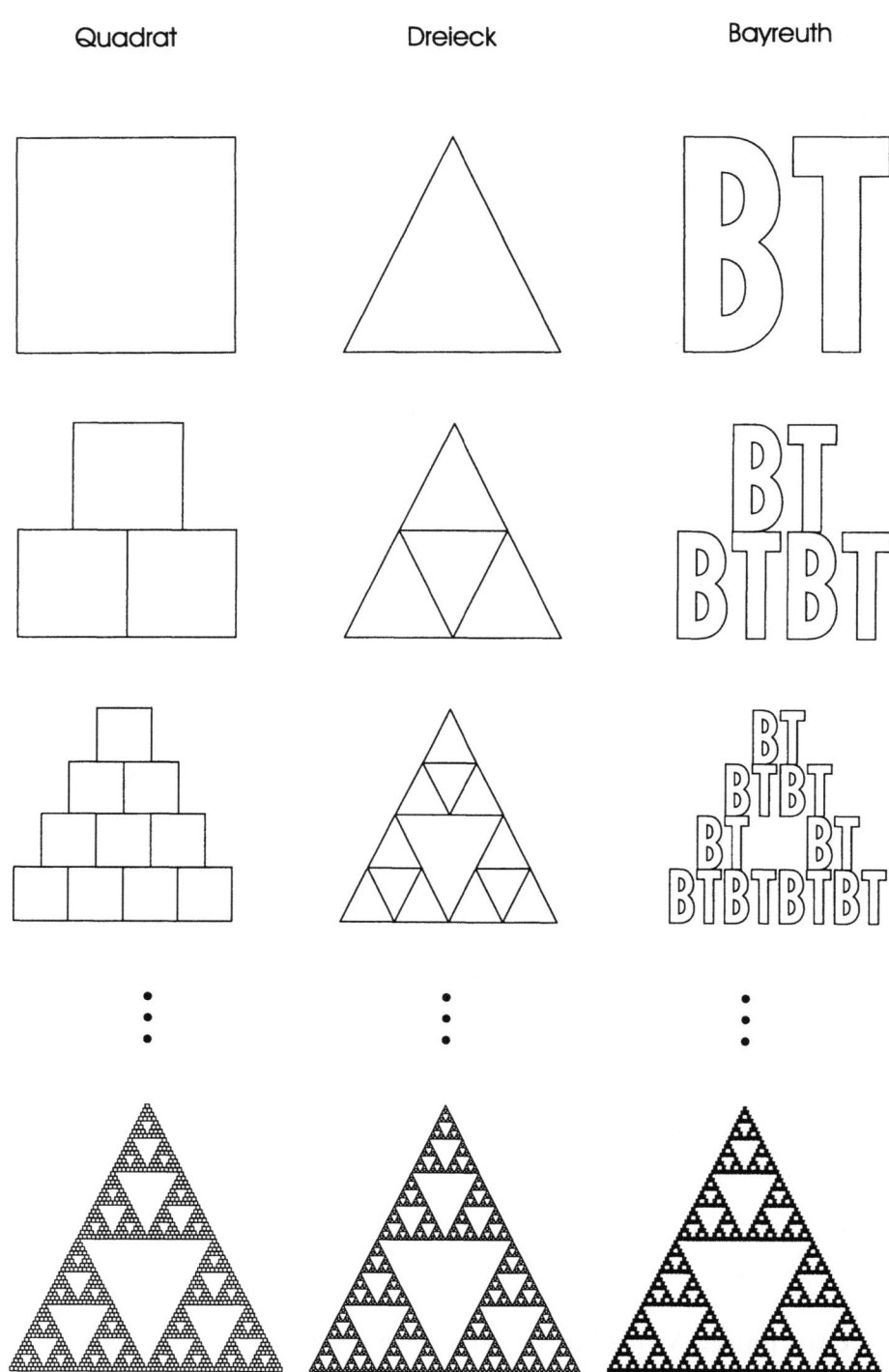

FIGUR VIII,8 Sierpinski-Dreieck mit verschiedenen Startmengen

Satz

Sind die Abbildungen β_i eines IFS im vollständigen metrischen Raum (E, d) distanzkontrahierend, so liefert unsere Maschine genau eine kompakte Limesmenge A_∞. Es kann bei der vorzunehmenden Iteration mit jeder beliebigen (in (E, d)) kompakten Punktmenge A_0 gestartet werden.

Was ist mit diesem Satz gewonnen?

(a) Es liegt - unter gewissen Voraussetzungen - ein Beweis für die Existenz von Limesmengen vor.

(b) Es wird nicht in der euklidischen Ebene gearbeitet, sondern viel allgemeiner in einem vollständigen metrischen Raum (E, d).

(c) Es wurde eine neue Erkenntnis gewonnen, nämlich die Tatsache der freien Wahl der Startmenge A_0. Entscheidend für das Aussehen der Limesmenge ist also nicht A_0 sondern die Collage.

Wir veranschaulichen diesen Sachverhalt in Figur VIII,8.

Startmengen A_0: Dreieck, Quadrat, Bayreuth BT.

Limesmenge: Bei gleichartiger Anordnung stets das Sierpinski-Dreieck.

3.5 Fehlerabschätzung – das Collage-Theorem

Wir betrachten nochmals unseren Iterationsvorgang $\lim_{n\to\infty} \alpha^n(A_0) = A_\infty$ und fragen nach der Geschwindigkeit der Konvergenz. Wie nahe sind wir der Limesmenge A_∞ nach einer vorgegebenen Zahl von Itertationsschritten? Wie groß ist der begangene Fehler? Eine Beantwortung all dieser Fragen ist nur möglich unter Verwendung der Hausdorff-Distanz h. Wir führen also unsere Untersuchungen in (M, h) durch.

3.5.1 Satz (nach Barnsley)

Gegeben seien eine distanzkontrahierende Abbildung α mit dem Kontraktionsfaktor q, wobei $0 \leq q < 1$ und eine kompakte Menge A_0 mit $h(A_1, A_0) = s$ und $A_1 = \alpha(A_0)$. Dann gilt für alle $n \in \mathbb{N} \cup \{0\}$

$h(A_n, A_\infty) \leq \frac{q^n}{1-q} s$.

Dieser Satz wird manchmal als Collage-Theorem bezeichnet.

Beweis:

Der Beweis erfolgt mit Methoden, wie sie beim Beweis des Satzes von Banach verwendet wurden. Dort haben wir die Existenz genau eines Fixpunktes bewiesen, jetzt wird sie vorausgesetzt.

$\begin{aligned}h(A_n, A_\infty) &\leq h(A_n, A_{n+1}) + h(A_{n+1}, A_\infty) = & &\text{Dreiecksungleichung}\\ &= h(A_n, A_{n+1}) + h(\alpha(A_n), \alpha(A_\infty)) \leq & &A_\infty \text{ ist Fixpunkt}\\ &\leq h(A_n, A_{n+1}) + q \cdot h(A_n, A_\infty) & &\text{Distanzkontrahierend}\end{aligned}$

Daraus folgt

$h(A_n, A_\infty) \leq \frac{1}{1-q} h(A_n, A_{n+1})$.

Jetzt verwenden wir noch das Ergebnis des 1. Schrittes beim Beweis von 1.3 und erhalten die gesuchte Abschätzung

$h(A_n, A_\infty) \leq \frac{q^n}{1-q} h(A_1, A_0)$.

Der bei Abschätzungen entstehende Fehler hängt also neben der Iterationanzahl sehr stark von q ab.

3.5.2 Wozu ist das Collage-Theorem gut?

Wir kommen nochmals auf die in VII,6.3 dargestellte Problematik zurück.

Es ging darum, zu einem vorgegebenen Bild G ein IFS zu bestimmen, dessen Attraktor A_∞ gleich dem Bild G ist, oder es zumindest gut annähert. Das wird oft als das inverse Problem bezeichnet. Der Collage-Satz zeigt uns einen Weg, sich dem inversen Problem zu nähern.

Wir versuchen G durch (affine) Abbildungen β_i, $i \in \{1, 2, \ldots n\}$ so zu kontrahieren, daß die Bildmengen $\beta_i(G)$ zusammengefügt ungefähr wieder G liefern also

$G_1 = \alpha(G) = \beta_1(G) \cup \beta_2(G) \cup \ldots \sim G$.

Ist der Attractor A_∞ und q der Kontraktionsfaktor, so können wir den dabei begangenen Fehler mit dem Collage-Satz abschätzen $h(G, A_\infty) \leq \frac{1}{1-q} h(G_1, \alpha(G))$. So hätten wir etwa mit $q = 0,6$, $h(G_1, G) = 1$ den Wert $h(G, A_\infty) \leq 2,5$. Das wäre nicht besonders erfolgversprechend. Für $q = 0,6$, $h(G_1, G) = 0,02$ ergäbe sich dagegen $h(G, A_\infty) \leq 0,05$. Jetzt könen wir erwarten, daß der Attraktor A_∞ so ähnlich aussieht wie G.

Auf diese Weise tastet man sich immer näher an das gewünschte ISF heran.

4 Flächenkontrahierende Abbildungen

Im Satz 3.4 sollten alle Abbildungen β_i distanzkontrahierend sein. Was aber passiert, wenn diese Abbildungen flächenkontrahierend (wie in VII,5) sind?

Besitzen sie beide Eigenschaften, so läuft alles wie gehabt. Es existiert dann genau eine kompakte Limesmenge A_∞ (zum Beispiel der Flächenteppich aus VII,4).

4.1 Ein Beispiel

Sind die Abbildungen β_i flächenkontrahierend, aber nicht alle auch distanzkontrahierend, so kann es sein, daß keine kompakte Limesmenge existiert.

Wir beweisen das mit einem Beispiel.

$\beta_1 : x_1' = 2x_1$, $x_2' = \frac{1}{3}x_2$

$A = \begin{pmatrix} 2 & 0 \\ 0 & \frac{1}{3} \end{pmatrix}$, $\det A = \frac{2}{3} < 1 \implies$ flächenkontrahierend.

$X(x_1, x_2)$, $Y(y_1, y_2 = x_2)$, $d(X, Y) = |x_1 - y_1|$

$X'(2x_1, \frac{1}{3}x_2)$, $Y'(2y_1, \frac{1}{3}x_2)$, $d(X', Y') = 2|x_1 - y_1| = 2d(X, Y)$ $\implies$ nicht distanzkontrahierend.

Bei fortgesetzter Iteration (Startwert $\neq 0$) divergieren die x_1-Werte, während die x_2-Werte nach 0 gehen.

$\beta_2 : x'_1 = \frac{1}{2}x_1$, $x'_2 = \frac{1}{2}x_2$

$A = \begin{pmatrix} \frac{1}{2} & 0 \\ 0 & \frac{1}{2} \end{pmatrix}$, det $A = \frac{1}{4} < 1$ $\implies$ flächenkontrahierend.

$X(x_1, x_2)$, $Y(y_1, y_2 = x_2)$, $d(X, Y) = \sqrt{(x_1 - y_1)^2 + (x_2 - y_2)^2}$

$X'(\frac{1}{2}x_1, \frac{1}{2}x_2)$, $Y'(\frac{1}{2}y_1, \frac{1}{2}x_2)$, $d(X', Y') = \frac{1}{2}d(X, Y)$ $\implies$ distanzkontrahierend.

Die x_1-Werte und auch die x_2-Werte gehen bei fortgesetzter Iteration nach 0.

Sei nun A_0 eine abgeschlossene Quadratscheibe mit den Ecken $(\frac{1}{2}, 0)$, $(-\frac{1}{2}, 0)$, $(-\frac{1}{2}, 1)$, $(\frac{1}{2}, 1)$. Die Figur VIII,9 zeigt das Ergebnis der ersten Iteration $A_1 = \alpha(A_0) = \beta_1(A_0) \cup \beta_2(A_0)$.

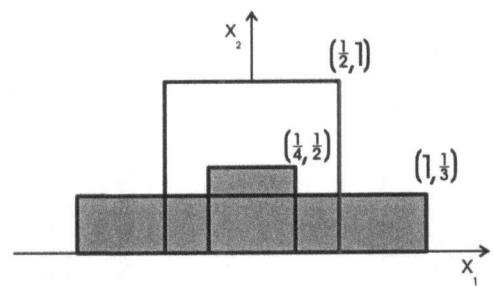

FIGUR VIII,9 Ein Gegenbeispiel

Die Eigenschaften der Abbildungen β_1 und β_2 zeigen, daß mit fortschreitender Iteration die gesamte x_1-Achse erreicht wird, also $\lim_{n\to\infty} \alpha^n(A_0) = \mathbb{R}$. Nun ist aber $\mathbb{R}$ nicht beschränkt, gehört also nicht zur Menge M kompakter Mengen.

Sei nun B_0 wieder ein abgeschlossenes Quadrat, jetzt aber mit den Ecken $(0, 0)$, $(0, 1)$, $(1, 1)$, $(1, 0)$. Bei fortschreitender Iteration ergibt sich die nicht negative x_1-Achse, also $\lim_{n\to\infty} \alpha^n(B_0) = \mathbb{R}^+ \cup \{0\}$. Diese Abhängigkeit des Ergebnisses von der Lage der Startmenge zeigt (nach 3.4 (c)) erneut, daß es sich nicht um eine Limesmenge A_∞ handelt.

4.2 Ein weiteres Beispiel

Sind die Abbildungen β_i flächenkontrahierend, aber nicht alle auch distanzkontrahierend, so kann es trotzdem sein, daß genau eine kompakte Limesmenge A_∞ existiert.

Wir beweisen auch das mit einem Beispiel.

Alle drei Abbildungen β_1, β_2, β_3 des Cantor-Labyrinths (VII,5) sind flächenkontrahierend, aber β_2 und β_3 nicht distanzkontrahierend. Die Computerbilder VII,8 legen jedoch die Existenz einer Limesmenge A_∞ nahe. Um dies zu beweisen, beschreiten wir einen Umweg und betrachten zunächst ein anders Fraktal, das Tempelportal.

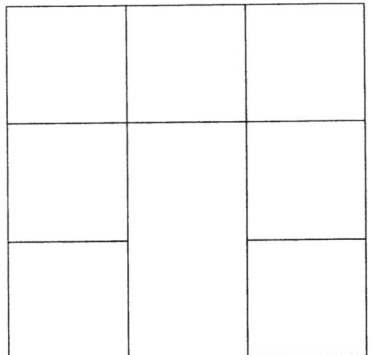
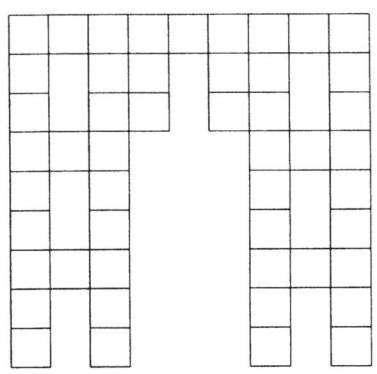
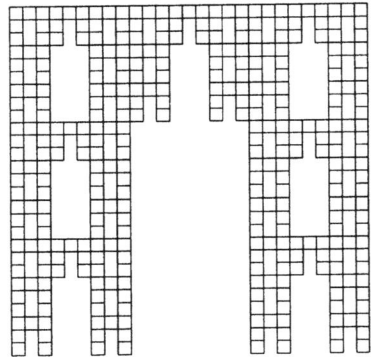
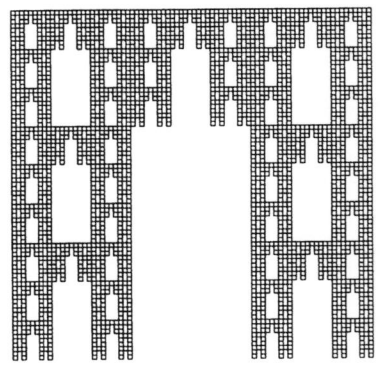
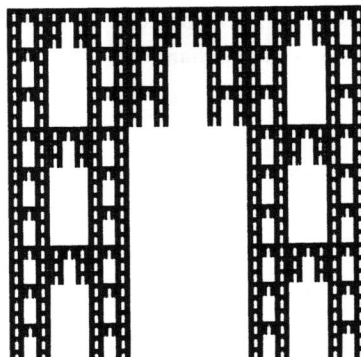

FIGUR VIII,10 Tempelportal

Tempelportal
Seitenlänge eines Teilquadrates $\frac{1}{9}$
Anzahl der Quadrate $7 \cdot 7 = 49$

Cantor-Labyrinth
Seitenlänge eines Teilquadrates $\frac{1}{9}$
Anzahl der Quadrate $2 \cdot 9 + 4 \cdot 6 + 2 \cdot 3 + 1 = 49$

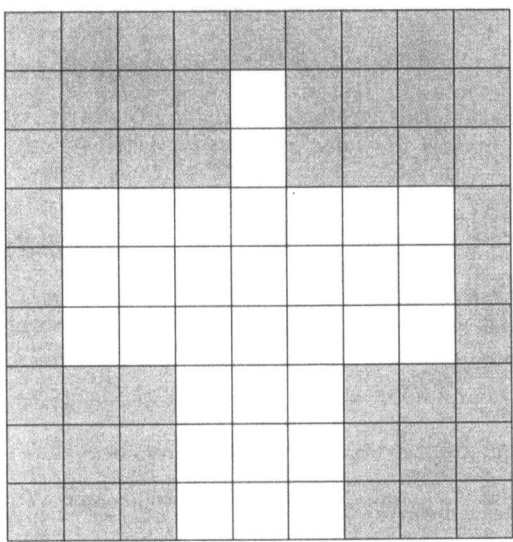

FIGUR VIII,11

Hier ist das zugehörige IFS.

	a_{11}	a_{12}	a_{21}	a_{22}	t_1	t_2
β_1	$\frac{1}{3}$	0	0	$\frac{1}{3}$	0	0
β_2	$\frac{1}{3}$	0	0	$\frac{1}{3}$	0	$\frac{1}{3}$
β_3	$\frac{1}{3}$	0	0	$\frac{1}{3}$	0	$\frac{2}{3}$
β_4	$\frac{1}{3}$	0	0	$\frac{1}{3}$	$\frac{2}{3}$	0
β_5	$\frac{1}{3}$	0	0	$\frac{1}{3}$	$\frac{2}{3}$	$\frac{1}{3}$
β_6	$\frac{1}{3}$	0	0	$\frac{1}{3}$	$\frac{2}{3}$	$\frac{2}{3}$
β_7	$\frac{1}{3}$	0	0	$\frac{1}{3}$	$\frac{1}{3}$	$\frac{2}{3}$

Jede dieser Abbildungen β_i ist sowohl flächen- als auch distanzkontrahierend. Denn es handelt sich durchweg um Ähnlichkeitsabbildungen mit dem Verkleinerungsfaktor $\frac{1}{3}$. Demnach existiert genau eine Limesmenge A_∞. Die Figur VIII,10 zeigt einige Iterationen und motiviert auch die Namengebung.

Durch Umordnen der Quadrate gehen wir jetzt vom Tempelportal zum Cantor-Labyrinth über. Wir erläutern den Vorgang für die zweite Generation (Figur VIII,11). In der Figur führt geschicktes Umordnen der 49 Quadrate des Tempelportals zum Cantor-Labyrinth. Vergleiche mit Figur VII,8. Ein solches Umordnen ist in jeder Generation möglich. Aus der eindeutigen Existenz des Tempelportals folgt demnach die des Cantor-Labyrinths.

4.3 Fazit

Sind die Abbildungen β_i flächenkontrahierend, aber nicht alle distanzkontrahierend, so kann zum Existenznachweis von A_∞ der Satz 3.4 nicht mehr herangezogen werden. Solche Fälle bedürfen eigener Untersuchungen.

Damit ist erneut (siehe 2.2) die vielfach geäußerte Vermutung widerlegt, aus der Flächenkontraktion der Abbildungen β_i würde die Distanzkontraktion der Hutschinson-Abbildung α in (M, h) folgen. Wenn dem so wäre, müßte im Beispiel 4.1 ein Attraktor A_∞ existieren.

Kapitel IX

UND SCHON WIEDER EINE DIMENSION

1 Grundsätzliches

1.1 Fraktale

Von vielen, in den vorigen Kapiteln behandelten Fraktalen haben wir die mathematische Existenz nachgewiesen. Genau genommen gibt es aber diese Fraktale nur in den Gehirnen der Mathematiker, in der Welt der Ideen. Dies ist auch mit anderen mathematischen Ideen so, etwa dem Punkt oder der Geraden. Gibt es Ebenen?

Warum legte PLATON einen so großen Wert auf die Mathematik? Wir zitieren diesen großen Philosophen: *"Weil man in der Mathematik lernen kann, daß exaktes Denken über Dinge möglich ist, die man nicht sieht und hört, sondern die allein für das Denken existieren."*

1.2 Angefangene Fraktale

Auch mit dem Computer ist es nicht möglich Fraktale wirklich herzustellen. Das liegt einfach daran, daß auch er nicht unendlich oft iterieren kann. Er erzeugt lediglich "angefangene" Fraktale.

1.3 Fraktalähnliche Gebilde

Nun beobachten wir aber in der Natur, in der uns umgebenden Welt "fraktalähnliche" Gebilde. Sie sind verkrumpelt, zerbröselt, staubig — wie unsere Fraktale auch. Wir geben einige Beispiele an:

Brownsche Molekularbewegung — eine gezackte Kurve;

vulkanische Gesteine (Tuff) — so ähnlich wie der Menger-Schwamm;

die Umrandungen von Wolken — Zirrus, Stratus, Cumulus;

Saturn-Ringe — entstanden durch Rotation eines ebenen Cantor-Staubes;

Zinkablagerungen in elektrolytischen Zellen   Figur IX,1;

die Küste Englands — sie hat viele Fjorde, Buchten, Unterbuchten, Unter-Unterbuchten; ...

Das Buch [MAN] ist eine Fundgrube weiterer Beispiele.

In VII haben wir schon ein solches fraktalähnliches Gebilde kennengelernt: das Farnblatt. Es wurde durch ein Fraktal simuliert, es wurde damit approximiert. Wir haben ein Modell des Farnblattes konstruiert.

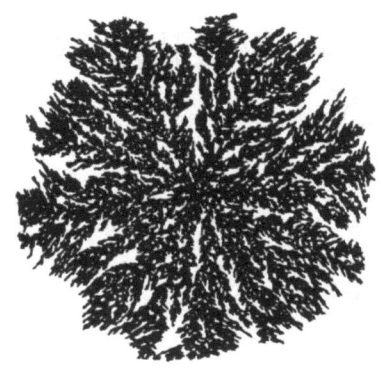

FIGUR IX,1 Zinkablagerung

1.4 Zusammenfassung

In der Literatur wird häufig zwischen künstlichen und natürlichen Fraktalen unterschieden. Wir bevorzugen statt dessen die oben angegebene Dreiteilung.

Fraktale mit unendlich vielen Iterationen,

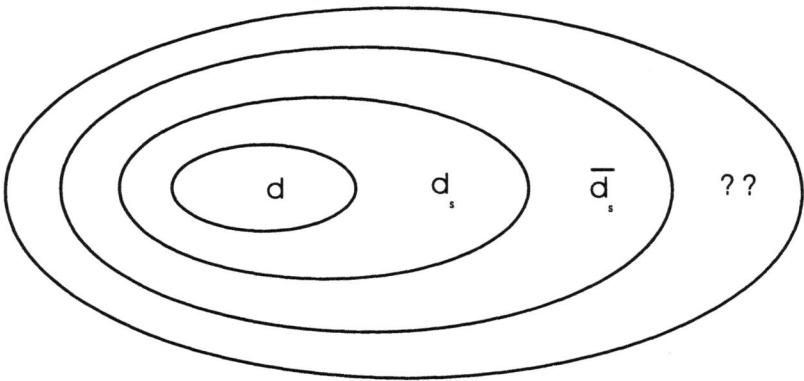

FIGUR IX,2 Erweiterung des Vereins der Dimensionen

Angefangene Fraktale mit endlich vielen Iterationen,

Fraktalähnliche Gebilde, sie werden mit Fraktalen simuliert.

Es liegt nahe, allen nicht selbstähnlichen und allen durch Simulation fraktalähnlicher Gebilde enstandenen Fraktalen eine Dimensionszahl zuzuordnen. Der Verein der Dimensionszahlen muß erweitert werden.

2 Die Küste Englands

Wir greifen jetzt ein fraktalähnliches Gebilde, die Küste Englands heraus und versuchen Aussagen zu finden über die Länge der Begrenzungskurve und über deren Dimension.

2.1 Schüleraktivitäten

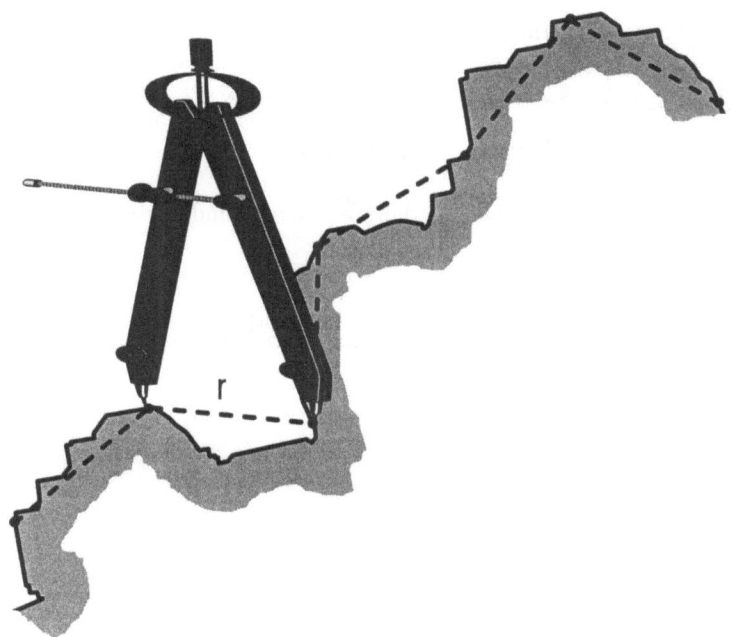

FIGUR IX,3 Küste Englands

Wie gingen Schüler an das Problem der Küstenlänge heran? Sie kamen mit Zirkel, Faden und Landkarten in die Schulstube und begannen die Küste auszumessen. Einige versuchten auf der Landkarte die Küste mit dem Zirkel abzustechen (Figur IX,3). Dabei wurde die Begrenzungskurve durch einen Polygonzug approximiert. Zirkelspanne r, Zahl der Abtragungen $N(r)$, Gesamtlänge $L(r)$. Dies bedeutet

$$L(r) = r\,N(r).$$

Sehr schnell merkten sie, daß mit abnehmendem r die Länge L wächst. Welche Gesamtlänge würden wohl Wanzen beim abstechen mit Minizirkeln erhalten? Die Schüler waren der Meinung, man würde sich durch Verkleinern von r langsam, aber sicher einem Grenzwert, eben der gesuchten Küstenlänge nähern.

Andere versuchten ihr Glück mit einem Bindfaden, den sie auf der Landkarte entlang der Küste legten.

In beiden Fällen ergaben sich erhebliche Schwierigkeiten bei den erforderlichen Umrechnungen des Maßstabes.

Einige pfiffige Schüler schlugen im Lexikon, in Enzyklopädien nach. Sie waren besonders überrascht. Denn die dort angegebenen Zahlen waren recht unterschiedlich – sie reichten von 6500 bis 8000 km. *"Das können keine Meßfehler sein!"* Schließlich kamen auch sie auf die Bedeutung der verwendeten Meßeinheit r.

2.2 Wie gehen Physiker vor?

Physiker verwenden sehr gerne graphische Darstellungen. Immer, wenn sie dabei ein Potenzgesetz der Form $w = A\,v^B$ vermuten, benützen sie anstelle der Variablen v, w deren Logarithmen, also $y = \ln w$, $x = \ln v$ (ohne Beschränkung der Allgemeinheit verwenden wir natürliche Logarithmen). Dies liefert dann in x und y eine lineare Gleichung:

$w = A\,v^B \Rightarrow \ln w = \ln A + B \ln v \Rightarrow y = \ln A + B\,x.$

Die Physiker waren davon überzeugt, daß zwischen L und r ein solcher Zusammenhang besteht. Deshalb betrachteten sie

$y = \ln L$ und $x = \ln r$ statt L und r.

Und was zeigte die graphische Darstellung? Eine Gerade (wie erwartet) und zwar mit negativer Steigung:

$y = mx + t,\ m < 0.$

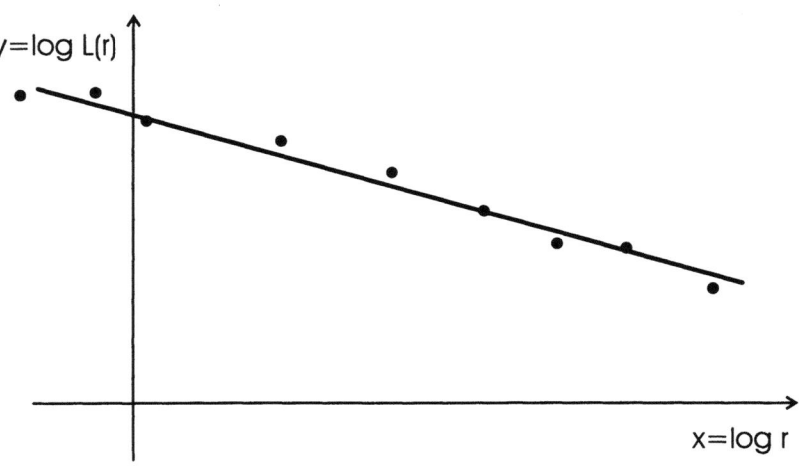

FIGUR IX,4 Näherungsgerade

Speziell bezüglich der Küste Englands ermittelte der Meteorologe (!) Lewis Fry RICHARDSON (1881-1953) den Wert $m \sim -0,23$.

Bemerkungen.

1. Um nicht mühsam in jedem Fall von L, r nach $\ln L, \ln r$ umrechnen zu müssen, verwenden Physiker häufig ein sogenanntes log-log-Papier mit zwei logarithmischen Skalen (doppelt logarithmisches Koordinatensystem).

2. Um die Gerade optimal in die Graphik hineinzulegen bedient man sich der Methode der kleinsten Quadrate von Gauß.

3 Sensationelle Konsequenzen

3.1 Satz

Die Küste Englands ist unendlich lang.

Das war für die in 2.1 genannten Schüler ein arger Schock. Sie hatten ja erwartet, daß $L(r)$ mit ständig abnehmendem r zwar wachsen, aber doch einem endlichen Grenzwert zustreben würde. Die Situation ist ähnlich wie bei der Koch-Schneeflocke: Der Umfang ist unendlich groß, der Flächeninhalt jedoch endlich.

Beweis:

$r \to 0 \Rightarrow x = \ln r \to -\infty$ (Logarithmusfunktion)

$x \to -\infty \Rightarrow y \to +\infty$ (Graphik)

$y = \ln x \to +\infty \Rightarrow L \to +\infty$ (Logarithmusfunktion)

Kritische Bemerkung:

Der Grenzübergang $r \to 0$ ist in der Praxis nicht möglich. Das scheitert schon an der Existenz einer kleinsten, physikalisch möglichen Länge, der Elementarlänge. Nach Abschnitt 1 ist die Küste Englands ein fraktalähnliches Gebilde mit endlichem Umfang. Sie läßt sich jedoch mit einem Fraktal unendlicher Länge simulieren.

3.2 Satz

Die Küste Englands hat die Dimension $d \sim 1,23$.

Beweis:

Falls die Küste geradlinig wäre, müßte in der Geradengleichung gelten $m = 0$. Die Gesamtlänge L wäre dann nämlich unabhängig von r. In diesem Ausnahmefall beobachten wir also $d = 1 - m$. Nun erfolgt (genau wie in II,3.2 und in V,4.2) der Sprung von der Beobachtung zur Definition. Nicht nur bei der oben genannten Ausnahme, sondern in jedem Fall soll gelten $d = 1 - m$. Mit dem Meßergebnis von Richardson bedeutet dies für die Dimension der Küste Englands $d = 1 - m \sim 1 + 0,23 = 1,23$.

Man hat nun die Möglichkeit Küsten miteinander zu vergleichen, sie zu klassifizieren. Sie besitzen verschiedenen "Verkrumpelungsgrad", verschiedene Dimension.

Kritische Bemerkung:

Genau genommen handelt es sich bei 3.2 nicht um einen Satz, sondern um eine Definition.

4 Entwicklung einer gefälligen Formel

Die graphische Darstellung lieferte $y = mx + t$. Daraus ziehen wir nun erneut Folgerungen.

$\Rightarrow \ln L = m \ln r + t$ (logarithmische Koordinaten)

$\Rightarrow e^{\ln L} = e^{m \ln r + t}$

$\Rightarrow L = e^t r^m$.

Mit $L = r\,N$ weiter

$r\,N = e^t r^m$

$\Rightarrow N = e^t r^{m-1}$.

Nun verwenden wir die Dimensionsdefinition $d = 1 - m$ aus dem letzten Abschnitt

$N = e^t r^{-d}$

$\Rightarrow \ln N = t - d \ln r$

$\Rightarrow d = -\dfrac{\ln N}{\ln r} + \dfrac{t}{\ln r} = \dfrac{\ln N}{\ln \frac{1}{r}} + \dfrac{t}{\ln r}$

Die Steigung m der Geraden, also auch die Dimension $d = 1 - m$ hängen (im Gegensatz zur Küstenlänge) nicht von r ab. Wir können also r beliebig wählen. Am gefälligsten ist der Fall $r \to 0$, denn dann gilt $\lim\limits_{r \to 0} \dfrac{t}{\ln r} = 0$ und wir erhalten eine "schöne" Formel.

$$d_F = \lim_{r \to 0} \dfrac{\ln N(r)}{\ln \frac{1}{r}}$$

Wir bezeichnen die mit dieser Formel festgelegte Dimension als *fraktale Dimension* oder - im Hinblick auf ihre Entstehung sehr anschaulich als *Zirkeldefinition*.

5 Verträglichkeit?

Natürlich drängt sich die Frage auf, ob diese Definition mit anderen Dimensionsdefinitionen (II,3.2; V,4.2) auch veträglich ist.

Bei Verträglichkeit soll für eine im weiteren Sinne selbstähnliche bzw. im strengen Sinne selbstähnliche Punktmenge gelten $d_F = \overline{d_S}$ bzw. $d_F = d_S$. Wir prüfen das lediglich in einem einzigen Spezialfall nach, kommen aber später nochmals darauf zurück.

Für die Koch-Kurve gilt $d_F = d_S$.

Beweis:

Sei a die Länge der Startstrecke bei der Konstruktion der Koch-Kurve. Zum "Abzirkeln" wählen wir dann in der Generation n die Zirkelöffnung $r_n = (\frac{1}{3})^n a$. Dann haben wir für die

Anzahl $N(r) = 4^n$.

$$d_F = \lim_{n\to\infty} \frac{\ln N(r)}{\ln \frac{1}{r_n}} = \lim_{n\to\infty} \frac{\ln 4^n}{\ln \frac{3^n}{a}} = \lim_{n\to\infty} \frac{n\ln 4}{n\ln 3 - \ln a} = \lim_{n\to\infty} \frac{\ln 4}{\ln 3 - \frac{1}{n}\ln a} = \frac{\ln 4}{\ln 3} = d_S$$

6 Diverse Erweiterungen

Die Definition unserer Zirkeldimension läßt sich nach verschiedenen Richtungen hin erweitern.

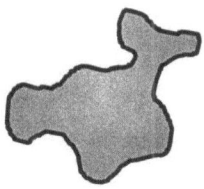

Kreise

Quadrate

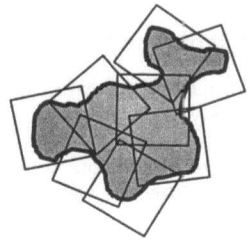

Beliebige Punktmengen

Quadratgitter

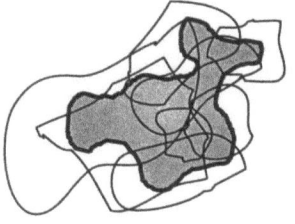

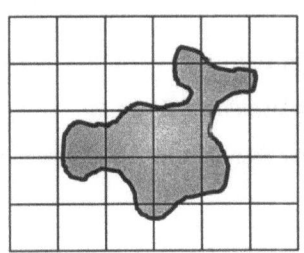

FIGUR IX,5 Überdeckungen

6.1 Statt Kurven, jetzt...

Bisher ging es um Kurven im $\mathbb{R}^2$ (Koch-Kurve). Jetzt wollen wir statt dessen irgendwelche beschränkten Punktmengen E im $\mathbb{R}^n$ betrachten.

Wieder verwenden wir die Formel $d_F = \lim_{r \to \infty} \frac{\ln N(r)}{\ln \frac{1}{r}}$. Was aber bedeuten jetzt r und $N(r)$?

Mit Zirkelöffnung r ist jetzt nichts zu machen. Statt dessen bedienen wir uns des Durchmessers: Unter dem Durchmesser $r = |U|$ einer beschränkten Punktmenge U versteht man die größte Distanz zweier seiner Punkte, also $r(U) = \max\{d(x,y) | x, y \in U\}$. Der Durchmesser eines Würfels mit Kante a im $\mathbb{R}^3$ wäre nach dieser Definition $a\sqrt{3}$.

Und wie steht es mit $N(r)$?

Da gibt es viele verschiedene, jedoch äquivalente Möglichkeiten. Wir nennen einige.

$N(r)$ ist

(a) die kleinste Zahl überdeckender Kugeln mit Durchmesser r,

(b) die kleinste Zahl überdeckender Würfel mit Durchmesser r,

(c) die kleinste Zahl überdeckender Mengen E_i mit Durchmesser r

oder aber

(d) die Anzahl von Würfeln mit Durchmesser r eines Würfelgitters die E schneiden.

Figur IX,5 veranschaulicht diese Möglichkeiten im $\mathbb{R}^2$.

Jetzt wird auch klar, warum man die vorgeführte Dimension d_F als *Kästchen(zähl)-Methode* bezeichnet (box counting).

Diese Kästchendimension wurde 1932 von Lew Semjonowitch PONTRJAGIN (1908-1988) und Leo SCHNIRELMANN (1905-1935) eingeführt.

6.2 Statt $\mathbb{R}^n$, jetzt...

Für allgemeinere Untersuchungen bedient man sich anstelle von $\mathbb{R}^n$ sogar metrischer Räume.

7 Sätze zur Dimension

7.1 Satz

Für Punktmengen G die im strengen Sinn selbstähnlich sind gilt $d_F = d_S$.

Damit ist der Satz in Abschnitt 5 erweitert.

Beweis:

Die gegebene (kompakte) Punktmenge G werde in N (bis auf Randpunkte disjunkte) Teilmengen G_i zerlegt, $G = \bigcup_{i=1}^{N} G_i$. Wenn es eine Ähnlichkeitsabbildung γ mit $\gamma(G_i) = G$, Vergrößerungsfaktor $p > 1$ (bei umgekehrter Anwendung dann Verkleinerungsfaktor $q = \frac{1}{p} < 1$) gibt, dann ist E selbstähnlich im strengen Sinn und es gilt $d_S = \frac{\ln N}{\ln p} = \frac{\ln N}{\ln \frac{1}{q}}$.

Nun zur Kästchendimension.

Der Durchmesser einer Teilmenge G_i sei r. Wir verkleinern mit Faktor q. In der n-ten Generation beträgt dieser Durchmesser dann nur noch $r_n = q^n\, r = \frac{1}{p^n} r$. Die Anzahl der Teilmengen ist gewachsen. Wir haben $N(n) = N^n$. Nun überdecken wir G mit all diesen Teilmengen. Das liefert die Kästchendimension:

$$d_F = \lim_{n\to\infty} \frac{\ln N(n)}{\ln \frac{1}{r_n}} = \lim_{n\to\infty} \frac{\ln N^n}{\ln \frac{p^n}{r}} = \lim_{n\to\infty} \frac{n \ln N}{n \ln p - \ln r} =$$

$$= \lim_{n\to\infty} \frac{\ln N}{\ln p - \frac{1}{n}\ln r} = \frac{\ln N}{\ln p} = d_S$$

7.2 Satz

Für Punktmengen G die im erweiterten Sinn selbstähnlich sind gilt $d_F = \overline{d_S}$.

Der hier unterdrückte Beweis findet sich in [EDG].

Mit den Sätzen 7.1 und 7.2 ist gezeigt, daß die Einführung der Kästchendimension eine echte Erweiterung bedeutet. In den Verein der vertrauten Dimensionen d, d_S, $\overline{d_S}$ wurden neue Mitglieder, nämlich die Dimensionen d_F aufgenommen.

8 Beispiele

8.1 Selbstaffine Punktmengen

Wir kommen auf Abschnitt 3 in Kapitel VII zurück. Die Dimension selbstaffiner Punktmengen ist mit der Kästchenmethode bestimmbar. Wir geben zwei Beispiele.

8.1.1 Die Dimension des Flächenteppichs

Wir gehen nun daran, die Kästchenmethode wirklich anzuwenden und bestimmen die Kästchendimension des Flächenteppichs aus VII,4.

a) Rechtecke bei Iterationen

Bei der ersten Iteration werden aus dem Startquadrat mit Kantenlänge 1 sechs Rechtecke mit den Kanten $\frac{1}{3}$ und $\frac{1}{4}$. Weitere Iterationen liefern neue Rechtecke.

Iterationsnummer	Anzahl der Rechtecke	Kantenlängen	
1	6	$\frac{1}{3}$	$\frac{1}{4}$
2	6^2	$\frac{1}{3^2}$	$\frac{1}{4^2}$
⋮	⋮	⋮	⋮
n	6^n	$\frac{1}{3^n}$	$\frac{1}{4^n}$

Figur IX,6 zeigt ein Rechteck aus der n-ten Generation.

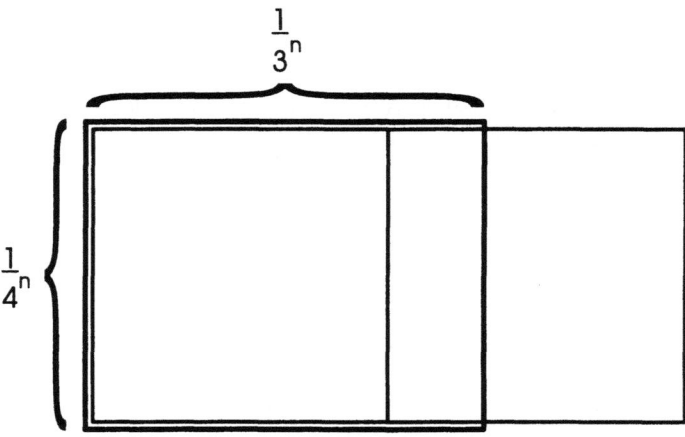

FIGUR IX,6 Zum Flächenteppich

(b) Überdeckung eines einzelnen Rechtecks

Jedes Rechteck der Generation n mit den Seiten $\frac{1}{4^n}$, $\frac{1}{3^n}$ läßt sich durch Quadrate mit Seite $\frac{1}{4^n}$, Diagonale $r_n = \frac{1}{4^n}\sqrt{2}$ überdecken.

Wieviele solche Quadrate brauchen wir? Zunächst werde die Quadratseite $\frac{1}{4^n}$ solange x-Mal angetragen bis sie die Strecke $\frac{1}{3^n}$ exakt ausfüllt. Aus $x \cdot \frac{1}{4^n} = \frac{1}{3^n}$ folgt $x = (\frac{4}{3})^n$. Das aber ist keine ganze Zahl. Also ergibt sich für die minimale Anzahl $m \in \mathbb{N}$ der zur Überdeckung eines Rechtecks benötigten Quadrate die Abschätzung $(\frac{4}{3})^n < m < (\frac{4}{3})^n + 1$.

Zahlenbeispiel:

Sei $m = 3$. Mit $(\frac{4}{3})^3 \approx 2,37$ folgt $2,37 < m < 3,37$, also $m = 3$. In der Tat liefert 3-maliges Antragen der Quadratseite die Strecke $3 \cdot (\frac{1}{4^3}) \approx 0,047$ und 2-maliges die Strecke $2 \cdot (\frac{1}{4^3}) \approx 0,031$. Mit $\frac{1}{3^3} \approx 0,037$ gilt wie gewünscht $2 \cdot \frac{1}{4^3} < \frac{1}{3^3} < 3 \cdot \frac{1}{4^3}$.

(c) Gesamtzahl der Überdeckungsquadrate

Weil die Generation n insgesamt 6^n Rechtecke enthält, gilt für die Gesamtzahl $N(n)$ aller Überdeckungsquadrate

$$6^n(\tfrac{4}{3})^n < N(n) < 6^n((\tfrac{4}{3})^n + 1)$$

also weiter

$$N_1(n) = 8^n < N(n) < 8^n(1 + (\tfrac{3}{4})^n) = N_2(n).$$

(d) Die Kästchendimension

$$\lim_{n\to\infty} \frac{\ln N_2(n)}{\ln \frac{1}{r_n}} = \lim_{n\to\infty} \frac{\ln 8^n(1+(\frac{3}{4})^n)}{\ln \frac{4^n}{\sqrt{2}}} = \lim_{n\to\infty} \frac{n\ln 8 + \ln(1+(\frac{3}{4})^n)}{n\ln 4 - \ln\sqrt{2}} =$$

$$= \lim_{n\to\infty} \frac{3\ln 2 + \frac{1}{n}\ln(1+(\frac{3}{4})^n)}{2\ln 2 - \frac{1}{n}\ln\sqrt{2}} = \frac{3}{2}.$$

Auf die gleiche Art erhalten wir $\lim_{n\to\infty} \frac{\ln N_1(n)}{\ln \frac{1}{r_n}} = \frac{3}{2}$.

Beide Resultate zusammen bedeuten $d_F = \frac{3}{2}$.

Wer hätte das gedacht!

8.1.2 Die Dimension des Cantor-Labyrinths

Wesentlich einfacher als im letzten Abschnitt gestaltet sich jetzt die Bestimmung der Kästchendimension des Cantor-Layrinths aus VII,5.

Erste Iteration

Wir überdecken mit 7 Quadraten der Seitenlänge $\frac{1}{3}$, Durchmesser $\frac{1}{3}\sqrt{2}$.

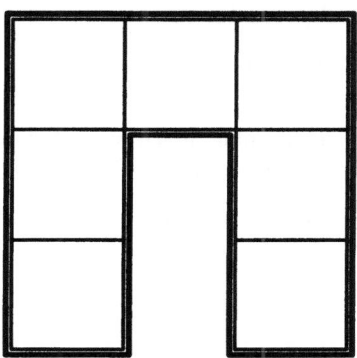

FIGUR IX,7 Zum Cantor-Labyrinth

Von der n-ten zur $(n+1)$-ten Iteration

Nehmen wir an, nach der n-ten Iteration hätten wir zur Überdeckung $N(n)$ Quadrate der Seitenlänge $\frac{1}{3^n}$, Durchmesser $\frac{1}{3^n}\sqrt{2}$ verwendet.

Nach Figur VII,5-7 besteht das Verkleinern und Anordnen mit der Barnsley-Maschine in unserem Fall aus drei Schritten.

(a) Schritt 1, die Abbildung β_1

Es handelt sich um eine zentrische Streckung der Startfigur: $x'_1 = \frac{1}{3}x_1$, $x'_2 = \frac{1}{3}x_2$. Diese Abbildung liefert eine verkleinerte Figur, die sich mit $N(n)$ Quadraten der Seitenlänge $\frac{1}{3^{n+1}}$ überdecken läßt.

(b) Schritt 2, die Abbildung β_2

Es handelt sich um eine Stauchung längs der x_2-Achse: $x'_1 = x_1$, $x'_2 = \frac{1}{3}x_2$. Aus den überdeckenden $N(n)$ Quadraten der Seitenlänge $\frac{1}{3^n}$ werden bei dieser Abbildung Rechtecke mit den Seiten $\frac{1}{3^n}$ und $\frac{1}{3^{n+1}}$. Jedes von ihnen ist überdeckbar mit drei Quadraten der Seitenlänge $\frac{1}{3^{n+1}}$. Dies ergibt also $3N(n)$ überdeckende Quadrate mit Seitenlänge $\frac{1}{3^{n+1}}$. Die übrigen Abbildungen (Drehung, Translation) ändern daran nichts.

(c) Schritt 3, die Abbildung β_3

Wir erhalten genau das Ergebnis von (b).

Alle drei Schritte zusammen bedeuten, daß eine Überdeckung mit $N(n+1) = 7N(n)$ Quadraten der Seitenlänge $\frac{1}{3^{n+1}}$ möglich ist. Mit $N(1) = 7$ folgt $N(n) = 7^n$.

Die Kästchendimension

$$d_F = \lim_{r \to 0} \frac{\ln N}{\ln \frac{1}{r}} = \lim_{n \to \infty} \frac{\ln 7^n}{\ln \frac{3^{n+1}}{\sqrt{2}}} = \lim_{n \to \infty} \frac{n \ln 7}{(n+1)\ln 3 - \ln \sqrt{2}} = \lim_{n \to \infty} \frac{\ln 7}{(1+\frac{1}{n})\ln 3 - \frac{1}{n}\ln \sqrt{2}} = \frac{\ln 7}{\ln 3} \sim 1{,}77.$$

8.2 Ein total verrückter Staub

8.2.1 Eine besondere Wischprozedur

Wir teilen die Startstrecke der Länge 1 in $p = 3$ gleiche Teile und wischen die mittlere, offene Strecke heraus. Dieser Schritt entspricht genau dem bei der Cantor-Drittelmenge.

Bei der nächsten Iteration gehen wir völlig anders vor. Wir teilen die beiden verbleibenden Strecken in $p = 5$ Teile und wischen jeweils zwei offene Strecken der Länge $\frac{1}{15}$ heraus.

Für die folgenden Wischungen wählen wir dann $p = 7, 9, \ldots$ (Figur IX,8).

FIGUR IX,8 Verrückter Cantor-Staub

8.2.2 Die Dimension

Die so entstehende Limesmenge (falls sie denn existiert) ist jedenfalls nicht selbstähnlich. Mit den Selbstähnlichkeitsdimensionen d_S und $\overline{d_S}$ ist also nichts zu machen. Wir bedienen uns deshalb der Zirkeldimension und überdecken unseren neuen Staub mit Strecken der Länge r_n. Beträgt deren Anzahl N_n, so gilt

$$d_F = \lim_{n \to \infty} \frac{\ln N_n}{\ln \frac{1}{r_n}}$$

In der folgenden Tabelle geben wir für jede Schrittzahl n den Faktor p, die Strecke r_n und auch N_n an.

n	p	r_n	N_n
1	3	$\frac{1}{3}$	2
2	5	$\frac{1}{3\cdot 5}$	$2\cdot 3$
3	7	$\frac{1}{3\cdot 5\cdot 7}$	$2\cdot 3\cdot 4$
⋮	⋮	⋮	⋮
n	$2n+1$	$\frac{1}{3\cdot 5\cdot 7\ldots(2n+1)}$	$(n+1)!$

Damit ergibt sich

$$d_F = \lim_{n\to\infty}\frac{\ln N_n}{\ln\frac{1}{r_n}} = \lim_{n\to\infty}\frac{\ln(n+1)!}{\ln(3\cdot 5\cdot 7\ldots(2n+1))} = \lim_{n\to\infty}\frac{Z_n}{N_n}.$$

8.2.3 Mühsame Grenzwertbestimmungen

Zur Auffindung des genannten Grenzwertes sind mühsame Berechnungen erforderlich.

(a) Zu beweisen: $0 \le d_F \le 1$.

Zunächst zeigen wir $\frac{Z_n}{N_n} < 1$, also $Z_n < N_n$.

Weil die Logarithmusfunktion streng monoton wächst gilt

$\ln(i+1) < \ln(2i+1)$ für $1 \le i \le n$. Damit ergibt sich

$N_n = \ln 3 + \ln 5 + \ln 7 + \ldots + \ln(2n+1) =$
$= \ln(2\cdot 1+1) + \ln(2\cdot 2+1) + \ln(2\cdot 3+1) + \ldots + \ln(2n+1) >$
$> \ln 2 + \ln 3 + \ln 4 + \ldots + \ln(n+1) = Z_n$, also $N_n > Z_n$.

Weiter wissen wir, daß $\frac{Z_n}{N_n} > 0$, also muß gelten $0 \le d_F \le 1$.

(b) Zu beweisen: $\dfrac{Z_n}{N_n} > \dfrac{1}{1+\frac{\ln 2}{\ln\sqrt[n]{n!}}}$.

Aus $\frac{Z_n}{N_n} = \frac{\ln(n+1)!}{\ln(3\cdot 5\cdot 7\ldots(2n+1))}$ folgt

wegen $\ln(2i+1) < \ln(2i+2)$ für $1 \le i \le n$ (Monotonie der Logarithmusfunktion)

$$\frac{Z_n}{N_n} = \frac{\ln(n+1)!}{\ln 3+\ln 5+\ln 7+\ldots+\ln(2n+1)} >$$
$$> \frac{\ln(n+1)!}{\ln 4+\ln 6+\ln 8+\ldots+\ln(2n+2)} =$$
$$= \frac{\ln(n+1)!}{(\ln 2+\ln 2)+(\ln 2+\ln 3)+(\ln 2+\ln 4)+\ldots+(\ln 2+\ln(n+1))} =$$
$$= \frac{\ln(n+1)!}{n\ln 2+\ln(n+1)!} =$$
$$= \frac{1}{1+\frac{n\ln 2}{\ln(n+1)!}} > \frac{1}{1+\frac{n\ln 2}{\ln(n)!}} = \frac{1}{1+\frac{\ln 2}{\ln\sqrt[n]{n!}}}.$$

(c) Zu beweisen: $\lim\limits_{n\to\infty}\ln\sqrt[n]{n!} = \infty$.

Aus [DÖR] entnehmen wir $(\sqrt{n})^n < n!$, $n \in \mathbb{N} \setminus \{1, 2\}$.

Daraus folgt (Monotonie der Logarithmusfunktion)

$\frac{n}{2} \ln n < \ln(n!)$ und weiter $\frac{1}{2} \ln n < \frac{\ln(n!)}{n}$ oder $\frac{1}{2} \ln n < \ln \sqrt[n]{n!}$.

Wegen $\lim_{n \to \infty} \ln n = \infty$ bedeutet dies $\lim_{n \to \infty} \ln \sqrt[n]{n!} = \infty$.

8.2.4 Zurück zur Dimension

Mit (b) und (c) folgt

$$d_F = \lim_{n \to \infty} \frac{Z_n}{N_n} > \lim_{n \to \infty} \frac{1}{1 + \frac{\ln 2}{\ln \sqrt[n]{n!}}} = 1, \text{ also } d_F > 1.$$

Zusammen mit $0 \leq d_F \leq 1$ aus (a) ergibt das für unseren total verrückten Staub $d_F = 1$.

8.3 Fraktalähnliche Gebilde

Jetzt wenden wir das am Beispiel der Küste Englands entwickelte Zirkel - bzw. Kästchenverfahren auf andere fraktalähnliche (in der Natur vorkommende) Gebilde an.

8.3.1 Zinkablagerung

Zur Bestimmung der fraktalen Dimension des Randes der Zinkablagerung in Figur IX,1 wird das Gebilde auf ein Quadratgitter gelegt. Dann muß gezählt werden durch wieviele Quadrate die Randkurve läuft. Dieser Vorgang wird mit Gittern wiederholt, deren Quadrate andere Durchmesser haben. Die Anzahlen und die Durchmesser sind schließlich in ein ln-ln-Diagramm einzutragen – dessen Auswertung erfolgt wie gehabt.

Man muß das wirklich einmal gemacht haben, um zu sehen wie mühsam das Kästchenverfahren ist.

8.3.2 Die menschliche Lunge

(a) Fragestellung

Die Definition physiologischer Flächenfraktale in Kap. III war motiviert durch Eigenschaften der menschlichen Lunge.

Es drängt sich nun die Frage nach der Dimension der menschlichen Lunge auf. Wir vermuten, daß sie zwischen 2 und 3 liegt, also nicht ganzzahlig ist.

Ein anderes Problem ist der Flächeninhalt der Lunge. Zu seiner Bestimmung gehen wir genauso vor wie bei der Küstenlänge Englands. Jetzt messen wir aber nicht mit Strecken, sondern mit Scheiben, etwa Quadratscheiben der Kantenlänge r. Die Lunge wird jetzt also durch eine Fläche approximiert die aus lauter solchen Quadratscheiben besteht. Dann gilt $F(r) = r^2 \cdot N(r)$. Dabei ist $F(r)$ die jeweilige Gesamtfläche und $N(r)$ die Anzahl der verwendeten Überdeckungsquadrate.

(b) Messungen

Zunächst wurden entsprechende Experimente an verschiedenen Tieren durchgeführt. E. R. Weibel [WEI] untersuchte auch die menschliche Lunge. Mit $y = \ln F(r)$, $x = \ln r$ erhielt er in einem ln-ln-Koordinatensystem angenähert die Gerade $y = mx + t$, wobei $t = -0,24$. Wir verzichten auf die Wiedergabe der Originalgraphik – sie sieht genauso aus wie die in Figur IX,4 skizzierte. Bei diesen Experimenten ergaben sich offenbar erhebliche technische Probleme bezüglich der Messung einzelner Größen. Statt r bediente sich Weibel des Auflösungsvermögens des verwendeten Licht – bzw. Elektronenmikroskops. $F(r)$ wurde ersetzt durch die sogenannte Flächendichte. Darunter versteht man die Fläche pro cm^3. Dies bedeutet eine Beschränkung auf einen einzigen cm^3 des Lungenraumes.

Interessierten Lesern empfehlen wir die Lektüre von [WEI].

(c) Konsequenzen

Jetzt läuft alles genauso wie in Abschnitt 2.

Fläche

$r \to 0 \Rightarrow \ln r \to -\infty \Rightarrow y \to +\infty \Rightarrow F(r) \to +\infty$

Die Fläche der Lunge (Luftaustauschfläche) ist also unendlich.

Da wir es mit einem fraktalähnlichen Gebilde zu tun haben, gilt diese Aussage nur näherungsweise. Die Fläche der menschlichen Lunge beträgt in Wirklichkeit – wie in III schon festgestellt – immerhin $140\ m^2$.

Dimension

Würde die Lungenfläche zu einer Ebene entarten, so hätte sie die Dimension 2. Dann könnte sich die Fläche $F(r)$ mit r überhaupt nicht ändern und das hätte zur Folge $m = 0$. Dieser Gedanke legt die Definition $d = 2 - m$ nahe. Mit $m = -0,24$ haben wir den Satz:

Die Dimension der menschlichen Lunge beträgt $d = 2,24$.

Eine gefällige Formel

Wir hatten $y = mx+t$, also $\ln F(r) = m \ln r + t$ oder $F(r) = e^t r^m$. Mit $F(r) = r^2 N(r)$ ergibt sich weiter $N(r) = e^t r^{m-2}$ und mit $d = 2 - m$ weiter $N(r) = e^t r^{-d}$ oder $d = \frac{\ln N(r)}{\ln \frac{1}{r}} + \frac{t}{\ln r}$.

Wegen $\lim\limits_{r \to 0} \frac{t}{\ln r} = 0$ folgt erneut die Dimensionsformel aus Abschnitt 4: $d_F = \lim\limits_{r \to 0} \frac{\ln N(r)}{\ln \frac{1}{r}}$.

An dieser Stelle sollte unbedingt erwähnt werden, daß ähnliche Untersuchungen auch für andere menschliche Organe, etwa die Zellmembranen der Leber durchgeführt wurden.

3.3.3 Krebs-Diagnose [WEI]

Inzwischen haben Dimensionsbestimmungen Eingang in die medizinische Diagnostik gefunden. Wir nennen ein Beispiel. Beim Auftreten eines Brusttumors wurde bisher eine Gewebeprobe (Biopsie) entnommen und dann mit raffinierten chemischen (Färbungstechniken) und physikalischen Methoden untersucht. Jetzt wird zusätzlich für einzelne Zellen dieser Probe die fraktale Dimension bestimmt. Mit ihr kann dann zuverlässig entschieden werden, ob der Tumor krebsartig ist oder nicht. Fraktale Geometrie führt also zu einer wesentlichen Verbesserung der Krebsdiagnose.

Kapitel X

DER GIPFEL - DIE HAUSDORFF-BESICOVITCH DIMENSION

Inzwischen kennen wir verschiedene Dimensionsbegriffe: d, d_S, $\overline{d_S}$, d_F. Nun wird als Höhepunkt, als Gipfel noch ein weiterer dazugenommen.

Der neue Ansatz ist sehr abstrakt, sehr theoretisch. Die praktische Berechnung der neuen Dimension für konkrete, vorgegebene Punktmengen gestaltet sich oft extrem schwierig. Diese Dimension kann nicht als Grundlage für experimentelles Arbeiten in den Naturwissenschaften benützt werden. Einige Mathematiker lieben die neue Dimension, die meisten Physiker jedoch hassen sie abgrundtief.

Wir versuchen in diesem Kapitel eine exakte Definition zu geben und teilen dann einige Eigenschaften ohne Beweis mit.

1 $H^d_{2r}(G)$

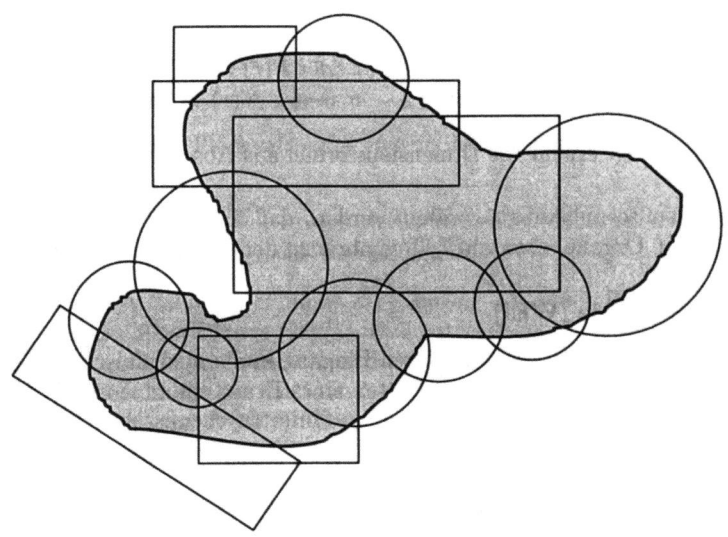

FIGUR X,1 Überdeckung der Menge G

1.1 $2r$-Überdeckungen

Bei den Untersuchungen in IX,6.1 hatten wir Quadrate, Würfel, Kreise, ... und schließlich beliebige Mengen zur Überdeckung verwendet. Auch jetzt entscheiden wir uns für den zuletzt genannten, allgemeinen Fall.

Gegeben sei eine beschränkte Punktmenge G in einem metrischen Raum (E, d). Diese Menge G überdecken wir nun durch Punktmengen U_i, also $G \subseteq \cup U_i$. Für den Durchmesser $|U_i|$ (siehe IX,6.1) gelte $0 < |U_i| = 2s_i \leq 2r$. Dabei sei $2r$ fest vorgegeben. Wir sprechen von einer $2r$-Überdeckung.

1.2 Überdeckungsfläche

Sind die Mengen U_i zum Beispiel kongruente Quadrate, kongruente Würfel oder kongruente Kreise, so ergeben sich die folgenden Überdeckungsflächen $\frac{1}{2} \sum |U_i|^2$, $\frac{1}{27} \sum |U_i|^3$ oder $\frac{1}{4}\pi \sum |U_i|^2$. Die dabei auftretenden Exponenten bedeuten jeweils die vertraute, klassische Dimension.

Dieser Ansatz wurde nun von Hausdorff in verschiedenen Richtungen verallgemeinert.

Für jede der $2r$-Überdeckungen von G wird $\sum |U_i|^d$ betrachtet. Dabei sind wieder G und r, aber auch $d > 0$ fest gegeben. Es ist nicht mehr von kongruenten Punktmengen die Rede und auf die Koeffizienten $\frac{1}{2}$, $\frac{1}{27}$ bzw. $\frac{1}{4}\pi$ wird verzichtet. Wir können das als verallgemeinerte Überdeckungsfläche deuten. Dann ist d ein möglicher Kandidat für eine neue Dimensionszahl.

Schließlich ging Hausdorff noch einen Schritt weiter.

Es gibt unendlich viele Überdeckungsmöglichkeiten, also auch unendliche viele Zahlen $\sum |U_i|^d$. Unter ihnen wählen wir uns die kleinste aus und bezeichnen sie mit $H^d_{2r}(G)$, also

$$H^d_{2r}(G) = \min \{\sum |U_i|^d\}.$$

1.3 Satz

Seien G, d fest und $2r_1 < 2r$ dann gilt $H^d_{2r_1}(G) \geq H^d_{2r}(G)$.

Mit abnehmendem Durchmesser $2r$ kann $H^d_{2r}(G)$ nicht abnehmen.

Beweis:

Nehmen wir zunächst an $|U_i| = 2s_i \leq 2r$. Da sind also die verschiedensten Mengen U_i möglich mit den verschiedensten Durchmessern. Es sind auch alle enthalten mit $|U_i| = 2s_i \leq 2r_1 < 2r$.

Wäre nun $H^d_{2r_1}(G) < H^d_{2r}(G)$ so hätten wir einen Widerspruch. Denn $H^d_{2r}(G)$ sollte ja minimal sein, enthielte aber noch kleinere Werte $H^d_{2r_1}(G)$.

Dies bedeutet $H^d_{2r_1}(G) \geq H^d_{2r}(G)$.

1.4 Satz

Seien G, $2r > 0$ fest und gelte $d_1 < d_2$, dann folgt $H^{d_1}_{2r}(G) \geq (2r)^{d_1-d_2} H^{d_2}_{2r}(G)$.

Beweis:

Wir wählen eine beliebige 2r-Überdeckung mit $|U_i| = 2s_i \leq 2r$, also $\frac{s_i}{r} \leq 1$. Dann gilt

$$\frac{\sum |U_i|^{d_1}}{(2r)^{d_1}} = \sum (\frac{2s_i}{2r})^{d_1} = \sum (\frac{s_i}{r})^{d_1}.$$

Analog ergibt sich

$$\frac{\sum |U_i|^{d_2}}{(2r)^{d_2}} = \sum (\frac{s_i}{r})^{d_2}.$$

Wegen $d_1 < d_2$ und $\frac{s_i}{r} \leq 1$ bedeutet dies

$$\sum (\frac{s_i}{r})^{d_1} \geq \sum (\frac{s_i}{r})^{d_2}$$

also $\dfrac{\sum |U_i|^{d_1}}{(2r)^{d_1}} \geq \dfrac{\sum |U_i|^{d_2}}{(2r)^{d_2}}$

und weiter $\sum |U_i|^{d_1} \geq (2r)^{d_1-d_2} \sum |U_i|^{d_2}$.

Dies gilt für ganz beliebige 2r-Überdeckungen, auch für die minimalen:

$H_{2r}^{d_1}(G) \geq (2r)^{d_1-d_2} H_{2r}^{d_2}(G)$.

2 Das Hausdorff d-Mass $H^d(G)$

Die folgenden Untersuchungen haben mit der Hausdorff-Distanz kompakter Punktmengen in (E, d) (Kapitel VIII,2) nichts zu tun.

2.1 Definition

Seien d und G fest gegeben, Dann heißt $\lim\limits_{r \to 0} H_{2r}^d(G) = H^d(G)$ das Hausdorff d-Maß von G.

Aus dem Satz 1.3 folgt, daß $H^d(G)$ entweder gegen einen positiven Wert konvergiert oder aber nach 0 bzw. $+\infty$ geht, also $H^d(G) \in [0, \infty]$.

2.2 Satz

Sei G fest und $d_2 > d_1$, dann gilt $H^{d_2}(G) \leq H^{d_1}(G)$.

Mit wachsendem d kann $H^d(G)$ nicht zunehmen.

Beweis:

Wegen $r \to 0$ ist es statthaft, anzunehmen, daß $2r < 1$, also

$|U_i| = 2s_i \leq 2r < 1$. Dies aber bedeutet mit $d_2 > d_1$ weiter $|U_i|^{d_2} = (2s_i)^{d_2} < (2s_i)^{d_1} = |U_i|^{d_1}$.

Jetzt gehen wir zur Betrachtun der Summen $\sum |U_i|^{d_2}$ bzw. $\sum |U_i|^{d_1}$ über. Die Anzahl der zur Überdeckung erforderlichen Mengen U_i nimmt mit abnehmendem r im Allgemeinen zu.

Nehmen wir zunächst an, diese Anzahl sei unendlich groß. Dann haben wir es bei unseren Summen mit unendlichen Reihen zu tun. Betrachten wir zunächst $\sum\limits_{i=1}^{\infty} |U_i|^{d_1}$. Es gibt zwei

Möglichkeiten:

(a) Die Reihe konvergiert nach $\alpha \geq 0$ oder

(b) Die Reihe divergiert.

Nun gehen wir von d_1 nach d_2 über. Wegen $|U_i| = 2s_i \leq 2r < 1$ werden dabei alle Reihenglieder kleiner, also $|U_i|^{d_2} = (2s_i)^{d_2} < (2s_i)^{d_1} = |U_i|^{d_1}$. Was erhalten wir dann für unsere Reihe $\sum_{i=1}^{\infty} |U_i|^{d_2}$ in den beiden Fällen a) und b) ?

(a) $\sum_{i=1}^{\infty} |U_i|^{d_1}$ ist Majorante zu $\sum_{i=1}^{\infty} |U_i|^{d_2}$, konvergiert also nach α_1 mit $0 \leq \alpha_1 < \alpha$.

(b) Für $\sum_{i=1}^{\infty} |U_i|^{d_2}$ existieren die beiden Möglichkeiten. Konvergenz gegen α_1 mit $0 \leq \alpha_1$ oder aber Divergenz. Jetzt erhalten wir also $\sum_{i=1}^{\infty} |U_i|^{d_2} \leq \sum_{i=1}^{\infty} |U_i|^{d_1}$.

Insgesamt bedeutet das auch $\lim_{r \to 0} \sum_{i=1}^{\infty} |U_i|^{d_2} \leq \lim_{r \to 0} \sum_{i=1}^{\infty} |U_i|^{d_1}$ also weiter $H^{d_2}(G) \leq H^{d_1}(G)$.

Handelt es sich um Summen mit endlich vielen Summanden, so läuft alles einfacher, denn der Fall (b) scheidet aus. Es gilt sogar $H^{d_2}(G) < H^{d_1}(G)$.

2.3 Satz

Sei G fest. Weiter gelte $d_2 > d_1$ und $H^{d_2}(G) > 0$. Dann folgt $H^{d_1}(G) = \infty$.

Beweis:

Mit 1.4 gilt $H^{d_1}_{2r}(G) \geq (2r)^{d_1 - d_2} H^{d_2}_{2r}(G)$. Nach Voraussetzung geht $H^{d_2}_{2r}(G)$ für r gegen 0 gegen einen Wert $H^{d_2}(G) > 0$. Wegen $d_1 - d_2 < 0$ ergibt sich dann $\lim_{r \to 0} (2r)^{d_1 - d_2} H^{d_1}_{2r}(G) = \infty$, also folgt $H^{d_1}(G) = \infty$.

2.4 Der Hauptsatz von Hausdorff-Besicovitch[*]

Sei G fest. Wenn für einen Wert $d = D > 0$ das Hausdorff d-Maß positiv ist, also $H^D(G) > 0$, dann folgt $H^d(G) = \infty$ für $d < D$ und $H^d(G) = 0$ für $d > D$.

Beweis:

Der erste Teil des Satzes ist mit 2.3 schon bewiesen.

Sei nun $d > D$. Nehmen wir an, es gelte $H^d(G) > 0$. Mit 2.3 müßte dann folgen $H^D(G) = \infty$ – im Widerspruch zur Voraussetzung.

Damit bleiben nur die Fälle $H^d(G) = 0$ und $H^d(G) = \infty$ übrig. Letzterer scheidet wegen 2.2 auch aus. Wenn nämlich d zunimmt, also $d > D$ dann kann $H^d(G)$ nicht wachsen. Also müßte gelten $H^d(G) \leq H^D(G)$ – im Widerspruch zu $H^d(G) = \infty$ und $H^D(G) > 0$.

---

[*] Abram Samoilovitch BESICOVITCH, 1891-1970

2.5 Der Graph von $H^d(G)$

Der Graph von $H^d(G)$, $d \geq 0$ besitzt bei $d = D$ eine Sprungstelle (wie die Signum-Funktion!). Diese pathologische Funktion hat nur drei Werte, nämlich 0, $H^D(G)$, ∞. Sie ist an der Stelle D nicht stetig (Figur X,2).

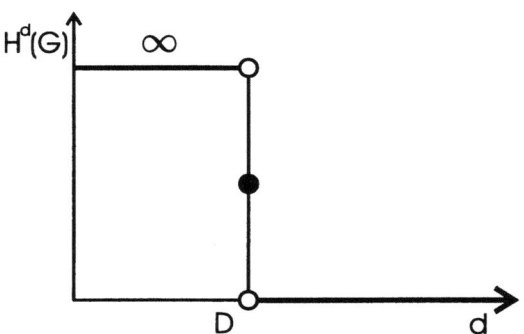

FIGUR X,2 Die Funktion $H^d(G)$

3 Die Dimension d_{HB}

3.1 Definition

Die nach 2.4 festgelegte Zahl D heißt Hausdorff-Besicovitch-Dimension der Punktmenge G. Wir schreiben kurz $d_{HB}(G)$.

3.2 Ein Beispiel

Wir bestimmen jetzt die Dimension d für das Sierpinski-Dreieck G aus II,5.2.

$2r$-Überdeckung

Zur Überdeckung wählen wir gleichseitige Dreiecke mit der Seitenlänge $a \cdot \frac{1}{2^n}$. Diese Seitenlänge gibt auch den Durchmesser der Dreiecke, also $2r = |U_i| = a \cdot \frac{1}{2^n}$.

$H^d_{2r}(G)$

Der Tabelle in II,5.2 entnehmen wir die Anzahl der zur Überdeckung erforderlichen Dreiecke, nämlich 3^n. Damit ergibt sich

$\sum |U_i|^d = \sum a^d \cdot \frac{1}{2^{dn}} = a^d \cdot (\frac{3}{2^d})^n$.

Man sieht sofort, daß diese Überdeckung minimal ist. Deshalb gilt $H^d_{2r}(G) = a^d \left(\frac{3}{2^d}\right)^n$.

$H^d(G)$

Nur erfolgt der Übergang zum Hausdorff d-Maß.

$H^d(G) = \lim\limits_{n \to \infty} a^d \left(\frac{3}{2^d}\right)^n$. Jetzt sind verschiedene Fälle zu unterscheiden.

$\frac{3}{2^d} < 1 \Rightarrow 3 < 2^d \Rightarrow d > \frac{\ln 3}{\ln 2} \Rightarrow H^d(G) = 0$

$\frac{3}{2^d} = 1 \Rightarrow 3 = 2^d \Rightarrow d = \frac{\ln 3}{\ln 2} \Rightarrow H^d(G) = a^d$

$\frac{3}{2^d} > 1 \Rightarrow 3 > 2^d \Rightarrow d < \frac{\ln 3}{\ln 2} \Rightarrow H^d(G) = \infty$

Damit haben wir die Sprungfunktion in Figur X,3 und auch die gesuchte Dimension $d_{HB}(G) = \frac{\ln 3}{\ln 2}$. Sie stimmt mit $d_S G$ überein.

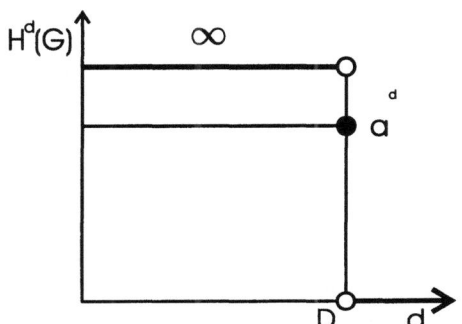

FIGUR X,3 $H^d(G)$ für das Sierpinski-Dreieck

4 Einige Sätze – ohne Beweis

4.1 Für Punktmengen E die selbstähnlich im strengen bzw. im weiteren Sinn sind, gilt $d_S(E) = d_F(E) = d_{HB}(E)$ bzw. $\overline{d_S}(E) = d_F(E) = d_{HB}(E)$.

4.2 Zusammenhang von fraktaler Dimension und Hausdorff-Besicovitch-Dimension:
$d_{HB}(E) \leq d_F(E)$.

4.3 Die Hausdorff-Besicovitch-Dimension einer abzählbaren Menge von Punkten ist 0.

4.4 $d_{HB}(E \cup F) = \max\{d_{HB}(E), d_{HB}(F)\}$.

4.5 Aus $E \subseteq F$ folgt $d_{HB}(E) \leq d_{HB}(F)$.

Versuchen Sie, Beweise zu geben, studieren Sie einschlägige Literatur [EDG].

Bemerkungen:

Für welche Punktmengen E existieren die Dimensionen $d_F(E)$ und d_{HB}? Auf diese Frage wurde nicht eingegangen.

5 Was ist eigentlich ein Fraktal?

5.1 Definition

Es gibt sehr viele Definitionen für diesen modernen Begriff. Da lesen wir z. B. in [LAN]:

"*Ein Fraktal ist eine hinreichend komplizierte Punktmenge in einem geometrisch einfachen Raum.*"

An anderer Stelle werden Fraktale durch Angabe vieler, vieler ihrer Eigenschaften definiert [FAL]:

"*Ein Fraktal ist eine Punktmenge mit Feinstruktur, sie ist irregulär, sie besitzt eine gewisse Selbstähnlichkeit, sie ist ...*"

Inzwischen wird die folgende, auf B. Mandelbrot zurückgehende Definition bevorzugt [MAN]:

Eine Punktmenge E heißt fraktal genau dann, wenn ihre topologische Dimension $d_{TOP}(E)$ echt kleiner ist als deren Hausdorff-Besicovitch-Dimension.

E fraktal $\iff d_{TOP}(E) < d_{HB}(E)$.

Diese Definition klingt zwar sehr einfach, hat aber trotzdem einen Hacken, nämlich die topologische Dimension. Zwar weiß man irgendwie, daß die topologische Dimension eines Punktes 0, die einer Strecke 1 und einer Fläche 2 ist. Aber die exakte Definition ist doch sehr schwierig [EDG]. Trotzdem geben wir sie hier an:

Die Punktmenge E hat die topologische Dimension 0, wenn der Rand beliebig kleiner Umgebungen eines jeden Punktes von E keinen anderen Punkt von E enthält.

Die Menge E hat die topologische Dimension n

(a) wenn sie von keiner kleineren Dimension ist und

(b) wenn beliebig kleine Umgebungen eines jeden Punktes von E einen Rand der Dimension $n-1$ haben.

Geht es noch abstrakter, noch umständlicher? Der berühmte Mathematiker H. Weyl hat das treffender und verständlicher ausgedrückt:

"*We say that space is 3-dimensional because the walls of a prison are 2-dimensional.*"

Nach dieser Definition ist die topologische Dimension stets ganzzahlig oder 0.

Der Cantor-Drittelstaub besitzt die topologische Dimension 0, das Sierpinski-Dreieck und der Menger-Schwamm dagegen die topologische Dimension 1.

5.2 Zusammenhang von topologischer und Hausdorff-Besicovitch-Dimension

Es läßt sich beweisen [EDG], daß stets gilt $d_{HB}(E) \geq d_{TOP}(E)$.

5.3 Eine häufig zitierte, aber trotzdem falsche Definition

Eine Punktmenge E ist genau dann fraktal, wenn die Hausdorff-Besicovitch-Dimension nicht ganzzahlig oder 0 ist.

E fraktal $\iff d_{HB}(E) \notin \mathbb{N} \cup \{0\}$

Richtig ist:

$d_{HB}(E) \notin \mathbb{N} \cup \{0\} \Longrightarrow E$ fraktal

Wegen $d_{HB}(E) \geq d_{TOP}(E)$ und $d_{TOP}(E) \in \mathbb{N} \cup \{0\}$ gilt in diesem Fall $d_{TOP}(E) < d_{HB}(E)$. Also ist E nach unserer Definition fraktal.

Falsch ist:

E fraktal $\Longrightarrow d_{HB}(E) \notin \mathbb{N} \cup \{0\}$.

Wir geben zwei Gegenbeispiele an.

1. Beispiel: Unser Tetraederkäse aus Kap. II,5.3

Man nehme ein Tetraeder (Kante 1), zerlege und wische so heraus, daß nur 4 abgeschlossene Tetraeder an den Ecken (Kante $\frac{1}{2}$) übrig bleiben (Figuren II,9, 10). Mit diesen kleinen Tetraedern verfahre man auf dieselbe Weise. So entsteht ein Gebilde, das im strengen Sinne selbstähnlich ist. Deshalb gilt $d_S = d_F = d_{HB} = \frac{\ln 4}{\ln 2} = 2$. Die Dimension ist ganzzahlig. Trotzdem liegt ein Fraktal vor, denn wir haben $d_{TOP} = 1$, also $d_{TOP} < d_{HB}$.

2. Beispiel: Noch ein Würfelfraktal

Man nehme einen Würfel (Kante 1), zerlege ihn in 27 Würfel (Kante $\frac{1}{3}$), wische und lasse nur die abgeschlossenen Würfel an den 8 Ecken und den Mittenwürfel stehen (Figur X,4). Mit diesen verfahren man auf dieselbe Weise. So entsteht ein Gebilde, das im strengen Sinne selbstähnlich ist. Deshalb gilt $d_S = d_F = d_{HB} = \frac{\ln 9}{\ln 3} = 2$. Die Dimension ist ganzzahlig. Trotzdem liegt (nach unserer Definition) ein Fraktal vor, denn wir haben $d_{TOP} = 1$, also $d_{TOP} < d_{HB}$. (In Figur II,7 (a) wird ein Würfelchen dazugenommen.)

FIGUR X,4 Ein Würfelfraktal

6 Die Dimension d_{HB} – braucht man sie?

Die Dimension d_{HB} ist sehr schwer bestimmbar. Deshalb fragen uns Praktiker, vor allem Physiker immer wieder, wozu man denn d_{HB} wirklich brauche. Sie halten d_{HB} oft für eine sinnlose, abstrakt mathematische Schöpfung.

Wenn es gelänge, zwei Punktmengen A, B zu konstruieren die in der fraktalen Dimension d_F übereinstimmen, sich aber in der Hausdorff-Besicovitch-Dimension unterscheiden, wäre die Frage beantwortet. Denn man wüßte dann, daß die neu eingeführte Dimension "schärfer", daß sie "feiner" wäre. Sie gestattet eine Differenzierung, ist also aussagekräftiger.

Wir konstruieren nun tatsächlich zwei solche Punktmengen. Sie sehen recht gekünstelt aus, haben aber die geforderten Eigenschaften.

Die Menge A, ein spezieller Cantor-Staub

Man nehme die abgeschlossene Strecke $[0, 1]$, zerlege sie in 4 kongruente Strecken der Länge $\frac{1}{4}$ und wische dann die offene mittlere Strecke der Länge $\frac{1}{2}$ heraus (Figur X,5). Mit den übrig bleibenden Strecken verfahre man auf dieselbe Weise. Die entstehende Punktmenge ist selbstähnlich im strengen Sinn, deshalb gilt $d_S(A) = d_F(A) = d_{HB}(A) = \frac{\ln 2}{\ln 4} = \frac{1}{2}$.

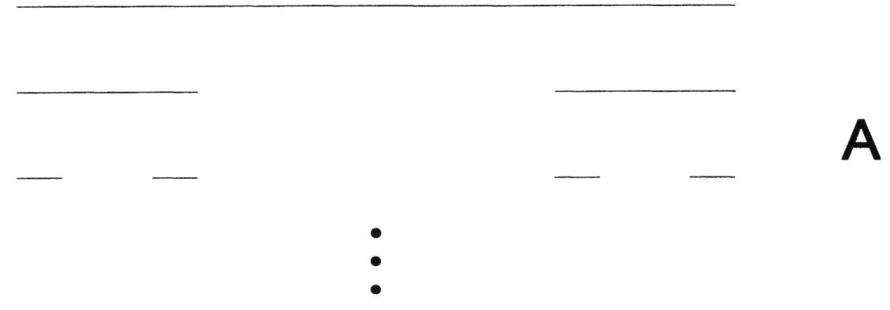

FIGUR X,5 Ein spezieller Cantor-Staub

Eine total verrückte Menge B

Wir betrachten die (kompakte) Punktmenge $B = \{1, \frac{1}{2}, \frac{1}{3}, \frac{1}{4}, ..., 0\}$.

Wegen Satz 4.3 gilt $d_{HB}(B) = 0$.

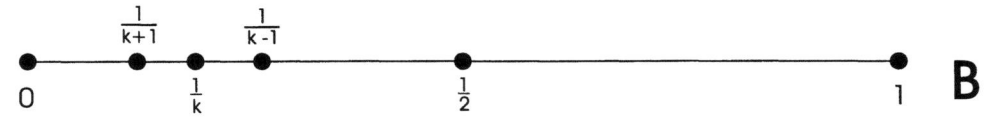

FIGUR X,6 Ein total verrückte Punktmenge

Wir betrachten drei aufeinander folgende Punkte $\frac{1}{k+1}$, $\frac{1}{k}$, $\frac{1}{k-1}$. Für die Länge der so entstehenden zwei Strecken ergibt sich

$a = \frac{1}{k} - \frac{1}{k+1} = \frac{1}{k(k+1)}$, $b = \frac{1}{k-1} - \frac{1}{k} = \frac{1}{k(k-1)}$.

Nun wählen wir eine Zahl $\delta \in \mathbb{R}$ so aus, daß $a \leq \delta \leq b$. Zur Überdeckung unsere Punktmenge B verwenden wir jetzt nur Intervalle U der Länge δ.

Eine untere Schranke für $d_F(B)$

Die rechts von $\frac{1}{k-1}$ gelegenen Intervalle $\left[\frac{1}{k-i}, \frac{1}{k-i-1}\right]$, $i \in \mathbb{N}$ sind alle größer als b und wegen $\delta \leq b$ auch größer als δ. Ein einzelnes Intervall U der Länge δ kann also in $\left\{\frac{1}{k-2}, \frac{1}{k-3}, ..., 1\right\}$ nur einen einzigen Punkt überdecken. Wir brauchen also für eine Gesamtüberdeckung von B mindestens $k-2$ Intervalle U. Sei $N(\delta)$ die Anzahl der erforderlichen Intervalle U. Mit $N(\delta) \geq k-2$ und $\delta \geq \frac{1}{k(k+1)}$ ergibt sich

$$\frac{\ln N(\delta)}{\ln \frac{1}{\delta}} \geq \frac{\ln(k-2)}{\ln k(k+1)}.$$

Nach Anwendung der Regel von l'Hospital erhalten wir

$$d_F = \lim_{\delta \to 0} \frac{\ln N(\delta)}{\ln \frac{1}{\delta}} \geq \lim_{k \to \infty} \frac{\ln(k-2)}{\ln k(k+1)} = \lim_{k \to \infty} \frac{k(k+1)}{(k-2)(2k+1)} = \frac{1}{2}.$$

Damit ist gezeigt, daß $\frac{1}{2}$ untere Schranke für d_F ist, $d_F \geq \frac{1}{2}$.

Eine obere Schranke für $d_F(B)$

Nach Definition gilt $\delta \geq \frac{1}{k(k+1)}$, also weiter $(k+1)\delta \geq \frac{1}{k}$. Dies bedeutet, daß zur Überdeckung der Strecke $[0, \frac{1}{k}]$ höchstens $k+1$ Intervalle U der Länge δ benötigt werden. Die restlichen $k-1$ Punkte $\frac{1}{k-1}, \frac{1}{k-2}, ...$ lassen sich mit $k-1$ weiteren Intervallen überdecken. Insgesamt erhalten wir $N(\delta) \leq (k+1) + (k-1) = 2k$. Mit $\delta \leq \frac{1}{k(k-1)}$ ergibt sich dann

$$\frac{\ln N(\delta)}{\ln \frac{1}{\delta}} \leq \frac{\ln 2k}{\ln k(k-1)}$$

und weiter unter Verwendung der Regel von l'Hospital

$$d_F = \lim_{\delta \to 0} \frac{\ln N(\delta)}{\ln \frac{1}{\delta}} \leq \lim_{k \to \infty} \frac{\ln 2k}{\ln k(k-1)} = \lim_{k \to \infty} \frac{2k(k-1)}{2k(2k-1)} = \frac{1}{2}.$$

Damit ist gezeigt, daß $\frac{1}{2}$ obere Schranke von d_F ist, $d_F \leq \frac{1}{2}$. Aus $d_F \geq \frac{1}{2}$ und $d_F \leq \frac{1}{2}$ folgt schließlich $d_F = \frac{1}{2}$.

Die beiden Mengen A, B haben also gleiche fraktale Dimension $d_F(A) = d_F(B) = \frac{1}{2}$, aber verschiedene Hausdorff-Besicovitch-Dimension $d_{HB}(A) = \frac{1}{2}$, $d_{HB}(B) = 0$.

Ob die Physiker mit dieser Motivation zur Einführung der Dimension d_{HB} zufrieden sind? Ich vermute eher nein!

Bemerkungen:

1. Sind die Mengen A und B Fraktale?

Es gilt $d_{TOP}(A) = 0$, $d_{HB}(A) = \frac{1}{2}$ und $d_{TOP}(B) = d_{HB}(B) = 0$. Nach Abschnitt 5.1 ist also A ein Fraktal, nicht aber B.

2. Eine andere Motivation für d_{HB}

H^d ist im Sinne der Maßtheorie ein echtes Maß, denn die folgenden drei Bedingungen sind erfüllt:

$H^d(\emptyset) = 0$,

wenn $A \subseteq B$, dann folgt $H^d(A) \leq H^d(B)$,

wenn $A_1, A_2, \ldots$ eine endliche oder abzählbar unendliche Folge disjunkter Menge ist, dann gilt $H^d(\cup A_i) = \sum H^d(A_i)$.

Das Maß H_d ist "relativ einfach zu handhaben" [FAL] und auf ihm baut die Definition von d_{HB} auf.

Diese Fakten werden oft genannt, um die Einführung der – in vielen Fällen kaum zu berechnenden – Dimension d_{HB} zu rechtfertigen.

Kapitel XI

WIR ERWÜRFELN FRAKTALE

Ian Stewart [STE1] bezeichnet das Sierpinski-Dreieck als die Inkarnation der fraktalen Geometrie. Wir sind diesem wundersamen Geschöpf schon mehrmals begegnet (II,5.2; IV; VI,5). Jetzt kommen wir erneut darauf zurück – allerdings auf einem völlig überraschenden Weg.

1 Das Chaosspiel

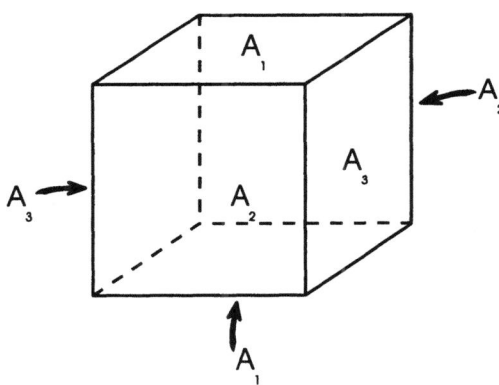

FIGUR XI,1 Ein Würfel zum Würfeln

Wir starten mit einem gleichseitigen Dreieck $\triangle A_1 A_2 A_3$. In ihm sei ein Punkt P_0 gegeben. Weiter verwenden wir einen Würfel (Figur XI,1). Je zwei seiner Seitenflächen haben die gleiche Bezeichnung A_i.

Nun erst beginnt das Spiel - das Chaosspiel. Es wird gewürfelt. Ist das Ergebnis A_n, dann halbieren wir die Strecke $[P_0 A_n]$ und erhalten den Punkt P_1. Nun wiederholen wir diese Prozedur und erzeugen so aus Punkten P_i neue Punkte P_{i+1} (Figur XI,2).

Und was beobachten wir bei Fortsetzung des Würfelverfahrens? Es ist kaum zu glauben, aber wir erhalten wieder das vertraute Sierpinski-Dreieck. Diesmal haben wir nicht – wie früher – gewischt oder mit unserer fiktiven Maschine gearbeitet – nein, wir haben das Sierpinski-Dreieck erwürfelt (Figur XI,3).

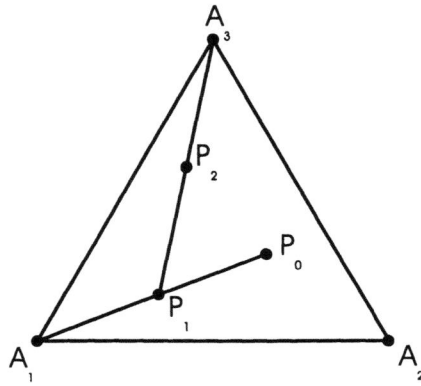

FIGUR XI,2 Chaosspiel am Dreieck

Bemerkungen:

(a) Unmittelbar nach dem Start kann es einige "Ausreisser" geben, Punkte die nicht zum Sierpinski-Dreieck gehören. Doch diese ignorieren wir ganz einfach. Der Vorgang "pendelt"

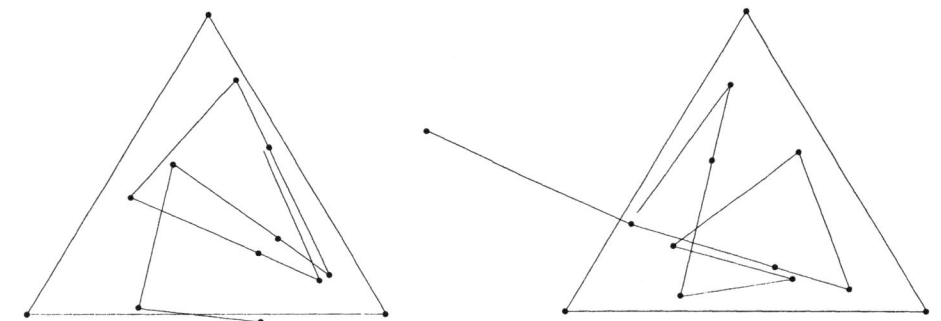

FIGUR XI,3 Sierpinski-Dreieck mit Chaosspiel, $\mu = \frac{1}{2}$

sich ein.

(b) Der Startpunkt P_0 muß nicht im Innern des Dreiecks liegen. Er kann sich irgendwo in der Dreiecksebene befinden.

(c) Es ist für den Ausgang unseres Spieles nicht erforderlich, daß die Wahrscheinlichkeiten einzelne Ecken des Startdreiecks zu erwürfeln gleich groß, also $\frac{1}{3}$ sind.

(d) Zur Vermeidung von Missverständnissen legen wir Bezeichnungen fest.

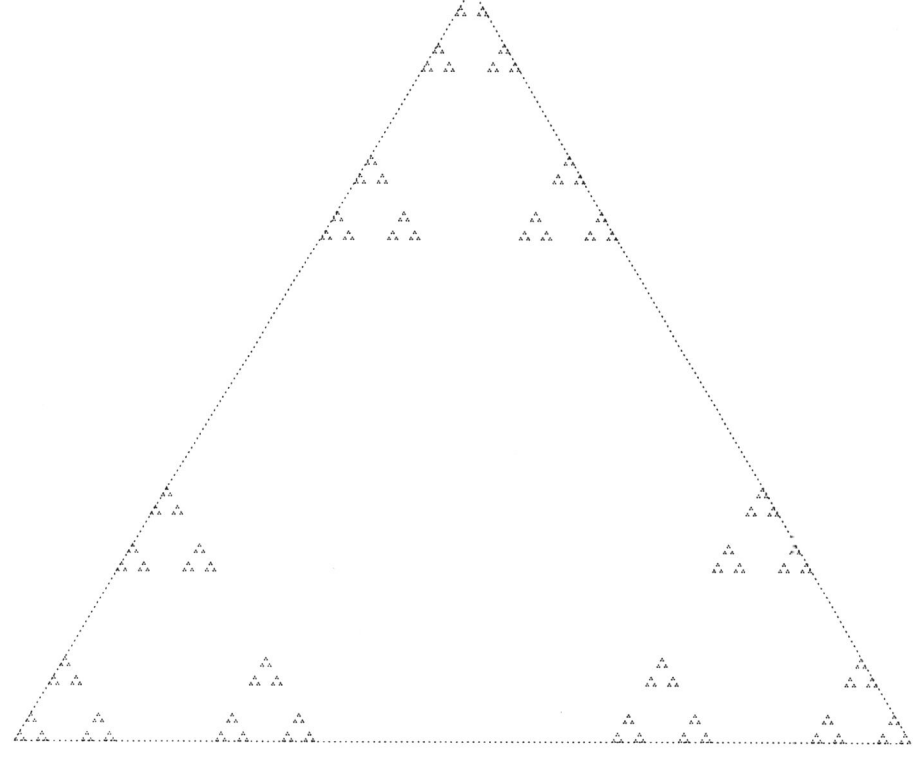

FIGUR XI,4 Sierpinski-Dreieck mit Chaosspiel, $\mu = \frac{1}{3}$, $\lambda = 2$

T teilt die Strecke $[AB]$ im Verhältnis λ, wenn gilt $AT = \lambda \cdot TB$. Wird diese Konfiguration in ein Koordinatensystem mit $A = (x_A, y_A)$, $B = (x_B, y_B)$, $T = (x_T, y_T)$ eingebettet, so bedeutet das $x_T = \frac{x_A + \lambda x_B}{1+\lambda}$, $y_T = \frac{y_A + \lambda y_B}{1+\lambda}$.

Weil wir nur innere Punkte T der Strecke $[AB]$ betrachten, gilt $0 < \lambda < \infty$.

In unserem Spiel teilt also P_1 die Strecke $[P_0 A_n]$ im Verhältnis $\lambda = \frac{P_0 P_1}{P_1 A_n} = 1$. Manchmal wird ein anderes Teilverhältnis verwendet $\mu = \frac{P_1 A_n}{P_0 A_n} = \frac{1}{1+\lambda} = \frac{1}{2}$.

(e) Das Spiel läßt variieren. Anselle der Faktoren $\lambda = 1$ bzw. $\mu = \frac{1}{2}$ wählen wir $\lambda \geq 1$ bzw. $\mu \leq \frac{1}{2}$ mit $\lambda, \mu \in \mathbb{R}^+$. Wieder ergibt sich ein Sierpinski-Dreieck (Figur XI,4). Auch dieses Fraktal läßt sich durch Wischen oder mit der Barnsley-Maschine gewinnen — dabei muß für den Verkleinerungsfaktor μ gewählt werden. Es liegt dann Selbstähnlichkeit im strengen Sinne vor, also gilt für die Dimension $d_S = \dfrac{\ln 3}{\ln \frac{1}{\mu}} = \dfrac{\ln 3}{\ln(1+\lambda)}$.

2 Analytische Beschreibung des Chaosspieles

Das gleichseitige Dreieck $\triangle A_1 A_2 A_3$ mit Seitenlänge 1 sei in ein (x_1, x_2)-Koordinatensystem so eingebettet, daß $A_1(0, 0)$, $A_2(1, 0)$, $A_3(\frac{1}{2}, \frac{1}{2}\sqrt{3})$, $P_0(x_1, x_2)$. Für die Mittelpunkte der beim Spiel auftretenden Strecken $P_0 A_n$ gilt mit obigen Teilungsformeln

$P_0 A_1 : (\frac{1}{2}x_1, \frac{1}{2}x_2)$; $P_0 A_2 : (\frac{1}{2}(x_1+1), \frac{1}{2}x_2)$; $P_0 A_3 : (\frac{1}{2}(x_1+\frac{1}{2}), \frac{1}{2}(x_2+\frac{1}{2}\sqrt{3}))$.

3 Abbildungen für die Maschine

Blättern wir zurück nach Kapitel VI,5, so finden wir dort die folgenden Abbildungen:

β_1: $x_1' = \frac{1}{2}x_1, \quad x_2' = \frac{1}{2}x_2$

β_2: $x_1' = \frac{1}{2}x_1 + \frac{1}{2}, \quad x_2' = \frac{1}{2}x_2$

β_3: $x_1 = \frac{1}{2}x_1 + \frac{1}{4}, \quad x_2' = \frac{1}{2}x_2 + \frac{1}{4}\sqrt{3}$

Diese drei Abbildungen stellen ein IFS dar und wir erhalten damit als Limesmenge A_∞ das Sierpinski-Dreieck.

Der Vergleich der Abschnitte 2 und 3 zeigt, daß es sich im Prinzip um dieselben Gleichungen handelt. Im ersten Fall werden einzelne Punkte, im zweiten ganze Dreiecke abgebildet. Dies läßt den Schluß zu, daß die mit dem Chaosspiel erzeugte Punktmenge "ziemlich sicher" eine sehr gute Approximation von A_∞ ist.

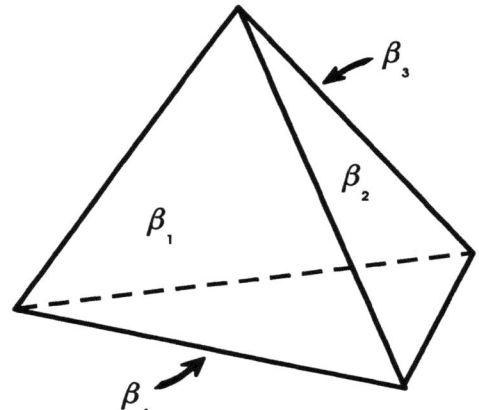

FIGUR XI,5 Der "Tetraederwürfel"

4 Würfeln hilft auch beim Farn

Zur Herstellung des Farns in Kapitel VII benötigen wir beim ersten Iterationsschritt 4 Verkleinerungen. Nach 50 Iterationen sind das bereits $4^{50} \sim 10^{30}$ solche Operationen. Das aber schafft kein Computer – weder im Hinblick auf den benötigten Speicherplatz, noch im Hinblick auf die benötigte Rechenzeit. Was ist zu tun? Wir wenden nicht bei jedem Iterationsschritt alle vier Abbildungen β_i an und begnügen uns jeweils mit einer einzigen. Zur Auswahl verwenden wir einen "Tetraederwürfel" (eine alberne Wortschöpfung) mit vier Seitenflächen (Figur XI,5). Beim Würfeln ergibt sich die zu wählende Abbildung. Wir erhalten erneut eine Limesmenge – man spricht auch von einem Zufallsfraktal. Schon wieder so ein Wunder: trotz des Fehlens einiger Verkleinerungen entsteht wieder das Farnblatt aus Kapitel VII.

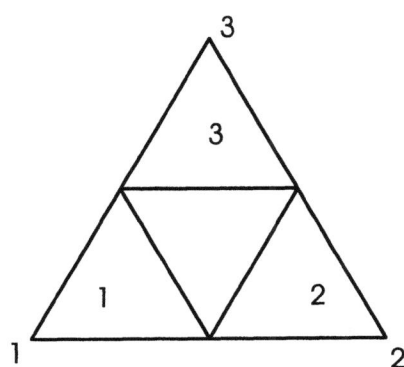
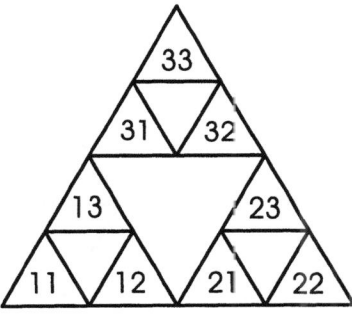
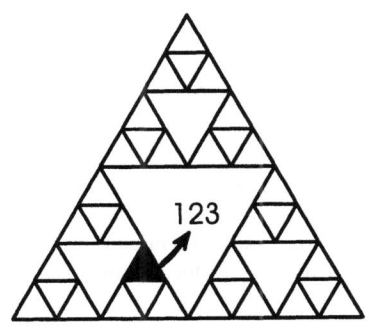

FIGUR XI,6 Numerierung der Dreiecke

5 Was steckt mathematisch dahinter?

Bisher wurden nur Ergebnisse von Experimenten mitgeteilt. Jetzt aber wollen wir wenigstens einige Andeutungen über die mathematischen Hintergründe machen.

5.1 Adressen von Teildreiecken des Sierpinski-Dreiecks

Konstruiert man das Sierpinski-Dreieck durch Wischen, so entstehen in der k-ten Generation 3^k kleine Dreiecke. Diese Dreiecke wollen wir jetzt durchnumerieren wie die Häuser eines Straßenzuges. Wie das geschieht, geht unmittelbar aus Figur XI,6 hervor und bedarf keiner weiteren Erklärung.

Auch das Baumdiagramm in Figur XI,7 verdeutlicht die Adressengebung für unsere Dreiecke.

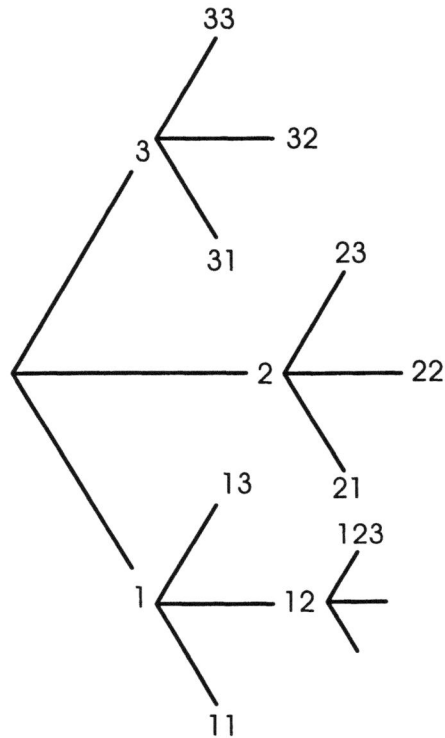

FIGUR XI,7 Numerierung mit Baumdiagramm

Jede so entstehende Zahlenkombination, jede Hausnummer nennen wir eine Adresse. In der k-ten Generation enthält jede Adresse k Ziffern – sie hat die Länge k.

5.2 Erreichbarkeit von Teildreiecken des Sierpinski-Dreiecks

Das zur Adresse $(t_1 t_2 \ldots t_k)$ mit $t_i \in \{1, 2, 3\}$ gehörende Dreieck wird erreicht durch Verknüpfung der kontrahierenden Abbildungen β_{t_i}, $t_i \in \{1, 2, 3\}$. Wir erhalten $\beta_{t_1} \circ \beta_{t_2} \circ \ldots \circ \beta_{t_k}$.

(Der Kringel "$\circ$" bedeutet Verknüpfung, Nacheinanderausführen der betreffenden Abbildungen.)

Nach Abschnitt 2 und 3 können wir sowohl Dreiecke als auch Punkte abbilden.

Die Adressen sind von links nach rechts zu lesen. Man startet mit dem Dreieck t_1, geht dann zum Dreieck $(t_1 t_2)$, ... (Figur XI,6).

Ganz anders bei den Abbildungen. Die Reihenfolge ist genau anders herum. Man beginnt mit der Abbildung ganz rechts β_{t_k}, dann folgt $\beta_{t_{k-1}}$, ...

Wir erläutern diesen Vorgang in Figur XI,8 für die spezielle Adresse (213).

β_3: Das Startdreieck wird verkleinert und dann in Position 3 geschoben.

β_1: Nun verkleineren wir das letzte Ergebnis und schieben es dann in Positiion 1 links unten.

β_2: Schließlich wird auch das letzte Ergebnis verkleinert und in die Position 2 rechts unten gebracht.

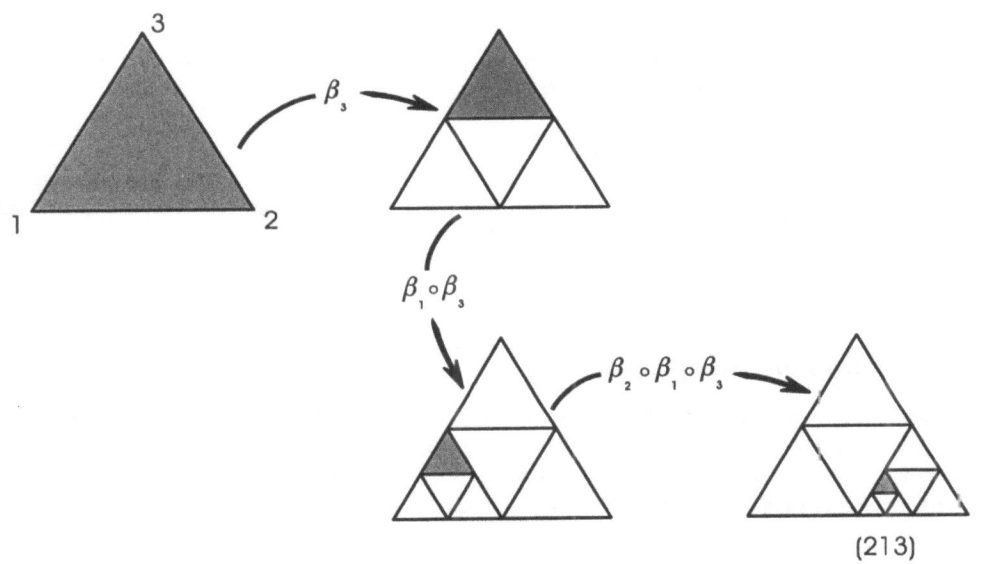

FIGUR XI,8 Die Adresse (2 1 3)

5.3 Einbettung eines beliebigen Punktes $P \in A_\infty$

Ist d der Durchmesser unseres Startdreiecks, so haben die Dreiecke der Generation k den Durchmesser $\frac{d}{2^k}$. Wir wählen nun k so groß, daß $\frac{d}{2^k} < \varepsilon$. Dabei ist ε wie immer eine beliebig kleine positive Zahl. Sie wird so gewählt, daß der Computer zwei Punkte der Entfernung ε nicht mehr trennen kann, er identifiziert sie. Die Grenze seiner Auflösbarkeit ist erreicht. Jeder beliebige Punkt $P \in A_\infty$ läßt sich nun in ein solches Dreieck — wir nennen es D_ε — einbetten. Natürlich besitzt auch dieses Dreieck eine Adresse, etwa $(t_1 t_2 \ldots t_k)$ mit $t_i \in \{1, 2, 3\}$.

Nach den Vorbereitungen in 5.1, 5.2, 5.3 wenden wir uns jetzt der Hauptaufgabe zu. Startend mit einem Punkt P_0 spielen wir unser Chaosspiel und wollen zeigen, daß wir jedem Punkt $P \in A_\infty$ beliebig nahe kommen. Dies bedeutet, daß wir bei genügend langem Spiel in das zum Punkt P gehörende ε-Dreieck D_ε hineinlaufen. Damit wäre dann gezeigt, daß unser Chaosspiel zum Sierpinski-Dreieck führt.

5.4 Erreichbarkeit des Punktes $P \in A_\infty$ mit $P_0 \in A_\infty$

Mit dem Startpunkt $P_0 \in A_\infty$ ergibt sich $P_1 = \beta_{s_1}(P_0)$. Der Punkt P_1 liegt – je nach dem erwürfelten Wert von s_1 – in einem Dreieck der ersten Generation und es gilt $P_1 \in A_\infty$.

So fortfahrend erhalten wir

$P_2 = \beta_{s_2} \circ \beta_{s_1}(P_0)$

$P_3 = \beta_{s_3} \circ \beta_{s_2} \circ \beta_{s_1}(P_0)$

$\vdots$

$P_m = \beta_{s_m} \circ \beta_{s_{m-1}} \circ \ldots \circ \beta_{s_1}(P_0)$.

Der Punkt $P_m \in A_\infty$ gehört der Generation m an, liegt also in einem Dreieck mit Adresse $(s_m \ldots s_2 s_1)$. In dieser Adresse komme nun auch unsere Folge $(t_1 t_2 \ldots t_k)$ vor, also haben wir $(\ldots s_{j+k+1} t_1 t_2 \ldots t_k s_j \ldots s_2 s_1)$.

Die ersten j Abbildungen $\beta_{s_j} \circ \ldots \circ \beta_{s_2} \circ \beta_{s_1}$ liefern einen Punkt P_j. Mit ihm starten wir für das weitere Spiel (alles was vorher war, die ganze Vorgeschichte vergessen wir). Dann laufen die folgenden Punkte direkt in das Dreieck D_ε aus 5.3 hinein. Damit ist dann gezeigt, daß mit unserem Chaosspiel jeder Punkt $P \in A_\infty$ erreichbar ist, wenn ... Ja wenn die Adressenfolge $(t_1 t_2 \ldots t_k)$ wirklich vorkommt.

5.5 Wahrscheinlichkeiten

Wir nehmen an, daß beim Würfeln jeder der drei Fälle 1,2,3 mit gleicher Wahrscheinlichkeit – also $\frac{1}{3}$ – gewürfelt wird. Dies bedeutet für die Folge $(t_1 t_2 \ldots t_k)$ die Wahrscheinlichkeit $\frac{1}{3^k}$. Diese wird mit wachsendem k zwar immer kleiner, bleibt aber positiv. Wenn wir nur genügend lange spielen, erreichen wir also – früher oder später – unsere spezielle Adressenfolge.

5.6 Was aber, wenn $P_0 \notin A_\infty$?

Starten wir mit einem Punkt $P_0 \in A_\infty$ so wird – wenn wir nur genügend oft iterieren – jeder Punkt aus A_∞ mit beliebiger Genauigkeit erreicht. Dies war das Ergebnis der vorherigen Abschnitte.

Jetzt gilt es, zu zeigen, daß wir mit Startpunkt $P_0 \notin A_\infty$ – wenn wir nur genügend lange spielen – einen Punkt aus A_∞ mit beliebiger Genauigkeit erreichen.

Zum Beweis wechseln wir in den Raum (M, h) aus Kapitel VIII. Weil der Punkt P_0 selber eine kompakte Punktmenge, also Element von M ist, gilt $\lim_{n \to \infty} \alpha^n(P_0) = A_\infty$. Das bedeutet $\lim_{n \to \infty} h(\alpha^n(P_0), A_\infty) = 0$. Nun betrachten wir die mit dem Chaosspiel erhaltenen Punkte $P_0, P_1, P_2, \ldots$ Weil die Abstände einzelner Punkte aus $\alpha^n(P_0)$ von denen aus A_∞ – gemessen in (E, d) – nicht größer sind als $h(\alpha^n(P_0), A_\infty)$ kommen wir einem speziellen Punkt $A \in A_\infty$ beliebig nahe – bis hin zur Identifizierung mit dem Computer. Nun vergessen wir all diese

Voriterationen (Ausreisser) und starten für den weiteren Spielverlauf mit A. Damit sind wir wieder beim Fall 5.4.

6 Quadratischer Cantorstaub

6.1 Der Wischvorgang

Wir blättern erneut zurück, diesmal nach Kapitel II,5.2. Dort wurde ein quadratischer Cantor-Staub (Figur II,4 a) durch Wischen erzeugt. Wir wiederholen diese Konstruktion an Hand von Figur XI,9. Das Startquadrat mit Kantenlänge $\sqrt{2}$ wird in 9 kongruente Teilquadrate (Kantenlänge $\frac{1}{3}\sqrt{2}$) zerlegt. Nun wischen wir 5 kleine, offene Quadrate heraus und lassen nur die Quadrate an den Ecken des Startquadrates stehen. Mit diesen verfahren wir auf die gleiche Weise.

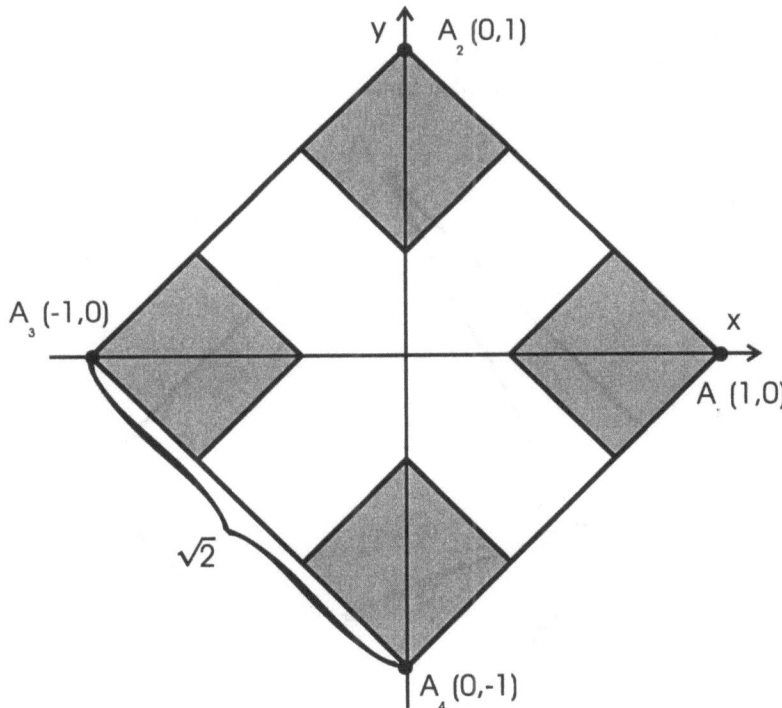

FIGUR XI,9 Zum quadratischen Cantor-Staub

6.2 Die Maschine

Wie sieht der Bauplan unserer neuen Limesmenge aus? Unter Verwendung der Bezeichnungen aus Figur IX,9 geben wir vier affine Abbildungen an.

Zunächst eine zentrische Streckung (Faktor $\mu = \frac{1}{3}$): $x'_1 = \frac{1}{3}x_1$, $x'_2 = \frac{1}{3}x_2$. Aus dem großen Quadrat entsteht so ein kleineres. Dieses wird durch geeignete Translationen in die verschiedenen Eckpositionen gebracht:

$\beta_1: \ x'_1 = \frac{1}{3}x_1 + \frac{2}{3}, \quad x'_2 = \frac{1}{3}x_2$

$\beta_2: \ x'_1 = \frac{1}{3}x_1, \quad\quad\quad x'_2 = \frac{1}{3}x_2 + \frac{2}{3}$

$\beta_3: \ x'_1 = \frac{1}{3}x_1 - \frac{2}{3}, \quad x'_2 = \frac{1}{3}x_2$

$\beta_4: \ x'_1 = \frac{1}{3}x_1, \quad\quad\quad x'_2 = \frac{1}{3}x_2 - \frac{2}{3}$

IFS:

	a_{11}	a_{12}	a_{21}	a_{22}	t_1	t_2
β_1	$\frac{1}{3}$	0	0	$\frac{1}{3}$	$\frac{2}{3}$	0
β_2	$\frac{1}{3}$	0	0	$\frac{1}{3}$	0	$\frac{2}{3}$
β_3	$\frac{1}{3}$	0	0	$\frac{1}{3}$	$-\frac{2}{3}$	0
β_4	$\frac{1}{3}$	0	0	$\frac{1}{3}$	0	$-\frac{2}{3}$

Dieses IFS kann dem Computer eingegeben und damit der quadratische Cantor-Staub als Limesmenge A_∞ erzeugt werden.

6.3 Wir würfeln

Innerhalb des Quadrates $\square A_1A_2A_3A_4$ sei ein Startpunkt $P_0(x_1, x_2)$ gegeben. Nun wird das Tetraeder der Figur XI,5 geworfen (Zufallsgenerator). Ist das Ergebnis A_n, so teilen wir die Strecke $[P_0A_n]$ durch den Punkt P_1 im Verhältnis $\mu = \frac{P_1A_n}{P_0A_n} = \frac{1}{3}$ bzw. $\lambda = \frac{P_0P_1}{P_1A_n} = 2$ (die kürzere Strecke liegt an der Ecke A_n). Mit dem Punkt P_1 verfahren wir wie mit dem Punkt P_0. Diese Prozedur wird für alle folgenden Punkte wiederholt (Figur XI,10).

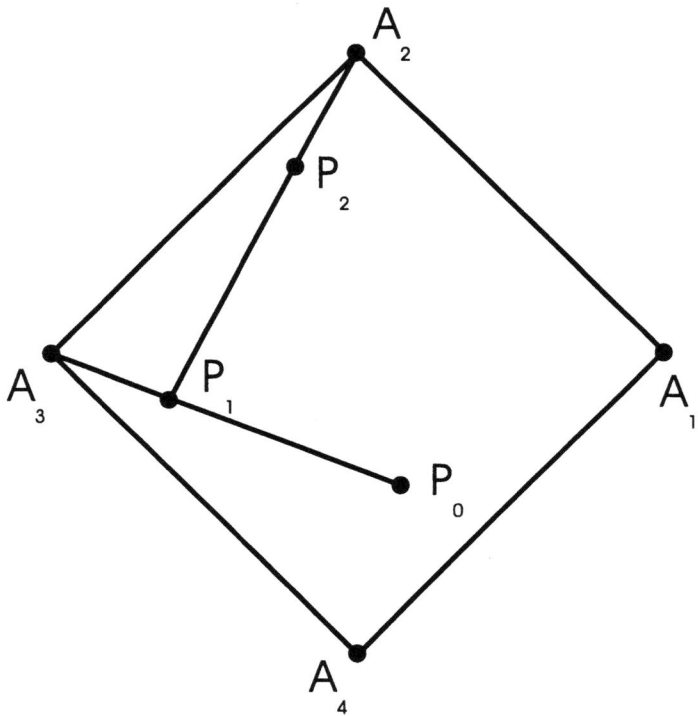

FIGUR XI,10 Chaosspiel am Quadrat

Mit den Teilungsformeln der Bemerkung (d) in Abschnitt 1 ergeben sich die beim Spiel auftretenden Teilungspunkte:

$P_0A_1 : (\frac{1}{3}x_1 + \frac{2}{3}, \ \frac{1}{3}x_2); \quad P_0A_2 : (\frac{1}{3}x_1, \ \frac{1}{3}x_2 + \frac{2}{3})$

$P_0A_3 : (\frac{1}{3}x_1 - \frac{2}{3}, \frac{1}{3}x_2); \quad P_0A_4 : (\frac{1}{3}x_1, \frac{1}{3}x_2 - \frac{2}{3})$

Vergleich mit 6.2 zeigt, daß es sich im Prinzip um dieselben Formeln handelt. Dies läßt wieder den Schluß zu, daß die mit unserem Chaosspiel durch Würfeln erzeugte Punktmenge eine sehr gute Approximation von A_∞ ist. Die Beweisskizze in Abschnitt 5 kann auch auf den jetzt vorliegenden Fall ausgedehnt werden.

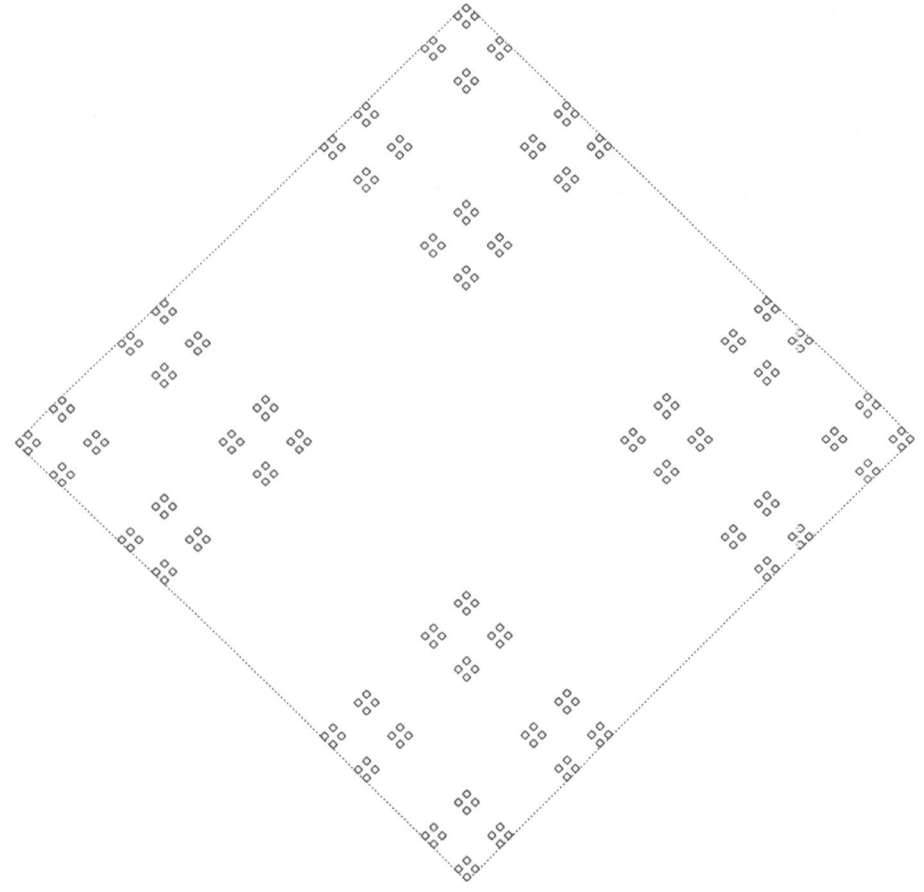

FIGUR XI,11 Quadratischer Cantor-Staub mit Chaosspiel, $\mu = \frac{1}{3}$

Damit haben wir auch den quadratischen Cantor-Staub auf drei verschiedene Arten erzeugt: durch Wischen, unter Verwendung der Barnsley-Maschine und schließlich mit dem Chaosspiel.

Bemerkung:

Für alle $\mu, \lambda \in \mathbb{R}^+$, $\mu \leq \frac{1}{2}$, $\lambda \geq 1$ liefern die drei Verfahren quadratische Cantor-Stäube. In jedem Fall liegt Selbstähnlichkeit im strengen Sinne vor, also gilt für die Dimension

$$d_S = \frac{\ln 4}{\ln \frac{1}{n}} = \frac{\ln 4}{\ln(1 + \lambda)}.$$

Im Falle $\lambda = 1$, $\mu = \frac{1}{2}$ ergibt sich $d_S = 2$. Die vier kleinen Eckquadrate der ersten Generation sind zum großen Quadrat zusammengewachsen. Das große Quadrat wird total ausgefüllt.

$\lambda \to \infty$ bzw. $\mu \to 0$ bedeutet $d_S \to 0$. Das Fraktal ist geschrumpft, es besteht nur noch aus den Eckpunkten des Startquadrates.

7 Forsche selber!

Untersuchen Sie Wischverfahren, Maschinenerzeugung und Chaosspiel bei regulären N-Ecken mit $N \in \mathbb{N} \setminus \{1, 2\}$. Was geschieht, wenn sich die N Polygone der ersten Generation (Eckenpolygone) überlappen? Für welche Werte μ bzw. λ liegen Überlappungsgrenzen vor? Berechnen Sie die zugehörigen Dimensionen!

Wie läuft so etwas bei regulären Polyedern in $\mathbb{R}^3$?

Kapitel XII

DIE BÄCKERABBILDUNG (STREIFENFRAKTALE)

Bisher haben wir uns vorwiegend mit verschiedenen Dimensionsbegriffen (d_3, $\overline{d_S}$, d_F, d_{HB}) und mit der Konstruktion von Fraktalen (Wischen, Wuchern, Würfeln, Maschine) beschäftigt. Jetzt wechseln wir das Thema und untersuchen einen merkwürdigen Vorgang, die Bäckerabbildung. Im Mittelpunkt steht dabei wieder die — für das vorliegende Buch zentrale Idee der Iteration.

1 Motivation

Bäcker mischen den Teig, indem sie ihn ausrollen, dann falten und schließlich wieder ausrollen,

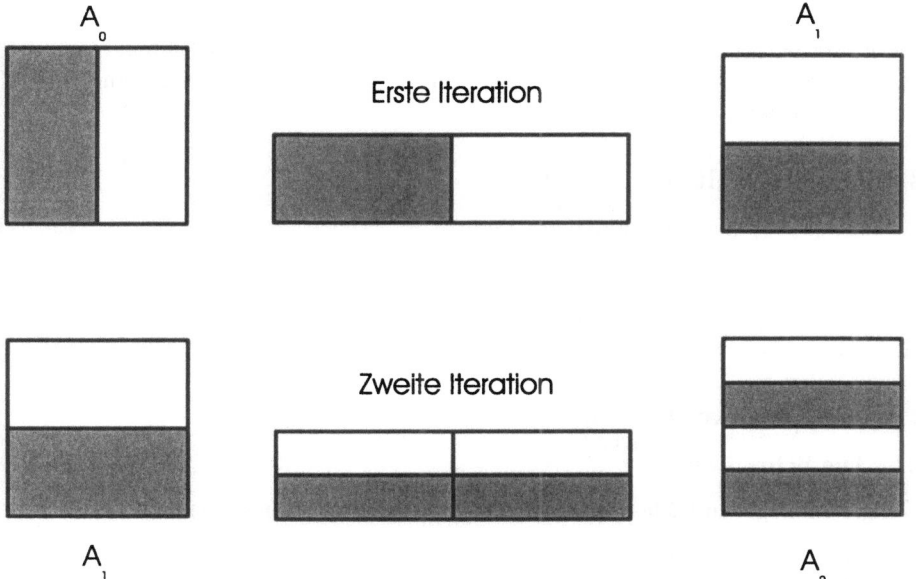

FIGUR XII,1 Eine spezielle Bäckerabbildung

erneut falten ... Dieses Spiel von Rollen und Falten wird solange wiederholt, bis der Teig die geeignete Mischung erreicht hat.

Man könnte auch von einer Blätterteig-Struktur reden.

Vorgänge dieser Art spielen in der Technik eine wentliche Rolle.

2 Eine ganz spezielle Bäckerabbildung

2.1 Der Vorgang (Figur XII,1)

Wir vereinfachen jetzt den Mischvorgang der Bäcker in der folgenden Weise.

Das Einheitsquadrat A wird in Richtung der x-Achse gestreckt (Faktor 2) und in Richtung der y-Achse gestaucht (Faktor $\frac{1}{2}$). So entsteht ein $(2 \times \frac{1}{2})$-Rechteck. Dieses zerschneiden wir und erhalten zwei $(1 \times \frac{1}{2})$-Rechtecke. Wir legen diese so übereinander, daß die Grundlinien den Abstand $\frac{1}{2}$ haben. Figur XII,1 erläutert den Vorgang.

Dann wird iteriert! Das Spiel "Auseinanderziehen — Zerschneiden — Übereinanderlegen" beginnt von vorne.

Figur XII,1 zeigt die ersten zwei Iterationen.

2.2 Analytische Formulierung

(Wir verwenden in diesem Kapitel für die Koordinaten die Buchstaben x, y anstelle von x_1, x_2. So vermeiden wir Probleme mit dem Index.)

$$b(x, y) = \begin{cases} (2x, \frac{1}{2}y) & \text{für } 0 \leq x < \frac{1}{2} \\ (2x - 1, \frac{1}{2}y + \frac{1}{2}) & \text{für } \frac{1}{2} \leq x \leq 1 \end{cases}$$

Durch Einsetzen der Koordinaten von Originalpunkten errechnen wir Bildpunkte und sehen so, daß mit der "stückweise definierten" Funktion b tatsächlich der Vorgang aus Figur XII,1 beschrieben wird.

2.3 Eine Definition: n-Zyklus

Ein Punkt (x, y) heißt Fixpunkt der Periode n, wenn $b^n(x, y) = (x, y)$. Ein echter Fixpunkt liegt vor, wenn auch noch gilt $b^i(x, y) \neq (x, y)$ für alle $i < n$. Jeder echte Fixpunkt der Periode n erzeugt bei Iteration einen n-Zyklus (Figur XII,2). Bei all dem bedeutet $b^n(x, y)$ erneut die n-fache Anwendung von $b(x, y)$. Damit ist die in VIII,1.3 gegebene Fixpunktsdefinition erweitert.

2.4 Die Dualdarstellung

2.4.1 Die Schreibweise

In völliger Analogie zu I,2 lassen sich Zahlen in Dualdarstellung schreiben.

Sei $\alpha \in [0, 1]$. Dann können wir schreiben

$\alpha = \frac{b_1}{2} + \frac{b_2}{2^2} + \frac{b_3}{2^3} + \ldots = (0, b_1 b_2 b_3 \ldots)_2$ mit $b_i \in \{0, 1\}$.

2.4.2 Klasseneinteilung

Alle Zahlen des Intervalls [0, 1] seien in Dualform dargestellt. Dann unterscheiden wir drei Klassen solcher Zahlen.

Periode 1   Periode 2   Periode 3

FIGUR XII,2 Fixpunkte

Klasse I. *Zahlen mit abbrechender Dualdarstellung oder solche mit Periode 1.*

Jede solche Zahl gestattet zwei Darstellungen: abbrechend oder periodisch mit Periode 1.

Beispiel:

$(0, 0\overline{1})_2 = \frac{1}{2^2} + \frac{1}{2^3} + \frac{1}{2^4} + \ldots = \frac{1}{4} \cdot \frac{1}{1-\frac{1}{2}} = \frac{1}{2} = (0, 1)_2$.

Klasse II. *Zahlen mit periodischer Dualdarstellung, wobei aber die Periode nicht 1 ist.*

(a) *Reinperiodisch.* Die Periode beginnt sofort nach dem Komma.

Beispiel:

$(0, \overline{01})_2 = \frac{1}{3}$.

(b) *Gemischtperiodisch.* Der Periode gehen nach dem Komma noch Ziffern voraus.

Beispiel:

$(0, 11\overline{01})_2 = \frac{5}{6}$.

Klasse III. *Zahlen aus [0, 1], die weder zur ersten noch zur zweiten Klasse gehören.*

Beispiel:

$(0, 01\ 0011\ 000111\ \ldots)_2$.

Es läßt sich zeigen, daß die Zahlen der ersten und der zweiten Klasse genau die rationalen Zahlen in [0, 1] sind und die aus Klasse III genau die irrationalen.

2.4.3 Multiplikation mit 2

Multiplikation jeder dual dargestellten Zahl mit 2 bedeutet eine Verschiebung des Kommas um eine Stelle nach rechts.

Beweis:

$2(b_m \ldots b_0, a_1 a_2 \ldots a_n)_2 =$

$= 2(b_m 2^m + \ldots + b_0 2^0 + a_1 \frac{1}{2} + a_2 \frac{1}{2^2} + \ldots + a_n \frac{1}{2^n}) =$

$= b_m 2^{m+1} + \ldots + b_0 2 + a_1 2^0 + a_2 \frac{1}{2} + \ldots + a_n \frac{1}{2^{n-1}} =$

$= (b_m \ldots b_0 a_1, a_2 \ldots a_n)_2$.

Wird bei einer Zahl aus [0, 1] das Komma um eine Stelle nach rechts geschoben (Multiplikation mit 2) und dann auch noch die erste Stelle vor dem Komma vergessen (also 0 gesetzt), so nennt man diesen Vorgang SHIFTEN.

2.5 Beschreibung der Abbildung mit Dualschreibweise

Wir übersetzen jetzt die Abbildungsvorschrift aus 2.2 in Dualschreibweise. Mit diesem Trick erhalten wir das folgende Rezept.

Satz

Gegeben sei ein Punkt $(x_n, y_n) \in A$ in Dualschreibweise. Der nächste Wert x_{n+1} wird einfach durch Shiften von x_n gewonnen. Zur Auffindung von y_{n+1} schieben wir in y_n das Komma um eine Stelle nach links. Als erste Stelle nach dem Komma verwenden wir dann die erste Stelle von x_n (nach dem Komma).

Beweis:

$x_0 = (0, a_1 a_2 a_3 ...)_2$, $y_0 = (0, b_1 b_2 b_3 ...)_2$.

1. Fall: $0 \leq x_0 < \frac{1}{2}$

Das bedeutet $a_1 = 0$.

$x_1 = 2x_0 = 2(0, 0 a_2 a_3 ...)_2 = (0, a_2 a_3 ...)_2$.

$y_1 = \frac{1}{2} y_0 = \frac{1}{2}(0, b_1 b_2 b_3 ...)_2 = (0, 0 b_1 b_2 b_3 ...)_2$ und wegen $a_1 = 0$ weiter $y_1 = (0, a_1 b_1 b_2 b_3 ...)_2$.

2. Fall: $\frac{1}{2} \leq x_0 \leq 1$

Das bedeutet $a_1 = 1$.

$x_1 = 2x_0 - 1 = 2(0, 1 a_2 a_3 ...)_2 - 1 = (0, a_2 a_3 ...)_2$.

$y_1 = \frac{1}{2} y_0 + \frac{1}{2} = \frac{1}{2}(0, b_1 b_2 b_3 ...)_2 + \frac{1}{2} = (0, 0 b_1 b_2 b_3 ...)_2 + \frac{1}{2} = (0, 1 b_1 b_2 b_3 ...)_2$ und wegen $a_1 = 1$ weiter $y_1 = (0, a_1 b_1 b_2 b_3 ...)_2$.

Auf die gleiche Weise erfolgt der Übergang von $(x_n, y_n) \in A$ nach $(x_{n+1}, y_{n+1}) \in A$.

2.6 Der Marsch der Punkte

Wir wollen jetzt untersuchen, wie die Punkte bei Iteration marschieren, wenn wir mit einem Punkt $(x_0, y_0) \in A$ starten.

2.6.1 Fixpunkte der Periode 1

Satz

Es gibt genau zwei Fixpunkte der Periode 1, nämlich $(0, 0)$, $(1, 1)$.

Beweis:

1. Fall: $0 \leq x_0 < \frac{1}{2}$

$x_1 = x_0 \Rightarrow 2x_0 = x_0 \Rightarrow x_0 = 0$

$y_1 = y_0 \Rightarrow \frac{1}{2}y_0 = y_0 \Rightarrow y_0 = 0$

2. Fall: $\frac{1}{2} \leq x_0 \leq 1$

$x_1 = x_0 \Rightarrow 2x_0 - 1 = x_0 \Rightarrow x_0 = 1$

$y_1 = y_0 \Rightarrow \frac{1}{2}y_0 + \frac{1}{2} = y_0 \Rightarrow y_0 = 1$

2.6.2 Der Marsch bei Startpunkt x_0 aus Klasse I

Satz

Gehört der Startwert x_0 der Klasse I (2.4.2) an, also $x_0 = (0, a_1, a_2...a_n)_2$, so marschieren die Bahnpunkte bei fortgesetzter Iteration asymptotisch zum Ursprung (0, 0) hin.

Beweis:

Nach n-maligem Shiften ergibt sich $x_n = 0$. Weiteres Shiften verändert diesen Wert nicht.

Wie aber steht es dann mit den y-Werten? $y_0 = (0, b_1, b_2, b_3...)_2$. Wir wenden das Rezept aus 2.5 an und erhalten nach der ersten Iteration $y_1 = (0, a_1b_1b_2b_3...)_2$. Fortsetzung dieses Verfahrens liefert $y_n = (0, a_na_{n-1}...a_1b_1b_2b_3...)_2$. Weiteres Iterieren ergibt Zahlen der Form $(0, 00...0a_na_{n-1}...a_1b_1b_2b_3...)_2$. Die Zahl der Nullen nach dem Komma wächst mit der Anzahl der Iterationen. Dies bedeutet, daß auch die y-Werte asymptotisch nach 0 laufen.

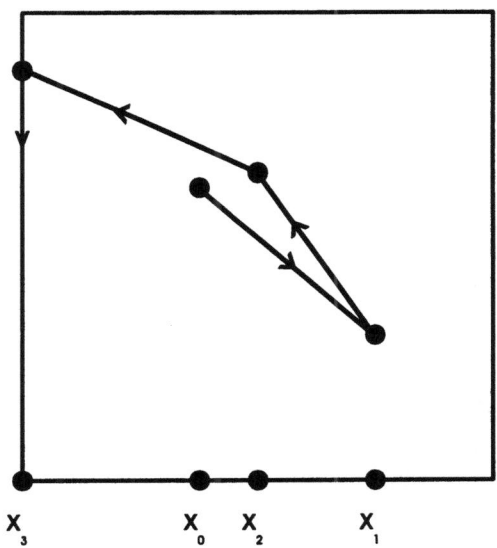

FIGUR XII,3 Marsch der Punkte, x_0 aus Klasse I

Beispiel:

Startpunkt: $x_0 = (0, 011)_2$, $y_0 = (0, 101)_2$

x-Werte

$x_0 = (0, 011)_2 = \frac{3}{8}$, $x_1 = (0, 11)_2 = \frac{3}{4}$, $x_2 = (0, 1)_2 = \frac{1}{2}$; $x_3 = x_4 = \ldots = 0$.

y-Werte

$y_0 = (0,101)_2 = \frac{5}{8}$, $y_1 = (0,0101)_2 = \frac{5}{16}$, $y_2 = (0,10101)_2 = \frac{21}{32}$, $y_3 = (0,110101)_2 = \frac{53}{64}$; $y_4, y_5, \ldots \to 0$.

Figur XII,3 veranschaulicht den Punktemarsch.

2.6.3 Der Marsch bei Startpunkt x_0 aus Klasse II

Satz

Gehört der Startwert x_0 der Klasse II an, also $x_0 = (0, \overline{a_1 a_2 a_3 \ldots a_n})_2$ so marschieren die Bahnpunkte bei fortgesetzter Iteration auf einen n-Zyklus zu. Wir erhalten einen Fixpunkt der Periode n $((0, \overline{a_1 a_2 \ldots a_n})_2, (0, \overline{a_n a_{n-1} \ldots a_1})_2)$.

Beweis:

Die Darstellung von x_0 sei zunächst rein periodisch, also $x_0 = (0, \overline{a_1 a_2 \ldots a_n})_2$. Die x-Werte finden wir durch fortgesetztes Shiften.

$x_1 = (0, a_2 a_3 \ldots a_n \overline{a_1 a_2 \ldots a_n})_2$

$x_2 = (0, a_3 \ldots a_n \overline{a_1 a_2 \ldots a_n})_2$

$\vdots$

$x_n = (0, \overline{a_1 a_2 \ldots a_n})_2 = x_0$

Es entsteht also ein n-Zyklus der x-Werte.

Nun kommt wieder das umständliche Iterieren der y-Werte.

$y_0 = (0, b_1 b_2 b_3 \ldots)_2$

Anwendung unseres Rezeptes 2.5 liefert

$y_n = (0, a_n a_{n-1} \ldots a_1 b_1 b_2 b_3 \ldots)_2$. Wird weiter iteriert, so wiederholt sich der Vorgang. Mit $k \in \mathbb{N}$ erhalten wir

$y_{n \cdot k} = (0, \underbrace{a_n \ldots a_1 \; a_n \ldots a_1 \; \ldots \; a_n \ldots a_1}_{k\text{-Mal}} b_1 b_2 b_3 \ldots)_2$

Mit wachsender Anzahl der Iterationen laufen also die y-Werte asymptotisch nach $(0, \overline{a_n a_{n-1} \ldots a_1})_2$. Damit ist ein Fixpunkt der Periode n gefunden.

Auch im vorperiodischen Fall erfolgt mit unserem Rezept ein Einpendeln auf diesen Fixpunkt.

Beispiel:

$x_0 = (0, \overline{01})_2 = \frac{1}{3}$, $x_1 = (0, 1\overline{01})_2 = \frac{2}{3}$, $x_2 = (0, \overline{01})_2 = x_0$.

Die x-Werte springen zwischen x_0 und x_1 hin und her.

$y_0 = (0,11)_2 = \frac{3}{4} = 0,75$

$y_1 = (0,011)_2 = \frac{3}{8} \sim 0,38$ $\quad y_2 = (0,1011)_2 = \frac{11}{16} \sim 0,69$

$y_3 = (0,01011)_2 = \frac{11}{32} \sim 0,34$ $\quad y_4 = (0,101011)_2 = \frac{43}{64} \sim 0,67$

$y_5 = (0,0101011)_2 = \frac{43}{128} \sim 0,34$ $\quad y_6 = (0,10101011)_2 = \frac{171}{256} \sim 0,67$

$\quad\downarrow$ $\qquad\qquad\qquad\qquad\quad\downarrow$

$(0,\overline{01})_2 = \frac{1}{3} \sim 0,33$ $\qquad\quad (0,\overline{10})_2 = \frac{2}{3} \sim 0,67$

Die y-Werte nähern sich asymptotisch den beiden Werten $(0,\overline{01})_2$ und $(0,\overline{10})_2$. Schließlich erfolgt ein Hin und Herspringen zwischen den zwei Werten.

Figur XII,4 erläutert die Situation.

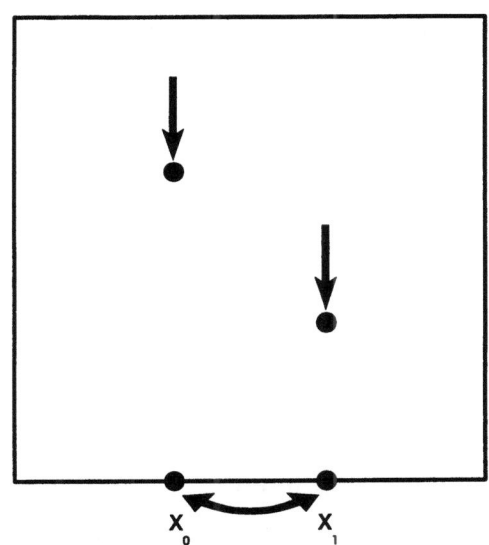

FIGUR XII,4 Marsch der Punkte, x_0 aus Klasse II

2.6.4 Nochmals die Fixpunkte der vorgegebenen Periode $n \in \mathbb{N}$

Satz

Für Fixpunkte (x_F, y_F) der Periode n gilt $x_F = \frac{i}{2^n-1}$, $y_F = \frac{j}{2^n-1}$ mit $i = (a_1 a_2 ... a_n)_2$, $j = (a_n, a_{n-1} ... a_1)_2$. Die Zahlen i, j stammen aus der Menge $M = \{0, 1, ..., 2^n - 1\}$. Es gibt genau 2^n Fixpunkte der Periode n.

Beweis:

Wir wollen jetzt den Fixpunkt der Periode n aus 2.6.3 in anderer Form schreiben.

Es gelte $x_F = (0, \overline{a_1 a_2 ... a_n})_2$, also weiter $2^n x_F = (a_1 a_2 ... a_n, \overline{a_1 a_2 ... a_n})_2$. Subtraktion liefert $2^n x_F - x_F = x_F(2^n - 1) = (a_1 a_2 ... a_n)_2$, also weiter $x_F = \frac{1}{2^n-1}(a_1 a_2 ... a_n)_2 = \frac{i}{2^n-1}$. Jetzt müssen noch die Zahlen i untersucht werden. Es gibt genau 2^n solche Zahlen. Zum Beispiel für $n = 2$: $(00)_2, (01)_2, (10)_2, (11)_2$. Die größte solche Zahl ist $(11...1)_2 = 2^{n-1} + ... + 2 + 1 =$

$2^n - 1$. Demnach bilden diese Zahlen genau die Menge M.

Ganz analog ergibt sich für die y-Werte $y_F = \frac{1}{2^n-1}(a_n \ldots a_2 a_1)_2 = \frac{j}{2^n-1}$ und $j \in M$.

Wegen $|M| = 2^n$ gibt es genau 2^n Fixpunkte der Periode n.

2.6.5 Der Marsch bei Startpunkt x_0 aus Klasse III

Jetzt springen die Punkte im Einheitsquadrat A wild herum. Es gibt keine Fixpunkte, keine Zyklen – nichts dergleichen ist zu entdecken. Diesen wirren Zustand bezeichnet man als chaotisch.

Natürlich ist der Begreiff "chaotisch" exakt definiert [DEV]. Benützt man eine solche Definition, so bedarf obige Aussage eines Beweises. Doch das ist eine andere Geschichte! Eine Geschichte, die nicht in das vorliegende Buch gehört. Wir hoffen aber mit dieser Bemerkung den Appetit zu weiterem Studium angeregt zu haben.

2.7 Fraktal?

Wir haben jetzt die Dynamik der Funktion $b(x, y)$ kennengelernt, den Marsch der Punkte in A und fragen uns natürlich, ob die Limesmenge (man spricht auch vom Attraktor) ein Fraktal ist.

Die Abbildung $b(x, y)$ bildet das Einheitsquadrat A fortgesetzt auf sich selber ab. Dieses Quadrat ist also selber Limesmenge. Die topologische Dimension d_{TOP} und die Hausdorff-Besicovitch-Dimension d_{HB} stimmen überein. Es gilt $d_{TOP} = d_{HB} = 2$. Nach Kapitel X,5 handelt es sich demnach nicht um ein Fraktal.

3 Eine Verallgemeinerung

3.1 Neue Abbildungsgleichungen

Mathematiker sinnen stets nach interessanten Verallgemeinerungen – so auch hier.

An dem Koordinatenwert y tritt in den Gleichungen 2.2 stets der Faktor $\frac{1}{2}$ auf. Er wird nun durch einen Faktor λ mit $0 < \lambda < \frac{1}{2}$ ersetzt. Dies liefert neue Abbildungsgleichungen

$$b_\lambda(x, y) = \begin{cases} (2x, \lambda y) & \text{für } 0 \leq x < \frac{1}{2} \\ (2x - 1, \lambda y + \frac{1}{2}) & \text{für } \frac{1}{2} \leq x \leq 1 \end{cases}$$

mit $0 < \lambda < \frac{1}{2}$.

Suchen Sie nach weiteren Verallgemeinerungen?

3.2 Was machen jetzt die Bäcker?

Sie gehen genauso vor wie in 2.1 für den Sonderfall $\lambda = \frac{1}{2}$. Das Teigstück, unser Einheitsquadrat A wird gedehnt in Richtung der x-Achse (Faktor 2) und gestaucht in Richtung der y-Achse (Faktor λ). So entsteht ein $(2 \times \lambda)$-Rechteck. Dieses zerschneiden wir und erhalten zwei $(1 \times \lambda)$-Rechtecke. Wir legen diese so übereinander, daß die Grundlinien den Abstand $\frac{1}{2}$ haben. Zwischen den beiden Rechtecken entsteht eine Lücke von $\frac{1}{2} - \lambda$. Figur XII,5 erläutert den Vorgang für die erste und die zweite Iteration. Auf diesem Wege fortschreitend erhalten wir nach der n-ten Iteration 2^n Parallelstreifen, jeder mit der Höhe λ^n. Die kleinste Lücke zwischen zwei Streifen beträgt $\lambda^{n-1}(\frac{1}{2} - \lambda)$.

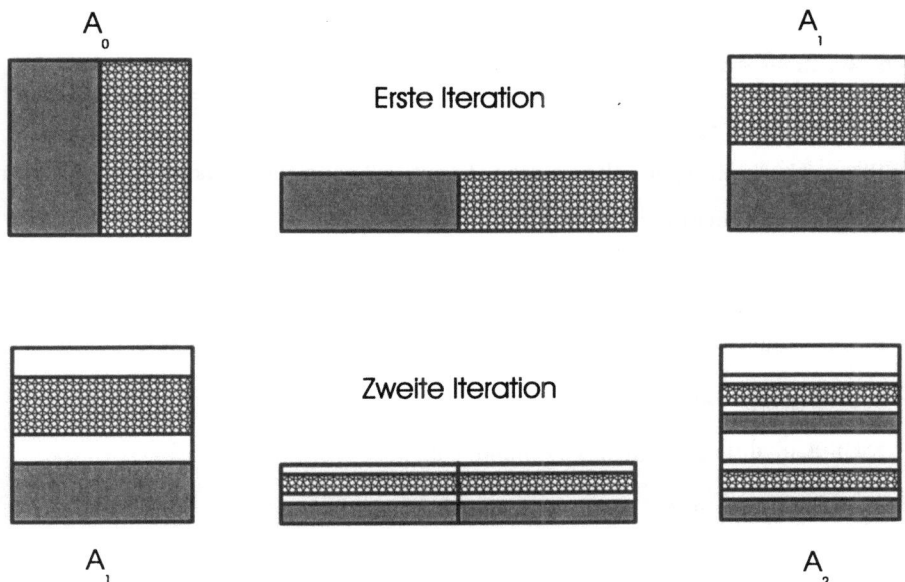

FIGUR XII,5 Veranschaulichung für λ mit $0 < \lambda < \frac{1}{2}$

Unsere neue Abbildung wird nun fortgesetzt angewandt, es wird iteriert. Wir studieren wieder die Dynamik. Da drängen sich viele Fragen auf. Wie marschieren die Punkte? Wie steht es mit der Limesmenge und wie mit der Dimension? Existieren Fixpunkte?

3.3 Der Marsch der Punkte

3.3.1 Von (x_0, y_0) nach (x_n, y_n)

Wir versuchen jetzt, den Übergang von (x_0, y_0) nach (x_n, y_n) mathematisch zu beschreiben. Doch dabei entstehen erhebliche Schwierigkeiten und das Ergebnis sieht dementsprechend aus.

Satz

Ist (x_0, y_0) der Startpunkt, so gilt für den Punkt (x_n, y_n) der n-ten Iteration

$x_n = 2^n x_0 - i$, $y_n = \lambda^n y_0 + c_i$ *mit* $i \in \{0, 1, 2, \ldots, 2^n - 1\}$, $i = (a_1 a_2 \ldots a_n)_2$ *und* $c_i = \frac{1}{2}(a_1 \lambda^{n-1} + \ldots + a_{n-1}\lambda + a_n)$.

Beweis:

Zunächst teilen wir die Strecke $[0, 1]$ in 2^n Teile der Länge $\frac{1}{2^n}$. Den Startwert x_0 wählen wir aus $[0, 1]$ und haben damit 2^n Klassen zur Verfügung:

$0 \leq x_0 < \frac{1}{2^n}$

$\frac{1}{2^n} \leq x_0 < \frac{2}{2^n}$

$\vdots$

$\frac{2^n-1}{2^n} \leq x_0 \leq 1$

Wir fassen diese Aufteilung in einem einzigen Ausdruck zusammen $\frac{i}{2^n} \leq x_0 < \frac{i+1}{2^n}$, $i \in \{0,1,2,\ldots,2^n-1\} = M$. Die Zahl i läßt sich auch dual schreiben $i = (a_1 a_2 \ldots a_n)_2 \in M$. Im Falle $i = 2^n - 1$ gilt $\frac{2^n-1}{2^n} \leq x_0 \leq 1$.

Nach diesen Vorbereitungen soll nun der Satz mit vollständiger Induktion bewiesen werden.

Induktionsverankerung mit $n = 1$

$n = 1$ bedeutet $M = \{0, 1\}$, also mit $i \in M$ weiter entweder $i = 0$ oder $i = 1$.

$i = 0$. Der Startwert x_0 liegt im ersten Intervall $0 \leq x_0 < \frac{1}{2}$. Mit den Abbildungsgleichungen aus 3.1 ergibt das

$x_1 = 2x_0$, $y_1 = \lambda y_0$.

Nach dem zu beweisenden Satz müßte gelten

$x_1 = 2^n x_0 - i = 2x_0$,

$y_1 = \lambda^n y_0 + c_i = \lambda y_0 + c_0$ und wegen $c_0 = \frac{1}{2} \cdot 0 = 0$ weiter $y_1 = \lambda y_0$.

$i = 1$. Jetzt liegt x_0 im zweiten Intervall $\frac{1}{2} \leq x_0 \leq 1$. Mit 3.1 folgt $x_1 = 2x_0 - 1$ und $y_1 = \lambda y_0 + \frac{1}{2}$.

Nach dem zu beweisenden Satz gilt

$x_1 = 2^n x_0 - i = 2x_0 - 1$,

$y_1 = \lambda^n y_0 + c_i = \lambda y_0 + c_1$ und wegen $c_1 = \frac{1}{2} \cdot 1 = \frac{1}{2}$ weiter $y_1 = \lambda y_0 + \frac{1}{2}$.

Damit ist gezeigt, daß unser Satz für $n = 1$ jedenfalls richtig ist.

Die Induktionsvererbung der Schluß von $n = 1$ auf $n + 1$

Wir nehmen an, die Formeln seien bis zur n-ten Iteration richtig. Zunächst werden die x-Werte betrachtet.

Induktionsstart: $x_n = 2^n x_0 - i$ mit $i = (a_1 a_2 \ldots a_n)_2 \in M$ sei richtig.

Für $0 \leq x_n < \frac{1}{2}$ erhalten wir mit 3.1

$x_{n+1} = 2x_n - 1 = 2^{n+1} x_0 - 2i = 2^{n+1} x_0 - j_1$.

Im Falle $\frac{1}{2} \leq x_n \leq 1$ dagegen ergibt sich

$x_{n+1} = 2x_n - 1 = 2^{n+1} x_0 - (2i+1) = 2^{n+1} x_0 - j_2$.

Dabei gilt $j_1 = 2i \in 2M = \{0, 2, 4, \ldots, 2^{n+1} - 2\}$, $j_2 = 2i + 1 \in \{1, 3, 5, \ldots, 2^{n+1} - 1\}$. Im ersten Fall sind die Werte alle gerade, im zweiten ungerade. Beide Fälle zussamengenommen bedeutet dies

$x_{n+1} = 2^{n+1}x_0 - j$ mit $j \in \{0, 1, 2, \ldots, 2^{n+1} - 1\}$. Das aber ist für den Index $n+1$ genau die in unserem Satz angegebene Formel. Für die x-Werte ist damit der Schritt von n nach $n+1$ bewiesen.

Jetzt untersuchen wir die y-Werte.

Induktionsstart: $y_n = \lambda^n y_0 + c_i$ mit $i \in \{0, 1, \ldots, 2^n - 1\}$, $i = (a_1 a_2 \ldots a_n)_2$, $c_i = \frac{1}{2}(a_1 \lambda^{n-1} + \ldots + a_{n-1}\lambda + a_n)$. Dies sei als richtig vorausgesetzt.

Für $0 \leq x_n < \frac{1}{2}$ erhalten wir mit 3.2

$$y_{n+1} = \lambda y_n = \lambda^{n+1} y_0 + \lambda c_i = \lambda^{n+1} y_0 + d_1.$$

Im Falle $\frac{1}{2} \leq x_0 \leq 1$ dagegen ergibt sich

$$y_{n+1} = \lambda y_n + \frac{1}{2} = \lambda^{n+1} y_0 + \lambda c_i + \frac{1}{2} = \lambda^{n+1} y_0 + d_2.$$

Nun müssen die Summanden d_1, d_2 studiert werden.

$d_1 = \lambda c_i = \frac{1}{2}(a_1 \lambda^n + \ldots + a_{n-1}\lambda^2 + a_n \lambda)$,

$d_2 = \lambda c_i + \frac{1}{2} = \frac{1}{2}(a_1 \lambda^n + \ldots + a_{n-1}\lambda^2 + a_n \lambda + 1)$.

Wir wählen einen Wert j aus $\{0, 1, 2, \ldots, 2^{n+1}\}$ und zwar $j = (a_1 a_2 \ldots a_{n+1})_2$ mit $a_{n+1} \in \{0, 1\}$. ($a_{n+1} = 0$ im ersten und $a_{n+1} = 1$ im zweiten Fall.) Zusammenfassend können wir schreiben $y_{n+1} = \lambda^{n+1} y_0 + c_j$ mit $j = (a_1 a_2 \ldots a_{n+1})_2$ und $c_j = \frac{1}{2}(a_1 \lambda^n + \ldots + a_n \lambda + a_{n+1})$. Das aber ist für den Index $n+1$ genau die in unserem Satz angegebene Formel.

Der Schritt von n nach $n+1$ ist damit auch für die y-Werte gelungen.

Bemerkung:

Es trägt zum Verständnis des Satzes bei, wenn wir angeben wie bei bekanntem n, x_0, y_0 der Bahnpunkt (x_n, y_n) wirklich zu finden ist. Wir skizzieren die einzelnen Schritte dieses Rezeptes.

(a) Mit n kennen wir die Menge M und damit alle Möglichkeiten für i.

(b) Wir wählen ein solches i aus und schreiben es in Dualform $i = (a_1 a_2 \ldots c_n)_2$.

(c) Jetzt können wir genau sagen, in welchem unserer 2^n Intervalle der Startwert x_0 liegt.

(d) Mit (b) kennen wir auch $c_i = \frac{1}{2}(a_1 \lambda^{n-1} + \ldots + a_{n-1}\lambda + a_n)$.

(e) Jetzt erst lassen sich die beiden Werte x_n und y_n angeben.

3.3.2 Fixpunkte der vorgegebenen Periode $n \in \mathbb{N}$

Satz

Für die Fixpunkte der Periode n gilt $x_F = \frac{i}{2^n - 1}$, $y_F = \frac{c_i}{1 - \lambda^n}$. Dabei sind i und c_i zu wählen, wie in 3.3.1. Es existieren genau 2^n Fixpunkte der Periode n.

Beweis.

(x_F, y_F) ist nach unserer Definition genau dann Fixpunkt der Periode n, wenn

$$b_\lambda^n(x_F, y_F) = (x_F, y_F).$$

x-Werte

Mit 3.3.1 kennen wir die x-Werte nach n Iterationen. Soll es sich um einen Fixpunkt der Periode n handeln muß gelten $x_n = 2^n x_F - i = x_F$ und weiter $x_F = \frac{i}{2^n-1}$.

Das stimmt genau mit dem Ergebnis in 2.6.4 überein, dann gilt $\lambda = \frac{1}{2}$. Das war zu erwarten. Denn die Abbildungsgleichungen für die x-Werte hängen nicht von λ ab.

y-Werte

Mit 3.3.1 muß für den Fixpunkt der Periode n gelten $y_n = \lambda^n y_F + c_i = y_F$ und weiter $y_F = \frac{c_i}{1-\lambda^n}$. Wir fragen auch jetzt wieder nach der Übereinstimmung dieses Resultates mit 2.6.4 im Falle $\lambda = \frac{1}{2}$.

Aus $c_i = \frac{1}{2}(a_1 \lambda^{n-1} + ... + a_n)$ wird mit $\lambda = \frac{1}{2}$ dann $c_i = \frac{1}{2}(a_1(\frac{1}{2})^{n-1} + ... + a_n)$. Wir setzen das ein und erhalten

$y_F = \frac{c_i}{1-\lambda^n} = \frac{1}{1-(\frac{1}{2})^n} \cdot \frac{1}{2}(a_1(\frac{1}{2})^{n-1} + ... + a_n) =$

$= \frac{1}{2^n-1}(a_1 + 2a_2 + ... + 2^{n-1}a_n) =$

$= \frac{1}{2^n-1}(a_n ... a_2 a_1)_2 = \frac{i}{2^n-1}$. Wir haben Übereinstimmung.

Drei Beispiele

Wir fassen nochmals zusammen, was aus den Aschnitten 3.3.1 ine 3.3.2 zur Durchrechnung von Beispielen benötigt wird:

$i \in \{0, 1, 2, ... \; 2^n - 1\}$

$i = (a_1 a_2 ... a_n)_2 = a_1 2^{n-1} + ... + a_{n-1} 2 + a_n$

$c_i = \frac{1}{2}(a_1 \lambda^{n-1} + ... + a_{n-1}\lambda + a_n)$

$x_F = \frac{i}{2^n-1}, \; y_F = \frac{c_i}{1-\lambda^n}$

(a) Fixpunkte der Periode $n = 1$

$i \in \{0, 1\}$

$i = a_1$

$c_i = \frac{1}{2} a_1$

i	x_F	c_i	y_F
0	0	0	0
1	1	$\frac{1}{2}$	$\frac{1}{2(1-\lambda)}$

(b) Fixpunkte der Periode $n = 2$

$i \in \{0, 1, 2, 3\}$.

$i = a_1 \cdot 2 + a_2$

$c_i = \frac{1}{2}(a_1 \lambda + a_2)$

i		x-Werte	a_1	a_2	c_1	y-Werte
0	F_1	0	0	0	0	0
1	F_3	$\frac{1}{3}$	0	1	$\frac{1}{2}$	$\frac{1}{2(1-\lambda^2)}$
2	F_4	$\frac{2}{3}$	1	0	$\frac{1}{2}\lambda$	$\frac{\lambda}{2(1-\lambda^2)}$
3	F_2	1	1	1	$\frac{1}{2}(\lambda+1)$	$\frac{1}{2(1-\lambda)}$

Die beiden Fixpunkte F_3 und F_4 bilden einen 2-Zyklus, denn es gilt $b_\lambda(F_3) = F_4$, $b_\lambda(F_4) = F_3$. Demnach sind F_3 und F_4 echte Fixpunkte der Periode 2, nicht aber F_1 und F_2 (Figur XII,6).

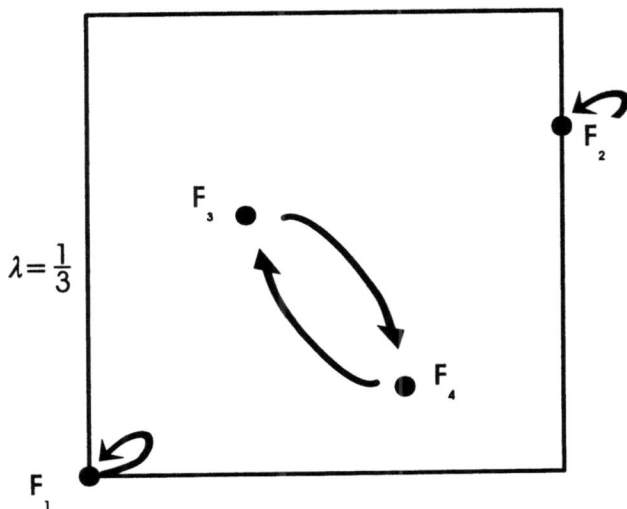

FIGUR XII,6 Marsch der Punkte, x_0 aus Klasse 2

(c) Fixpunkte der Periode $n = 3$

$i \in \{0, 1, 2, 3, 4, 5, 6, 7\}$.

$i = a_1 \cdot 2^2 + a_2 \cdot 2 + a_3, \quad c_i = \frac{1}{2}(a_1\lambda^2 + a_2\lambda + a_3)$.

i		x-Werte	a_1	a_2	a_3	c_i	y-Werte
0	F_1	0	0	0	0	0	0
1	F_3	$\frac{1}{7}$	0	0	1	$\frac{1}{2}$	$\frac{1}{2}\frac{1}{1-\lambda^3}$
2	F_4	$\frac{2}{7}$	0	1	0	$\frac{\lambda}{2}$	$\frac{1}{2}\frac{\lambda}{1-\lambda^3}$
3	F_5	$\frac{3}{7}$	0	1	1	$\frac{\lambda+1}{2}$	$\frac{1}{2}\frac{\lambda+1}{1-\lambda^3}$
4	F_6	$\frac{4}{7}$	1	0	0	$\frac{\lambda^2}{2}$	$\frac{1}{2}\frac{\lambda^2}{1-\lambda^3}$
5	F_7	$\frac{5}{7}$	1	0	1	$\frac{\lambda^2+1}{2}$	$\frac{1}{2}\frac{\lambda^2+1}{1-\lambda^3}$
6	F_8	$\frac{6}{7}$	1	1	0	$\frac{\lambda^2+\lambda}{2}$	$\frac{1}{2}\frac{\lambda^2+\lambda}{1-\lambda^3}$
7	F_2	1	1	1	1	$\frac{\lambda^2+\lambda+1}{2}$	$\frac{1}{2}\frac{1}{1-\lambda}$

Die Punkte F_3, F_4, F_6 und F_5, F_8, F_7 bilden jeweils einen 3-Zyklus, nicht aber die Punkte F_1 und F_2.

Die Beispiele zeigen, daß unser Satz nur Aussagen über Fixpunkte der Perlode n, nicht aber über echte Fixpunkte, also über n-Zykeln macht.

3.4 Fraktal?

3.4.1 Satz

Die Orthogonalprojektion der in 3.2 konstruierten Punktmenge auf die y-Achse ist eine fraktale Limesmenge Y_∞ mit der Dimension $d_F(Y_\infty) = |\frac{\ln 2}{\ln \lambda}|$.

Beweis:

Wir bedienen uns – das ist eine willkommene Wiederholung von Kapitel IV – der Barnsley-Maschine. Gestartet wird mit der Strecke $[0, 1]$ auf der y-Achse, also mit der Projektion des Quadrates A. Der erste Arbeitsgang besteht aus einer Stauchung dieser Strecke mit Faktor $\lambda < \frac{1}{2}$. Die neu entstandene Strecke wird kopiert, beide Strecken dann – wie Figur XII,7 zeigt – übereinander gelegt. Nun beginnt der letzte Arbeitsgang, das Iterieren. Nach Kapitel VIII haben wir es im zugehörigen Hausdorff-Raum (in VIII,2.3 mit (M, h) bezeichnet) mit einer distanzkontrahierenden Abbildung zu tun. Unter Anwendung des Fixpunktsatzes von Banach ergibt sich die Existenz einer Limesmenge A_∞.

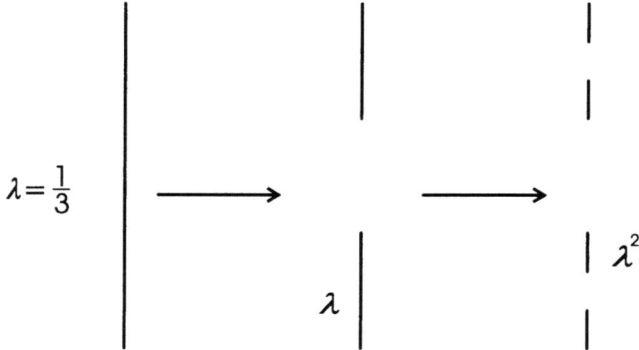

FIGUR XII,7 Das Fraktal Y_∞

Nach der n-ten Iteration haben wir 2^n Intervalle, jedes mit der Länge λ^n. Nach Kapitel IX,4 läßt sich damit die fraktale Dimension unserer Limesmenge berechnen.

$$|d_F(Y_\infty)| = \lim_{n \to \infty} |\frac{\ln 2^n}{\ln \frac{1}{\lambda^n}}| = \lim_{n \to \infty} |\frac{n \ln 2}{n \ln \lambda}| = |\frac{\ln 2}{\ln \lambda}|.$$

Wegen $d_F(Y_\infty) \notin \mathbb{N}$ haben wir es (X,5.3) bei Y_∞ mit einem Fraktal zu tun. Im Grenzfall $\lambda = \frac{1}{2}$ ergibt sich $d_F(Y_\infty) = 1$.

Es stellt sich heraus, daß Y_∞ abgeschlossen, nirgends dicht und perfekt ist (I,4.4) ist. Die von uns in früheren Kapiteln konstruierten Cantor-Stäube besitzen auch diese Eigenschaften. Deshalb bezeichnet man ganz allgemein solche Mengen als Cantor-Mengen [DEV]. Wir können also sagen, daß die Limesmenge Y_∞ eine Cantor-Menge ist.

3.4.2 Satz

Die in 3.2 aus dem Einheitsquadrat A durch fortgesetzte Iteration mit $b_\lambda(x, y)$ konstruierte Punktmenge ist eine fraktale Limesmenge A_∞ mit der Dimension $d_F(A_\infty) = 1 - \frac{\ln 2}{\ln \lambda}$.

Beweis:

Genau wie in 3.4.1 wird bewiesen, daß die Menge aller Parallelstreifen bei fortgesetzter Iteration mit $b_\lambda(x, y)$ auf genau eine Limesmenge A_∞ führt (Barnsley-Maschine, Fixpunktsatz von Banach). Weil A_∞ gegenüber $b_\lambda(x, y)$ fix ist (VIII,3.3) müssen alle in 3.3.2 berechneten Fixpunkte in A_∞ liegen.

Wir können unsere Limesmenge als kartesisches Produkt der Strecke $E = [0, 1]$ auf der x-Achse und der Limesmenge Y_∞ auf der y-Achse auffassen. Nach einem Satz aus der Dimensionstheorie [FAL] gilt dann

$$d_F(A_\infty) = d_F(E \times Y_\infty) = d_F(E) + d_F(Y_\infty) = 1 - \frac{\ln 2}{\ln \lambda}.$$

Wegen $d_F(A_\infty) \notin \mathbb{N}$ handelt es sich um ein Fraktal. Im Grenzfall $\lambda = \frac{1}{2}$ ergibt sich – wie zu erwarten – $d_F(A_\infty) = 2$.

In 2.6.5 trat die Bezeichnung "chaotisch" für einen wirren, nicht überschaubaren Zustand auf. In diesem Sinne erweist sich unsere Bäckerabbildung auch für $0 < \lambda < \frac{1}{2}$ als chaotisch auf der Limesmenge.

4 Ausblick

Mit einer recht unmotiviert, ja geradezu spielerisch definierten Abbildung haben wir völlig neue Fraktale erzeugt. Insgesamt aber erscheint die Bäckerabbildung doch recht gekünstelt. Warum wurde sie dann in diesem Buch behandelt?

Es ist sehr überraschend, daß "Streck-Stauch" Vorgänge wie sie bei der Bäckerabbildung vorkommen in der Physik eine ganz wesentlische Rolle spielen. Der Bäckerabbildung kommt dabei die Rolle eines Prototyps zu. Es geht vor allem um Strömungs- und Mischungsprobleme. Man denke etwa an den Rauch der von einer Zigarette aufsteigt mit all seinen Wirbeln und Ringen.

Das Thema "Faltabbildungen" eignet sich ganz besonders für Facharbeiten.

Beispiele von Faltabbildungen:

Hufeisenabbildung von Smale,

Hénon-Abbildung.

Andere Abbildungen ähnlicher Art (auch dreidimensional) werden nicht geometrisch (Strecken-Stauchen) sondern rein analytisch durch Systeme von Gleichungen definiert:

Katzenabbildung von Arnold,

Lorenz-Attraktor,

Rössler-Attraktor.

SCHLUSS

Mit dem vorliegenden Buch versuchten wir in das weite Gebiet fraktaler Geometrie einzuführen.

Etliche *Spezialthemen* fehlen. Sie sind nicht vergessen. Wir haben sie bewußt weggelassen und wollen sie in einem weiteren Buch behandeln:

Das Pascal- und das Sierpinski-Dreieck, gibt es einen Zusammenhang?

Raumfüllende Kurven, was ist das ?

...

Auch das weite Feld der *Anwendungen*, der "natürlichen" Fraktale haben wir Ihnen vorenthalten.

Der Saturnring, ein Fraktal?

Erdölbohren mit Fraktalen,

Verteilung von Galaxien im Weltall,

Zusammenhänge von Stoffwechsel und Gewicht,

Klassifikation von Wolken mit fraktaler Dimension,

...

Mit diesen knappen Andeutungen hoffen wir, Ihnen den Mund wässerig gemacht zu haben. Wie steht es mit dem Appetit auf weitere fraktale Leckerbissen?

LITERATUR

[BA/FLO]	Barner M., Flohr F., Analysis II, Berlin (1982)
[BAR]	Barnsley M., Fraktale, Heidelberg (1995)
[BAR/HUR]	Barnsley M., Hurd L. P., Fractal image compression, Wellesley (1993)
[BLU/MEN]	Blumenthal L. M., Menger K., Studies in Geometry, San Francisco (1970)
[CAM1]	Camp D., A Fractal excursion, Mathematics Teacher (1991), 265-275
[CAM2]	Camp D., Fractal geometry in highschool classroom, Int. Rev. on Math. Educ. 27 (1995), 143-152
[CAM3]	Camp D., A cultural history of fractal geometry, Dissertation, Loyola University Chicago (1999)
[CRN]	L. Crnjac-Marek., Kochove kocke v prostorih $\mathbb{R}^d$, $d > 1$. Prispevki k poučevanju matematike, Maribor (1996), 147-158
[DEV]	Devaney R. L., An introduction to chaotic dynamical systems, New York (1989)
[DÖR]	Dörrie H., Unendliche Reihen, München (1951)
[DRE]	Drews K. D., Zu zwei Aufgaben aus den Anfangsgründen der fraktalen Geometrie, Math. Koll. 51 (1997), 177-182
[EDG]	Edgar G. E., Measure, Topology and Fractal Geometry, New York (1990)
[FAL]	Falconer K., Fractal Geometry, Chichester (1990)
[FEH/WEN/ZEI]	Feher J., Wenzel M., Zeitler H., Die Dimension Verschiedener Cantor-Stäube, Praxis der Mathematik 28 (1996), 82-84
[FRA]	Fraktale Geometrie und deterministisches Chaos, Staatsinstitut für Schulpädagogik und Bildungsforschung, München (1997)
[HER]	Herfort P., Ebene Abbildungen und dynamische Systeme, Deutsches Intitut für Fernstudien, Tübingen (1991)
[HER/KLO]	Herfort P., Klotz A., Ornamente und Fraktale, Braunschweig (1997)
[HUT]	Hutchinson J. E., Fractals and Self Similarity, Ind. Univ. Math. Journal 30 (1981), 713-747
[LAN]	Landgraf S., Iterierte Funktionen Systeme, Diplomarbeit, Universität Bayreuth (1996)
[LEV]	Levy P., Plane or space curves and surfaces consisting of parts similar to the whole, Classics of fractals (1938)
[MAN]	Mandelbrot B. B., Die fraktale Geometrie der Natur, Basel (1987)
[ME]	Meschkowski H., Differenzengleichungen, Göttingen (1959)
[NEI]	Neidhardt W., Monster-Kurven, Didaktik der Math. 18 (1990), 183-209
[PAD]	Padberg F., Elementare Zahlentheorie, Mannheim (1991)
[PAP]	Papy G., Taximetrie, Bild d. Wissensch. 6 (1970), 540-545

[PEI/JÜR/SAU]	Peitgen H. O., Jürgens H., Saupe D., Fractals for the classroom, New York (1992), I, II
[SCH]	Schroeder M., Fraktale, Chaos und Selbstähnlichkeit, Heidelberg (1994)
[SCO]	Scot M., A fractal fairy tale, OMNI (1988), 124-125
[STG]	St. George A., The shape of number, Exhibition Catalogue, Lisboa (1996)
[STE1]	Stewart I., 4 encounters with Sierpinski's gasket, The Mathematical Intelligencer 17 (1995), 52-64
[STE2]	Stewart I., The Sculpture of Alan St. George, Scientific American (1996), 102-103
[WEI]	Weibel E. R., Design of biological organisms and fractal geometry in Nonnenmacher T. F., Fractals in biology and medicine, Basel (1994)
[ZEI1]	Zeitler H., Unglaubliches über Fraktale, Der Math. Naturw. Unterricht 46 (1993), 199-206
[ZEI2]	Zeitler H., Tetrahedron and Octahedron fractals, Int. J. Math. Educ. Sci. Technol., 29 (1998), 329-341
[ZEI3]	Zeitler H., About a sculpture of St. George, Journal of Interdisciplinary Mathematics, Vol. 1 (1998), 67-92
[ZEI4]	Zeitler H., Fractal geometry between medicine and art, erscheint
[ZEI/NEI]	Zeitler H., Neidhardt W., Fraktale und Chaos, Darmstadt (1993)

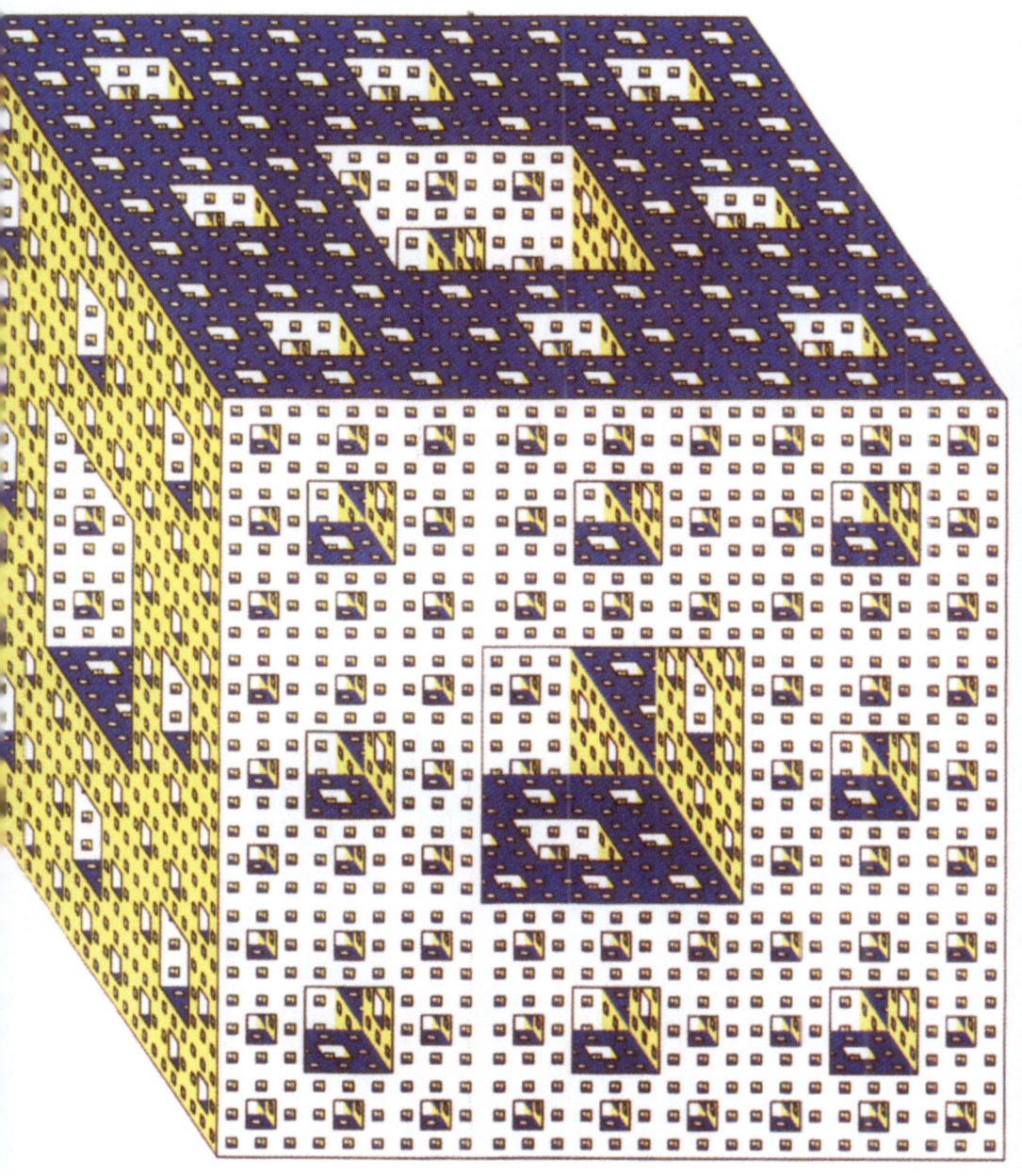

FIGUR II.8 Der Menger-Schwamm

FIGUR III.I Würfelfraktal

FIGUR III,4 Tetraederfraktal

Figur III,11 Oktaederfraktal

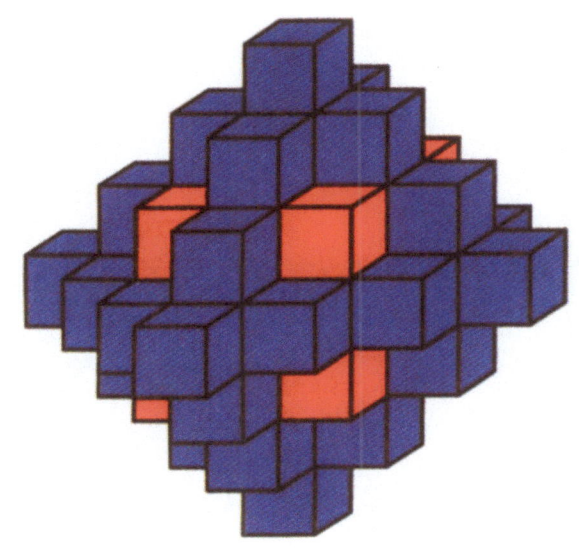

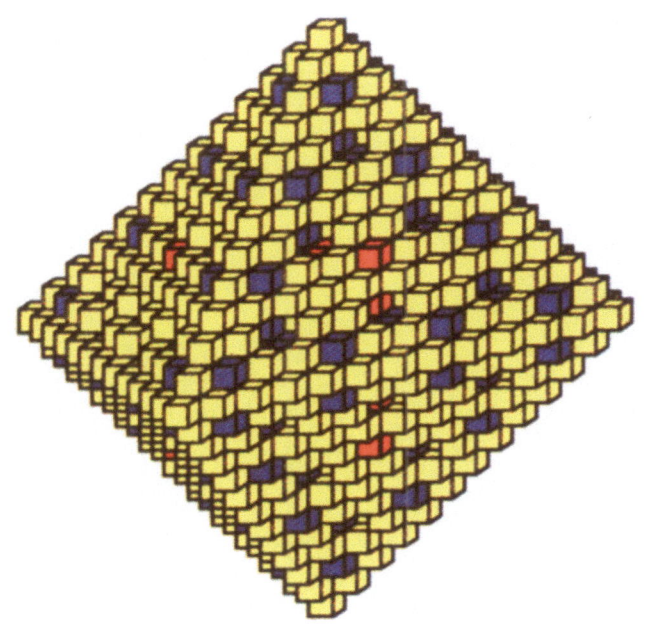

FIGUR III.24 Sankt George Fraktal

MIX
Papier aus verantwortungsvollen Quellen
Paper from responsible sources
FSC® C105338

If you have any concerns about our products,
you can contact us on
ProductSafety@springernature.com

In case Publisher is established outside the EU,
the EU authorized representative is:
**Springer Nature Customer Service Center GmbH
Europaplatz 3, 69115 Heidelberg, Germany**

Printed by Libri Plureos GmbH
in Hamburg, Germany